高等学校计算机类课程应用型人才培养规划教材

网站设计与管理

赵守香 编著

U0310589

中国铁道出版社
CHINA RAILWAY PUBLISHING HOUSE

内 容 简 介

本书从网站生命周期出发，研究了网站建设全过程中涉及的电子商务战略、建模语言 UML、网站需求分析、网站设计、网站实现、网站营销、网站日常运行维护的具体步骤和内容，并给出了一个具体的应用实例"我的农场"，形成面向整个网站生命周期的知识体系。

本书共分为 9 章：第 1 章，网站设计与管理概述；第 2 章，电子商务网站开发技术；第 3 章，网站规划；第 4 章，网站需求分析；第 5 章，网站设计；第 6 章，网站实施；第 7 章，网站推广；第 8 章，网站维护与管理；第 9 章，网站建设案例"我的农场"。全书从不同侧面分析了网站建设与运营过程中涉及的问题和对策。

本书既可以作为电子商务专业学生的教材，也可以作为广大网站规划者、设计者、开发者、维护者的参考资料，对企业网站的建设和运营管理有很大的帮助。

图书在版编目（CIP）数据

网站设计与管理 / 赵守香编著. — 北京：中国铁
道出版社，2012.3
高等学校计算机类课程应用型人才培养规划教材 /
何新贵主编
ISBN 978-7-113-14119-6

Ⅰ．①网… Ⅱ．①赵… Ⅲ．①网站—设计—高等学校
—教材②网站—管理—高等学校—教材 Ⅳ．
①TP393.092

中国版本图书馆 CIP 数据核字(2012)第 003665 号

书 名：	网站设计与管理	
作 者：	赵守香 编著	
策 划：	严晓舟 焦金生	读者热线：400-668-0820
责任编辑：	周海燕 鲍 闻	
封面设计：	付 巍	
封面制作：	白 雪	
责任印制：	李 佳	

出版发行：中国铁道出版社（100054，北京市西城区右安门西街 8 号）
网　　址：http://www.51eds.com
印　　刷：北京新魏印刷厂
版　　次：2012 年 3 月第 1 版　　2012 年 3 月第 1 次印刷
开　　本：787mm×1092mm　1/16　印张：16.75　字数：409 千
印　　数：1～3 000 册
书　　号：ISBN 978-7-113-14119-6
定　　价：33.00 元

编审委员会

丛书序

当前，世界格局深刻变化，科技进步日新月异，人才竞争日趋激烈。我国经济建设、政治建设、文化建设、社会建设以及生态文明建设全面推进，工业化、信息化、城镇化和国际化深入发展，人口、资源、环境压力日益加大，调整经济结构、转变发展方式的要求更加迫切。国际金融危机进一步凸显了提高国民素质、培养创新人才的重要性和紧迫性。我国未来发展关键靠人才，根本在教育。

高等教育承担着培养高级专门人才、发展科学技术与文化、促进现代化建设的重大任务。近年来，我国的高等教育获得了前所未有的发展，大学数量从1950年的220余所已上升到2008年的2200余所。但目前高等教育与社会经济发展不相适应的问题越来越凸显，诸如学生适应社会以及就业和创业能力不强，创新型、实用型、复合型人才紧缺等。2010年7月发布的《国家中长期教育改革和发展规划纲要（2010—2020）》提出了高等教育要"建立动态调整机制，不断优化高等教育结构，重点扩大应用型、复合型、技能型人才培养规模"的要求。因此，新一轮高等教育类型结构调整成为必然，许多高校特别是地方本科院校面临转型、准确定位的问题。这些高校立足于自身发展和社会需要，选择了应用型发展道路。应用型本科教育虽早已存在，但近几年才开始大力发展，并根据社会对人才的需求，补充了新的教育理念，现已成为我国高等教育的一支重要力量。发展应用型本科教育，也已成为中国高等教育改革与发展的重要方向。

应用型本科教育既不同于传统的研究型本科教育，又区别于高职高专教育。研究型本科培养的人才将承担国家基础型、原创型和前瞻型的科学研究，它应培养理论型、学术型和创新型的研究人才。高职高专教育培养的是面向具体行业岗位的高素质、技能型人才，通俗地说，就是高级技术"蓝领"。而应用型本科培养的是面向生产第一线的本科层次的应用型人才。由于长期受"精英"教育理念的支配，脱离实际、盲目攀比，高等教育普遍存在重视理论型和学术型人才培养的偏向，忽视或轻视应用型、实践型人才的培养。在教学内容和教学方法上过多地强调理论教育、学术教育而忽视实践能力的培养，造成我国"学术型"人才相对过剩，而应用型人才严重不足的被动局面。

应用型本科教育不是低层次的高等教育，而是高等教育大众化阶段的一种新型教育层次。计算机应用型本科的培养目标是：面向现代社会，培养掌握计算机学科领域的软硬件专业知识和专业技术，在生产、建设、管理、生活服务等一线岗位，直接从事计算机应用系统的分析、设计、开发和维护等实际工作，维持生产、生活正常运转的应用型本科人才。计算机应用型本科人才有较强的技术思维能力和技术应用能力，是现代计算机软、硬件技术的应用者、实施者、实现者和组织者。应用型本科教育强调理论知识和实践知识并重，相应地其教材更强调"用、新、精、适"。所谓"用"，是指教材的"可用型"、"实用型"和"易用型"，即教材内容要反映本学科基本原理、思想、技术和方法在相关现实领域的典型应用，介绍应用的具体环境、条件、方法和效果，培养学生根据现实问题选择合适的科学思想、概念、理论、技术和方法去分析、解决实际问题的能力。所谓"新"，是指教材内容应及时反映本学科的最新发展和最新技术成就，以及这些新知识和新成就在行业、生产、管理、服务等方面的最新应用，从而有效地保证学生

"学以致用"。所谓"精",不是一般意义的"少而精"。事实常常告诉我们"少"与"精"是有矛盾的,数量的减少并不能直接导致质量的提高。而且,"精"又是对"宽与厚"的直接"背叛"。因此,教材要做到"精",教材的编写者对教材的内容,要在"用"和"新"的基础上再进行去伪存真的精练工作,精选学生终身受益的基础知识和基本技能,力求把含金量最高的知识传承给学生。"精"是最难掌握的原则,是对编写者能力和智慧的考验。所谓"适",是指各部分内容的知识深度、难度和知识量要适合应用型本科的教育层次、适合培养目标的既定方向、适合应用型本科学生的理解程度和接受能力。教材文字叙述应贯彻启发式、深入浅出、理论联系实际、适合教学实践,使学生能够形成对专业知识的整体认识。以上四个方面不是孤立的,而是相互依存的,并具有某种优先顺序。"用"是教材建设的唯一目的和出发点,"用"是"新"、"精"、"适"的最后归宿。"精"是"用"和"新"的进一步升华。"适"是教材与计算机应用型本科培养目标符合度的检验,是教材与计算机应用型本科人才培养规格适应度的检验。

中国铁道出版社同《高等学校计算机类课程应用型人才培养规划教材》编审委员会经过近两年的前期调研,专门为应用型本科计算机专业学生策划出版了理论深入、内容充实、材料新颖、范围较广、叙述简洁、条理清晰的系列教材。本系列教材在以往教材的基础上大胆创新,在内容编排上努力将理论与实践相结合,尽可能反映计算机专业的最新发展;在内容表达上力求由浅入深、通俗易懂;编写的内容主要包括计算机专业基础课和计算机专业课;在内容和形式体例上力求科学、合理、严密和完整,具有较强的系统性和实用性。

本系列教材是针对应用型本科层次的计算机专业编写的,是作者在教学层次上采纳了众多教学理论和实践的经验及总结,不但适合计算机等专业本科生使用,也可供从事 IT 行业或有关科学研究工作的人员参考,适合对该新领域感兴趣的读者阅读。

在本系列教材出版过程中,得到了计算机界很多院士和专家的支持和指导,中国铁道出版社多位编辑为本系列教材的出版做出了很大贡献,本系列教材的完成不但依靠了全体作者的共同努力,同时也参考了许多中外有关研究者的文献和著作,在此一并致谢。

应用型本科是一个日新月异的领域,许多问题尚在发展和探讨之中,观点的不同、体系的差异在所难免,本系列教材如有不当之处,恳请专家及读者批评指正。

《高等学校计算机类课程应用型人才培养规划教材》编审委员会
2011 年 1 月

前 言

网站是企业实施电子商务的载体。如何建好、管好自己的网站，已经成为企业电子商务应用成功与否的标志。

在我们多年对企业网站建设的跟踪调查中发现：几乎所有的企业都建立了自己的网站，网站成为企业展示自己、与外界交流的一个重要窗口。但在网站建设的过程中，存在"重建设、轻管理"、"重投资、轻应用"的严重问题，网站的作用远远没有发挥，还造成了企业资金的严重浪费，也大大影响了企业应用电子商务的积极性。

虽然有关信息系统分析与设计的教科书已经非常成熟，信息系统的建设有一套完善的理论、方法，如生命周期法、原型法、面向对象方法等，但有关网站建设的理论、方法还远远没有成体系，虽然网上有关的资料非常丰富，也是就事论事，没有上升到理论高度。

本书试图从网站的生命周期出发，探讨企业网站建设、运营、维护、管理等过程中的原理、方法、步骤，给读者提供全方位的网站开发知识。希望读者在借鉴已有经验的基础上，能够掌握网站建设与运营的基本原理、方法。

在内容选取和章节安排上，本书兼顾商务需求与技术手段，不仅介绍了网站的开发过程，也介绍了目前网站开发的建模语言 UML、电子商务解决方案，便于读者从"电子"和"商务"两个方面把握网站建设。

本书共分为 9 章：第 1 章，网站设计与管理概述；第 2 章，电子商务网站开发技术；第 3 章，网站规划；第 4 章，网站需求分析；第 5 章，网站设计；第 6 章，网站实施；第 7 章，网站推广；第 8 章，网站维护与管理；第 9 章，网站建设实例"我的农场"。全书从不同侧面分析了网站建设与运营过程中涉及的问题和对策。

本书由北京工商大学计算机与信息工程学院赵守香编著，邓春平、杨春、李朋参与编写。其中第 1、2、4、5、6、7 由赵守香编写，第 3 章由邓春平编写，第 8 章由杨春编写，第 9 章由李朋编写。

本书既可以作为电子商务专业学生的教材，也可以作为广大网站规划者、设计者、开发者、维护者的参考资料，对企业网站的建设和运营管理有很大的帮助。

在本书的写作过程中，参考了许多前辈的图书和专业网站的资料，让作者受益匪浅。在这里对这些资料的作者表示由衷的感谢！

编 者
2011 年 10 月

目 录

第1章 网站设计与管理概述

学习目标

学习完本章内容后，要达到：

① 理解网站设计与管理要解决的问题；

② 掌握网站生命周期的步骤和内容；

③ 了解生命周期开发方法的基本原理和步骤；

④ 掌握网站设计与管理的内容。

引导案例

全球企业间电子商务的著名品牌——阿里巴巴

阿里巴巴（Alibaba.com）是全球企业间（B2B）电子商务的著名品牌，是全球国际贸易领域内领先、活跃的网上交易市场和商人社区，目前已经成功融合了 B2B、C2C、搜索引擎和门户。良好的定位、稳固的结构、优秀的服务使阿里巴巴成为全球千万网商的电子商务网站之一，遍布 220 个国家和地区，每日向全球各地企业及商家提供数百万条商业信息，成为全球商人网络推广的首选网站，被商人们评为"最受欢迎的 B2B 网站"。

2005 年 8 月，阿里巴巴和全球最大门户网站雅虎达成战略合作，阿里巴巴兼并雅虎在中国的所有资产，阿里巴巴因此成为中国最大的互联网公司。目前阿里巴巴旗下拥有如下业务：B2B（以阿里巴巴网站为主）、C2C（淘宝、一拍）、电子支付（支付宝）、门户+搜索（雅虎）。

阿里巴巴是全球著名的企业间（B2B）电子商务服务公司，管理运营着全球领先的网上贸易市场和商人社区——阿里巴巴网站，为来自 220 多个国家和地区的 1 200 多万企业和商人提供网上商务服务。在全球网站浏览量排名中，稳居国际商务及贸易类网站第一，遥遥领先于第二名。

阿里巴巴公司目前由四大业务群组成：阿里巴巴（B2B）、淘宝（C2C）、雅虎（搜索引擎）和支付宝（电子支付）。

其中阿里巴巴网站由三个相连网站组成：中国站（http://www.china.alibaba.com），主要为国内市场服务，积极倡导诚信电子商务，与 ACP、华夏、杰胜等著名企业资信调查机构合作推出"诚信通"服务，旨在打造"安全、可信、有保障"的网上商铺，帮助企业建立网上诚信档案，提高网上交易成功的机会。国际站（http://www.alibaba.com/），面向全球商人提供专业服务，为中国的出口型生产企业提供在全球市场的"中国供应商"专业推广服务，是旨在帮助国内出口企业开拓全球市场的高级网络贸易服务。日文站（http://www.japan.alibaba.com），是中日贸易的桥梁。帮助中国供应商开展与日本的网上贸易，促成买卖双方达成交易。

2003 年 5 月,阿里巴巴投资 1 亿人民币推出个人网上交易平台——淘宝网(http://www.taobao.com)，首次对非 B2B 业务进行战略投资，致力于打造全球最大的个人交易网站。依托于企业网上交易市场服务 8 年的经验、能力及对中国个人网上交易市场的准确定位,淘宝迅速成长。2004 年 7 月，追加投资 3.5 亿人民币，2005 年 10 月，再次追加投资 10 亿人民币。淘宝网的在线商品数量、注册会员数、成交额等，遥遥领跑中国个人电子商务市场。中国社科院《2005 年电子商务调研报告》显示，淘宝网占据国内 C2C 市场 72%的市场份额。在全球权威 Alexa 2004 年排名中，淘宝网在全球网站综合排名中位居前 20 名，中国电子商务网站排名第 1 名。

2003 年 10 月，阿里巴巴建立独立的第三方支付平台——支付宝，正式进军电子支付领域，并于 10 月 18 日在淘宝网推出，为网络交易用户提供优质的安全支付服务。目前，支付宝已经和国内的工商银行、建设银行、农业银行和招商银行，VISA 国际组织等各大金融机构建立战略合作，共同打造一个独立的第三方支付平台。不到一年时间，支付宝迅速成为淘宝会员网上交易不可缺少的支付方式，深受淘宝会员喜爱。

阿里巴巴雅虎（http://cn.yahoo.com）是一家极富创造性的国际化的互联网公司，由原雅虎中国演变而成，1999 年 9 月由雅虎全球创立，2005 年 8 月被阿里巴巴全资收购。2005 年 11 月 9 日，阿里巴巴雅虎宣布：未来阿里巴巴雅虎的业务重点全面转向搜索领域。

1.1　企业电子商务应用

互联网技术在商业中的应用推动了电子商务的产生和发展。今天，电子商务成为企业商务活动必不可少的工具和方式。下面我们先来介绍电子商务的内涵。

1.1.1　电子商务的内涵

电子商务源于英文 Electronic Commerce，简写为 EC。它是人类社会、经济、科学、文化发展的必然产物，是信息化社会的商务模式，也是商务发展的未来。电子商务作为一个完整的概念，至今还没有一个较为全面、具有权威性且能够被大多数人接受的定义，而且，随着社会的不断进步和发展，电子手段和商务活动的外延也在不断变化。因此要给电子商务下一个严格的定义是很困难的。下面是各个组织、政府、公司、学术团体和研究人员根据自己的理解，给电子商务下的一些定义。

联合国经济合作和发展组织（OEBD）在有关电子商务的报告中对电子商务（EC）的定义：电子商务是发生在开放网络中的包含企业之间（Business to Business）、企业和消费者之间（Business to Consumer）的商业交易。

美国政府在其"全球电子商务纲要"中，比较笼统地指出电子商务是通过 Internet 进行的各项商务活动，包括广告、交易、支付、服务等活动，全球电子商务将涉及世界各国。

全球信息基础设施委员会（GIIC）电子商务工作委员会报告草案中对电子商务的定义如下：电子商务是运用电子通信作为手段的经济活动，通过这种方式人们可以对带有经济价值的产品和服务进行宣传、购买和结算。这种交易的方式不受地理位置、资金多少或零售渠道的所有权影响，公有、私有企业、公司、政府组织、各种社会团体、一般公民、企业家都能自由地参加广泛的经济活动，其中包括农业、林业、渔业、工业、私营和政府的服务业。电子商务能使产品在世界范围内交易并向消费者提供多种多样的选择。

IBM 公司的电子业务（E-Business，EB）概念包括三个部分：企业内部网、企业外部网、电子商务，它所强调的是在网络计算环境下的商业化应用，不仅仅是硬件和软件的结合，也不仅仅是我们通常意义下的强调交易的狭义的电子商务，而是把买方、卖方、厂商及其合作伙伴在因特网（Internet）、企业内部网和企业外部网结合起来的应用。它同时强调这三部分是有层次的：只有先建立良好的 Intranet，建立好比较完善的标准和各种信息基础设施，才能顺利扩展到 Extranet，最后扩展到 E-Commerce。

HP 公司提出电子商务（E-Commerce）、电子业务、电子消费（E-Consumer）和电子化世界的概念。它对电子商务的定义是：通过电子化手段来完成商业贸易活动的一种方式，电子商务使我们能够以电子交易为手段完成物品和服务等的交换，是商家和客户之间的联系纽带。它包括两种基本形式：商家之间的电子商务及商家与最终消费者之间的电子商务。对电子业务（E-business）的定义：一种新型的业务开展手段，通过基于 Internet 的信息结构，使公司、供应商、合作伙伴和客户之间，利用电子业务共享信息，E-Business 不仅能够有效地增强现有业务进程的实施，而且能够对市场等动态因素作出快速响应并及时调整。对电子消费的定义：人们使用信息技术进行娱乐、学习、工作、购物等一系列活动，使家庭的娱乐方式越来越多地从传统电视向 Internet 转变。

中国著名学者方美琪教授认为：从宏观上讲，电子商务是计算机网络的又一次革命，旨在通过电子手段建立一种新的经济秩序，它不仅涉及电子技术和商业交易本身，而且还涉及诸如金融、税务、教育等社会其他层面；从微观角度说，电子商务是指各种具有商业活动能力的实体（生产企业、商贸企业、金融机构、政府机构、个人消费者等）利用网络和先进的数字化传媒技术进行的各项商业贸易活动，这里要强调两点，一是活动要有商业背景，二是网络化和数字化。

综上所述，我们可以看到，各个国际组织、国家（地区）或公司都从不同的角度对电子商务作出了各自的定义。概括起来可以这样认识：电子商务可以简单地被认为是利用电子手段来进行的商务活动。具体来讲，其包括了两方面的含义，一是商务活动所利用的电子手段，或者说进行商务活动的电子平台，二是商务活动的具体内容。

电子手段和商务活动包含的范围很大。电子商务是通过多种电子手段来完成的。简单地说，比如你通过打电话或发传真的方式来与客户进行商贸活动，似乎也可以称为电子商务；但是，现在人们所探讨的电子商务主要是以 EDI（电子数据交换）和 Internet 来完成的。尤其是随着 Internet 技术的日益成熟，电子商务真正的发展是建立在 Internet 技术上的。所以也有人把电子商务简称为 IC（Internet Commerce）。从商务活动的角度来看，从日常生活到企业的经营活动，再到国与国之间的经济来往，电子商务可以在多个环节实现，由此也可以将电子商务分为两个层次，较低层次的电子商务如电子商情、电子贸易、电子合同等；最完整的也是最高级的电子商务应该是利用 Internet 络进行全部的商务活动，即在网上将信息流、商流、资金流和部分的物流完整地实现，也就是说，你可以从寻找客户开始，一直到洽谈、订货、在线付（收）款、开具电子发票以至到电子报关、电子纳税等通过 Internet 一系列电子手段来实现。当前业务进程。更重要的是，E-Business 本身也为企业创造出了更多、更新的业务模式。

要实现完整的电子商务还会涉及很多方面，除了买家、卖家外，还要有银行或金融机构、政府机构、认证机构、配送中心等机构的协调发展。由于参与电子商务中的各方在物理上是互不谋面的，因此整个电子商务过程并不是物理世界商务活动的翻版，网上银行、在线电子支付等条件和数据加密、电子签名等技术在电子商务中发挥着重要的不可或缺的作用。

1.1.2 电子商务的特点

商务活动的核心是信息活动，在正确的时间和正确的地点与正确的人交换正确的信息是电子商务成功的关键。在传统的商务活动中，信息的主要形式是以纸为载体的文字信息，而电子商务则是使用计算机网络来进行信息交换，信息的重要形式是电子数据。与传统商务活动相比，电子商务有以下几个显著的特点：

① 突破了时间和地点的限制。Internet 覆盖全球，已经成为一种无边界的媒体，在世界任何地点、任何时间都可以通过 Internet 获得所需信息。传统的商务受时间和地点的限制，而 Internet 上的虚拟商店可以一周开 7 天，一天开 24 小时，用户可以非常方便地获得商品和服务，这使商务活动向任何地点、任何时间、任何方式的 3A（Anywhere，Anytime，Anyway）全方位服务方面前进了一大步。

② 成本费用低。所有信息化的商品在网上发布，既可主动散发，又可以随时接受需求者的查询，无须再负担促销广告费用。同时，可以很好地实现"零库存"，什么时候卖出货，什么时候才进货。由于互联网是国际的开放性网络，使用费用很便宜，一般来说，其费用不到企业在公用数据通信网的基础上建立专用网络 VAN（Value-Addle Network，增值网）的 1/4，这一优势使得许多企业尤其是中小企业对其非常感兴趣。

③ 效率更高。通过 Internet 来进行商务活动，信息处理和传递的密度明显加快，从而使商务活动的节奏明显加快，大大地提高了商务活动的效率。

④ 虚拟现实。与传统的商务活动不同，电子商务的许多过程是虚拟。例如，消费者在网上商店订购商品，只是通过商品目录了解其性能和价格，见到的是商品的图片和文字说明，并没有真正见到实实在在的商品本身。

⑤ 功能更全。互联网可以全面支持不同类型的用户实现不同层次的商务目标，如发布电子商情、在线洽谈、建立虚拟商场或网上银行等。

⑥ 使用更灵活。基于互联网的电子商务可以不受特殊数据交换协议的限制，任何商业文件或单证均可以直接通过填写与现行的纸面单证格式一致的屏幕单证来完成，不需要再进行翻译，任何人都能看懂或直接使用。

⑦ 特别适合信息商品的销售。对于计算机软件、电子报刊、图书等电子信息商品，电子商务是最佳选择，用户可以在网上付款，可在网上下载所购商品。

⑧ 具有战略意义。电子商务生来具有的"全球性"特征，使得各发达国家对其十分重视，网络的跨国界及触角的广泛，使得网上的交易将打破有国界的贸易壁垒，谁主导了电子商务，谁就在这个大商务环境中具有霸权。

1.1.3 电子商务的框架构成及模式

1. 电子商务的一般框架

电子商务影响的不仅仅是交易各方的交易过程，它在一定程度上改变了市场的组成结构。传统上，市场交易链是在商品、服务和货币的交换过程中形成的，现在，电子商务在其中强化了一个因素——信息。于是就有了信息商品、信息服务和电子货币。人们做贸易的实质并没有变，但是贸易过程中的一些环节因为所依附的载体发生了变化，也相应地改变了形式。这样，从单个企业来看，其贸易的方式发生了一些变化；从整个贸易环境来看，有的商业机会消失了，同时又有新的商业机会产生，有的行业衰退了，同时又有别的行业兴起了，从而使得整个贸易过程呈现出一些崭新的面貌。

为了更好地理解电子商务环境下的市场结构，我们可以参考一个简单的电子商务的一般框架，如图 1-1 所示，它基本上简洁地描绘出了这个环境中的主要因素。

① 网络基础设施：网络基础设施是实现电子商务的底层的基础设施，由骨干网、城域网、局域网层层搭建，使得任何一台联网的计算机能够随时同这个世界连为一体。信息可能是通过电话线传播的，也可能是通过无线电波的方式传递。

② 多媒体内容和网络宣传：信息高速公路网络基础设施使得通过网络传递信息成为可能，目前网上最流行的发布信息的方式是以 HTML（超文本标记语言）的形式将信息发布在 WWW 上。网络上传播的内容包括有文本、图片、声音、图像等。

③ 报文和信息传播的基础设施：消息传播工具提供了两种交流方式：一种是非格式化的数据交流，比如用传真和 E-mail 传递的消息，它主要是面向人的；另一种是格式化的数据交流，像前面提到的 EDI 就是典型代表，它的传递和处理过程可以是自动化的，无须人的干涉，也就是面向机器的，订单、发票、装运单都比较适合格式化的数据交流。HTTP 是 Internet 上通用的消息传播工具，它以统一的显示方式，在多种环境下显示非格式化的多媒体信息。

④ 贸易服务的基础设施：它是为了方便贸易所提供的通用的业务服务，是所有的企业、个人做贸易时都会用到的服务，所以我们将它们称为基础设施。它主要包括：安全、认证、电子支付和目录服务等。

⑤ 电子商务应用：在上述基础上，我们可以一步一步地建设实际的电子商务应用。如：供货链管理、视频点播、网上银行、电子市场及电子广告、网上娱乐、有偿信息服务、家庭购物，等等。

如图 1-1 所示，整个电子商务框架有两个支柱：社会人文性的政策法律和自然科技性的技术标准。

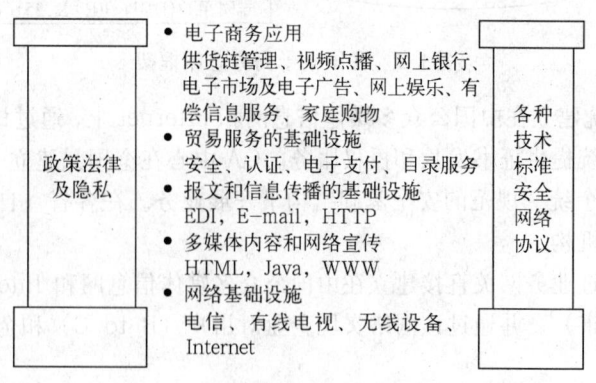

图 1-1　电子商务一般框架

① 政策法律及稳私：国际上，人们对于信息领域的立法工作十分重视。美国政府在发布的"全球电子商务的政策框架"中，在法律方面做了专门的论述，俄罗斯、德国、英国等国家也先后颁布了多项有关法规，1996 年联合国贸易组织通过了"电子商务示范法"。目前在我国，政府在信息化方面的注意力还主要集中在信息化基础建设方面，信息立法还没有进入实质阶段，

针对电子商务的法律法规还有待健全。如个人隐私权、信息定价等问题也需要进一步界定，随着越来越多的人介入到电子商务中，其必将变得更加重要和迫切。同时，各国的不同体制和国情，同 Internet 和电子商务的跨国界性是有一定冲突的，这就要求加强国际间的合作研究。

② 第二个支柱是技术标准：技术标准定义了用户接口、传输协议、信息发布标准、安全协议等技术细节。就整个网络环境来说，标准对于保证兼容性和通用性是十分重要的。正如在交通方面，有的国家是左行制，有的国家是右行制，会给交通运输带来一些不便，我们今天在电子商务中也遇到了类似的问题。

2．我国电子商务总体框架结构

我国电子商务总体框架结构如图 1-2 所示。

电子商务框架结构中各个元素（CA 认证体系、支付网关、应用系统、用户层等）均连接在中国公众多媒体信息网和 Internet 上，并通过该网络实现完整的电子商务。

支付网关通过专线与金融网络实现连接，一个支付网关可以实现对多个金融网络的连接。

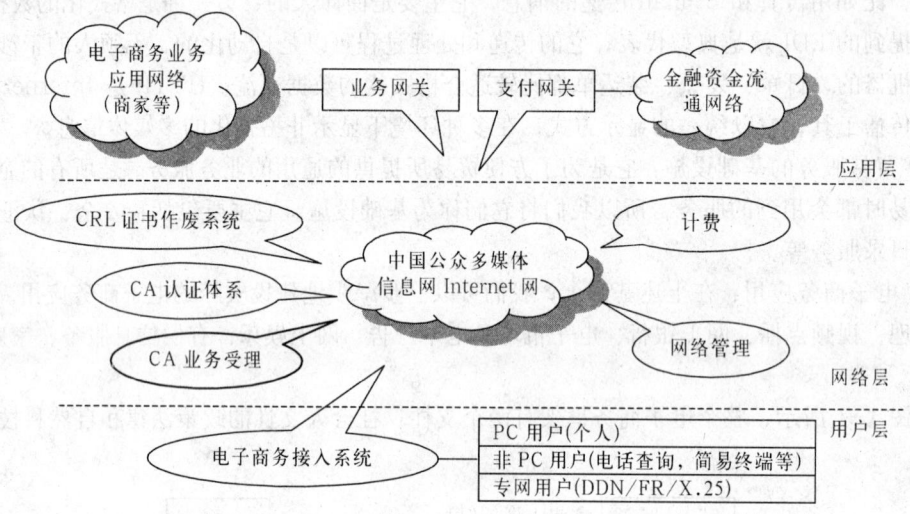

图 1-2　我国电子商务总体框架

CA 安全认证系统建立在中国公众多媒体信息网和 Internet 上，通过该网络向终端用户、支付网关和业务应用系统提供证书发放和授权服务。CA 中心在全国只建立一个，采用主从结构，网上的电子商务在一个统一规范的安全基础结构下开展业务。在各省（自治区、直辖市）可建立业务受理点和分支机构。

业务应用系统通过业务网关直接建立在中国公众多媒体信息网和 Internet 上，分布在全国各省（自治区、直辖市），并通过该网络实现企业对用户（B to C）和企业对企业（B to B）的电子商务应用。

用户系统通过接入系统，采用多种接入手段接入中国公众多媒体信息网和 Internet，包括 PSTN、DDN、FR、ISDN、GSM 等。

通过中国公众多媒体通信网的网关实现跨网间的电子商务。

3．电子商务的模式

1）电子商务系统的目标模式

电子商务的目标模式是基于电子商务市场业务环境以及技术环境等多因素的分析后得出

的，它是建立电子商务的重要理论与实践依据。电子商务总体目标模式应该是以 CA 安全认证体系为保障，以实现商品信息、生产企业信息、消费者信息、国家法律和政策信息、市场管理及科学教育医疗等多种信息组成的多媒体（包括采集、加工、整理、发布、储存等）网络信息，形成以此信息流为中心连接商品生产流通和资金流通的电子商务网络，电子商务系统总体目标模式结构如图 1-3 所示。

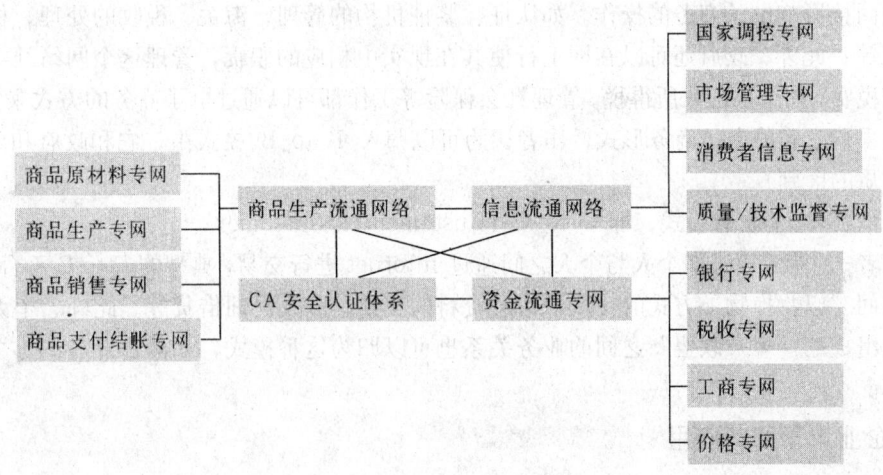

图 1-3　电子商务系统总体目标模式

电子商务总体目标模式的功能如下：
① 建立以信息流通网络为中心的电子商务网络基础结构；
② 电子商务商品生产流通网络的建立使得商务活动成为商品经济的中心；
③ 建立电子商务资金流通网络使支付手段高度安全化、电子化。

2）电子商务系统业务模式

按照电子商务交易主体之间的差异可以有多种不同的模式，其中最典型的业务模式有以下几种：

（1）企业–企业模式，即 B to B（Business to Business）

这是最早出现的电子商务模式，EDI 是这种模式的早期代表，如设在美国丹佛市的商业数据交换中心（Commerce EDI Center）。在这种模式中，企业可以通过网络与供应商联系订货，接收发票和付款；也可以通过网络进行协同作业、管理支援及信息共享，以推动代理商、经销商和中心厂商之间供应链的重整，提高业务的有效性并降低成本。这种电子商务的模式会在很大程度上改变个别企业的行为规范。

（2）商家–消费者模式，即 B to C（Business to Customer）

随着网上商店的出现，就有了这种 B to C 模式。这种模式既包括网上购物，也包括网络银行等业务。商家利用 Web 技术在网络上开设店面、陈列商品、标出价格、说明服务，向消费者直接提供从鲜花、书本、汽车、住房，到订票订座、旅游、转账等多种商品和服务。这种模式免除了中间的流通环节，直接面对消费者大大提高了交易效率，并开拓了一个庞大的市场，创造了一种全新的商务。它方便、快捷、实用，很有发展潜力。

（3）公共服务模式

公共服务模式包括 G to B（Government to Business）模式和 G to C（Government to

Customer）模式。这种模式强调的是政府对电子商务的介入。政府在发展电子商务中的作用是不可忽视的。在电子商务的发源地美国，政府一直将促进电子商务朝着正确的方向发展作为其主要的任务之一。但同时也认为电子商务的发展应该由企业起带头作用，政府应尽量地减少干预，干预的目标也应该是为电子商务活动提供透明、简捷、一致的法律环境。从中国特色考虑，由于历史原因和管理模式的不同，中国的电子商务是很重视政府的参与作用的，政府有关部门会直接或间接影响电子商务的操作，如认证、鉴证机构的管理，海关、税收的处理，标准的制定和修改等；此外，政府还可以在网上行使其在现实中相应的职责，管理这个网络社会，如向企业征收税费，向个人征收所得税，管理社会保险等工作都可以通过电子商务的方式来实现（而对于政府采购之类的电子商务形式，作者认为可以归入 B to B 模式中，它和政府和公共服务模式有本质的区别）。

（4）消费者-消费者模式，即 C to C（Customer to Customer）

消费者-消费者模式即个人与个人之间通过 Internet 进行交易，典型的 C to C 平台是淘宝。比如说民间"以物换物"方式的交换，信息资料的交换，以及民间借贷等。此外，个人与由独立的客户组成的"客户联盟"之间的业务关系也可以归为这种模式，如消费者与消协之间的业务关系等。

1.1.4 企业电子商务应用

我们先以大家熟悉的家电企业为例来分析企业的关键业务有哪些。

首先要了解市场需求。可以通过多种手段了解、分析市场需求，如：销售现场、调查问卷、媒体资料分析、客户服务，等等。

其次是产品研发。根据市场需求来设计、试制产品。在产品研发过程中，技术人员仍然需要不断从消费者、竞争对手那里获得灵感，从市场中获得技术支撑。

第三是产品的营销。事实上，当产品还在实验室里的时候，市场营销活动就已经开始了。这有助于了解市场对新产品的反映、新产品的定价、新产品的上市时机等。

第四是产品的生产。包括采购原材料、安排生产设备、制订生产计划、产品生产、库存管理等一系列活动。

第四是产品销售。产品只有销售出去，才能获得收益。

第五是物流。物流实现商品所有权的转移，是商务活动中非常重要的一环。

第六是售后服务和客户支持。客户服务是企业留住客户、赢得忠诚客户的重要手段。主动为客户提供各种适时、周到的服务，是企业获得竞争力的重要内容。

因此，企业在实施电子商务时，也是围绕企业的关键应用展开：

① 提升品牌价值、扩大企业知名度；

② 市场调查；

③ 产品销售；

④ 客户服务。

1.2 网站设计与管理要解决的问题

【启发案例】某公司是从事保健食品代理、推广、销售的公司，其代理的产品根据中国传统的中医理论，利用我国最大众化的蔬菜和粮食作为原料，经过合理搭配，具有非常好的养生、保健效果。但由于目前保健品市场鱼龙混杂，市场上存在很多伪产品、伪理念，消费者对保健品很多持怀疑态度，使真正有价值的产品也被挡在市场之外，老百姓无所适从。企业决策层希望通过电子商务手段来宣传正确的养生理念、宣传科学的养生产品。

企业决策层应该怎样实施其电子商务呢？

1.2.1　网站的规划

企业要开展电子商务，首先要确定通过什么方式来开展电子商务、建立什么样的电子商务系统、通过电子商务达到什么目标，当然还要确定准备投入多少资金来开展电子商务，也就是说，先要确定企业的电子商务战略。

网站规划的任务如下：

1．确定网站开发的商务范围和目标

根据企业目前在经营管理过程中存在的问题和电子商务应用的内容，来确定企业网站的功能、目标。

在前面的分析中，我们已经清楚企业的业务活动包括的内容，但并不是每一项业务都适合开展电子商务，也不是每一项活动开展电子商务后都能够获得预期的效果和效益。因此，作为企业来讲，确定开展电子商务的业务范围、重点内容、预期效果就变得非常重要。

2．确定网站的开发方案

根据电子商务目标和战略，设计电子商务系统的总体结构及系统各个组成部分的结构和构成，拟订构造网站的技术方案。

3．制订项目实施计划

根据网站建设工程的环境、资源等条件，制订一个详细的进度表。规定各个任务的优先次序和完成任务的时间安排，给项目组成员分配具体任务和确定任务完成的时间。

1.2.2　网站建设

网站建设作为一个工程项目，按照项目管理的要求，利用生命周期理论，开发网站。

1．网站的需求分析

从网站访问者和网站管理者（运营者）的角度确定网站应该具有的功能及性能要求。

2．网站方案设计

从技术角度确定网站的具体实施方案，包括总体设计和详细设计。

3．网站程序开发

包括硬件设备、软件的采购、安装，应用程序的编制、调试，整个网站的测试。

1.2.3　网站运营管理

【阅读资料】来源：CNNIC

2010 年 7 月 15 日，中国互联网络信息中心（CNNIC）发布的报告显示，2010 年上半年，我国境内的域名和网站数量都出现了不同程度的减少。

根据报告，截至 2010 年 6 月，我国域名总数下降为 1 121 万，其中.cn 域名 725 万，.cn 在域名总数中的比例从 80%降至 64.7%。与此同时，.com 域名增加 53.5 万，比重从 16.6%提升至 29.6%。

同时,中国的网站数量(即域名注册者在中国境内的网站数)减少到 279 万个,降幅达 13.7%。其中, .cn 网站为 205 万个,占网站整体的 73.7%。

报告指出,2010 年上半年,全球互联网站点数都在下降,中国网站数同步下滑。根据 Netcraft 的统计, 2010 年上半年全球互联网站点数减少了 2 700 万个,降幅达到 11.5%。网站托管服务到期终止,是站点总数下降的重要原因。

网站上线运行后,还需要持续不断地运营维护,包括:

1. 网站宣传

在互联网上,每天都有很多新网站产生,怎样让网民知道你的网站并登录到网站上?这就需要选择合适的网站营销手段。

2. 内容的更新

要做到网站内容与企业业务同步,就需要实时对网站进行更新,这样才能保证访问者在网站上看到的信息是企业最新、最真实的信息。

3. 硬件维护

随着业务量的增加,服务器的存储容量、运行速度、可靠性等指标都会面临压力,需要对服务器进行升级改造。

4. 网站数据分析

随着网上业务数据的累积,企业通过对历史数据的分析,可以发现访问者的行为习惯、偏好,也可以发现网站内容、布局、导航中存在的问题,据此可以完善网站的内容、服务。

5. 网站升级

当业务量达到一定程度,现有网站不能满足需求时,就需要对网站进行全面的升级改造。包括硬件平台升级、应用软件的升级、数据库升级等。

1.3 网站开发方法

网站开发方法包含了许多方面的内容。从过程管理的角度有传统的生命周期法、原型法等;从方法学的角度有结构化方法、面向对象方法等。本书主要从过程管理的角度介绍典型的生命周期法,并结合基于瀑布模型的系统开发生命周期法介绍网站开发各个阶段的工作内容。

1.3.1 基于瀑布模型的网站开发生命周期方法

系统开发生命周期 (System Development Life Cycle, SDLC) 是由任务分解结构 (Work Breakdown Structure, WBS) 和任务优先级结构组成的。WBS 是指网站开发全过程的阶段和活动的划分,任务优先级结构是指各个阶段之间的关系。

基于瀑布模型的网站开发生命周期一般将系统开发过程划分为五个阶段:系统规划、系统分析、系统设计、系统实施、系统维护,如图 1-4 所示。其特点是:强调阶段的划分及其顺序性;强调各阶段工作及其文档的完备性;是一种严格线性的、按阶段进行的、逐步细化的开发模式。

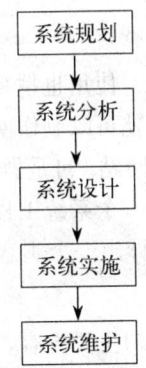

图 1-4 基于瀑布模型的网站开发生命周期

1.3.2 系统开发各个阶段的任务

1. 系统规划

系统规划（Systems Planning）是在充分、深入研究企业发展远景、业务策略和管理的基础上，形成网站的远景、网站的信息体系架构（Information Systems Architecture, ISA）、网站各部分的逻辑关系，以支撑企业战略规划目标的达成。系统规划是从组织的宗旨、目标和战略出发，对企业内外信息资源进行统一规划、管理和应用，从而规范组织内部管理，提高工作效率和顾客满意度，最终为企业获取竞争优势，实现企业的长远发展。

2. 系统分析

系统分析（Systems Analysis）是指运用一定的方法，对问题域和系统责任进行分析和理解，对其中的事物和它们之间的关系产生正确的认识，并产生一个符合用户需求，并能够直接反映问题域和系统责任的模型及其详细说明。

系统分析又称需求分析。需求分析是整个网站开发的基础。如果需求定义错误（如需求不完全、不合乎逻辑，不贴切或使人易于发生误解），那么不论以后各步的工作质量如何，都必然导致系统开发的失败。因此，系统分析是系统成功的关键一步，必须引起足够的重视，并且提供保障需求定义质量的技术手段。

3. 系统设计

系统设计（Systems Design）的目的是设计一个能够满足用户需求的技术解决方案。系统设计主要包括总体设计和详细设计两个层次。总体设计的主要任务是构造软件的总体结构；详细设计包括输入/输出设计、控制设计、人机界面设计、数据库设计、程序设计。

4. 系统实施

系统实施（Systems Implementation）的目的是构造/组装网站技术部件，并最终使网站投入运行。系统实施阶段包括的活动有编程、测试、用户培训、新旧系统之间的切换等。编程是按第三阶段中程序设计所获得的每一个模块的基本结构和要求，用某种计算机语言编写其程序代码。测试是程序执行的过程，其目的是尽可能多地发现软件中存在的错误。用户培训的主要任务是编写用户操作手册。新旧系统之间的切换是新系统取代旧系统的一个过程。

5. 系统维护

系统维护（Systems Maintenance）的目的是对系统进行维护，使之能正常地运作。系统支持包括校正性维护、适应性维护、完善性维护和预防性维护。

1.3.3 网站开发步骤

由于目前所见即所得的工具越来越多，使用也越来越方便，所以制作网页已经变成了一件轻松的工作，一般初学者经过短暂的学习就可以制作网页，于是他们认为开发网站非常简单，没有经过规划设计就匆匆忙忙制作自己的网站。可是做出来的网站往往不能让自己和用户满意。建立一个网站就像盖一幢大楼一样，它是一个系统工程，有自己特定的工作流程，你只有遵循这个步骤，按部就班地一步步来，才能设计出一个满意的网站。

1. 确定网站主题

网站主题就是你建立的网站所要包含的主要内容，一个网站必须要有一个明确的主题。一个网站的内容不可能大而全，包罗万象。必须从企业业务目标出发，确定网站的主题，办出自己的特色，这样才能给用户留下深刻的印象。

2. 搜集材料

明确了网站的主题以后，就要围绕主题开始搜集材料了。常言道："巧妇难为无米之炊"。要想让企业的网站有血有肉，能够吸引住用户，就要尽量搜集材料，材料搜集得越多，以后制作网站就越容易。材料既可以从图书、报纸、光盘、多媒体上得来，也可以从互联网上搜集，然后把搜集的材料去粗取精，去伪存真，作为自己制作网页的素材。

3. 规划网站

一个网站设计得成功与否，很大程度上决定于设计者的规划水平，规划网站就像设计师设计大楼一样，图纸设计好了，才能建成一座漂亮的楼房。网站规划包含的内容很多，如网站的结构、栏目的设置、网站的风格、颜色搭配、版面布局、文字图片的运用等，你只有在制作网页之前把这些方面都考虑到了，才能在制作时驾轻就熟，胸有成竹。也只有如此制作出来的网页才能有个性、有特色，具有吸引力。如何规划网站的每一项具体内容，我们在下面会有详细的介绍。

4. 选择合适的制作工具

尽管选择什么样的工具并不会影响你设计网页的好坏，但是一款功能强大、使用简单的软件往往可以起到事半功倍的效果。网页制作涉及的工具比较多，首先就是网页制作工具了，目前大多数网民选用的都是所见即所得的编辑工具，这其中的优秀者当然是 Dreamweaver 和 FrontPage 了，如果是初学者，FrontPage 是首选。除此之外，还有图片编辑工具，如 Photoshop、PhotoImpact 等；动画制作工具，如 Flash、Cool 3D、Gif Animator 等；还有网页特效工具，如有声有色等，网上有许多这方面的软件，你可以根据需要灵活运用。

5. 制作网页

材料有了，工具也选好了，下面就需要按照规划一步步地把自己的想法变成现实了，这是一个复杂而细致的过程，一定要按照先大后小、先简单后复杂来进行制作。所谓先大后小，就是说在制作网页时，先把大的结构设计好，然后再逐步完善小的结构设计。所谓先简单后复杂，就是先设计出简单的内容，然后再设计复杂的内容，以便出现问题时容易修改。在制作网页时要多灵活运用模板，这样可以大大提高制作效率。

6. 上传测试

网页制作完毕，最后要发布到 Web 服务器上，才能够让全世界的朋友观看，现在上传的工具有很多，有些网页制作工具本身就带有 FTP 功能，利用这些 FTP 工具，可以很方便地把网站发布到自己申请的主页服务器上。网站上传以后，要在浏览器中打开自己的网站，逐页逐个链接地进行测试，发现问题，及时修改，然后再上传测试。全部测试完毕就可以把你的网址告诉给朋友，让他们来浏览。

7．推广宣传

网页做好之后，还要不断地进行宣传，这样才能让更多的访问者认识它，提高网站的访问率和知名度。推广的方法有很多，例如到搜索引擎上注册、与其他网站交换链接、加入广告链等。

8．维护更新

网站要注意经常维护更新内容，保持内容的新鲜，不要一做好就放在那儿不变了，只有不断地给它补充新的内容，才能够吸引住浏览者。

1.4　本教材的内容结构

本教材按照网站的生命周期，即按照网站规划、网站需求分析、网站设计、网站实施、网站维护与管理来组织整个教材的内容。最后为大家提供了一个真实的开发案例，该案例按照网站的生命周期去建设。

本章小结

本章从电子商务的内涵出发，分析了企业电子商务应用的主要目标和内容，介绍了网站设计与管理要解决的问题。根据生命周期理论，分析了企业网站设计、运营、管理的步骤、内容。重点掌握从企业电子商务应用的角度，网站建设过程中要解决的问题和步骤。

习题

1．谈谈你对电子商务的理解。
2．电子商务有哪些特点？
3．电子商务产生和发展经历了哪几个阶段？
4．怎样理解电子商务的一般框架？
5．电子商务的业务模式有哪几种？

第 2 章　电子商务网站开发技术

🌐 学习目标

通过本章的学习，要达到：
① 了解构筑一个电子商务系统需要的电子商务的框架结构；
② 了解网络基础设施有哪些；
③ 了解信息发布的主要手段；
④ 了解第三方提供的服务内容；
⑤ 理解面向对象程序设计方法的基本思想；
⑥ 掌握面向对象方法的开发步骤和每一步骤的内容；
⑦ 掌握统一建模语言 UML 的基本原理；
⑧ 掌握用例图、类图的基本要素和绘制方法；
⑨ 了解序列图、状态图、活动图、组件图的作用和绘制方法；
⑩ 能够针对一个具体的应用实例，分析出其包含的类、用例，并绘制出类图和用例图；
⑪ 熟练在使用统一建模语言 UML 为系统建模。

📡 引导案例

思科（Cisio）的互联网生态系统

思科系统公司是全球领先的互联网设备和解决方案供应商，致力于为整个网络和 Internet 提供全面的、端到端的连接和传输设备。思科的网络设备和技术构建了全球的 IP 基础设施，它的路由器、网络交换机、防火墙等诸多设备连接着世界上的网络，承载着世界上绝大多数的网络通信量。早在 1996 年，思科系统公司即已跻身世界十大电信公司行列，是全球增长最快的电信产品供应商。同时，思科系统公司也是建设互联网的中坚力量，目前互联网上超过 80% 的信息流量经由思科系统公司的产品传递。

作为一个互联网设备和解决方案提供商，思科公司同时也是互联网业务解决方案的使用者、实践者，并用自己所取得的经验、所取得的巨大成功激励着整个社会利用互联网技术不断提升信息化程度，提高管理能力和运营效率，建立竞争优势，以获得更大的发展空间，用互联网创造新的生产力。作为互联网业务解决方案的先行者，思科公司 90% 的订单在线完成，80% 的服务和支持通过网站解决，成本节省 5.06 亿美元，客户满意度提高 25%，下订单时间缩短 70%，思科和合作伙伴的库存减少达 45%，思科公司的工作效率提高 15%，商业灵活性加大。

"建立新一代互联网经济的生态系统"是思科关注的另一个核心领域，基于信息技术的全球化经济的涌现以及开放的互联网的蓬勃发展，鼓励并提供了这样的机会：企业通过联盟结成一整套相互依存的生态系统，不同的企业承担不同的功能，并共同服务于客户。现在，思科和 Oracle、IBM 等知名公司同很多新兴的公司已构建了互联网生态系统，在互联网业务、服务提供商解决方案、互联网交流软件、专业服务等多个方面，共同为用户提供最满意的服务和解决方案。

互联网技术及其应用的迅速发展，超过了几年之前人们的预期，为消费者、商家以及贸易伙伴间的互动开辟了新领域。互联网的应用从开始时公司在网上发布的小册子，到个人静态网页，很快发展成为高度复杂的在线应用和商务处理业务。有远见的公司正运用互联网来为其股东创造新的价值，追求新的生产力水平。尽管互联网看起来好像 20 世纪 90 年代初商界的"客户机/服务器"现象，或是后来的 ERP 应用那样，是另一种技术浪潮，但是它在全球经济中的应用范围和潜在影响却是十分巨大的。

以往的企业投资于与互联网无关的信息技术，建立供货商和买家之间的电子联系，来提高生产力和效率。然而，互联网由于其普遍性和开放性，低廉的接入成本，以及相关应用的便利性，与其他信息技术有着根本区别。结果是，我们见证了消费者和商家对互联网史无前例的接受程度，其发展速度正以几何级数增长。互联网通常被看做是一个销售与市场间的渠道，而我们则认为它建立了一种完全电子化的经济，它已经很庞大，并且带来了新的机遇和就业机会。

互联网经济由以下要素组成：

① 一套跨越全球的庞大 IP 网络系统、应用软件，以及介入到这种开放性和全球化的网络环境中的人力资本；

② 相互联系的电子市场，该市场能够利用 IP 网络和应用程序实现多种交易机制；

③ 在线消费者，生产者和提供信用、担保、认证及其他市场服务的电子中介机构；

④ 一种或多种适用于互联网交易的电子流通体系；

⑤ 法律和政策框架。

这种新经济的某些要素，比如流通体系和法律框架，仍处于发展之中。然而，有三种相互联系而又明显不同的经济力量从根本上推动了这种新生经济的发展：积极的网络外部效应、互联网技术要素间互补的关系和低廉的交易成本。积极的网络外部效应对互联网起到了推动作用，因为当一部分消费者和商家采用互联网这种媒介时，其余消费者、商家会觉得加入其中越来越有价值。例如，当一个制造商的供应商和用户在他们的日常业务中开始应用互联网时，这个厂商就会从其商业运作的网站中获取最大收益。

互补的关系意味着，当改善了其中一个因素时，再改善其他因素便更有价值。在互联网经济中，网络基础设施、网络应用程序和电子商务之间有着很强的互补关系。当互联网的带宽随着宽带技术的发展而日趋增加时，应用软件商们便加紧开发基于宽带的功能强大的多媒体软件。这些因素导致了互联网上以多媒体形式展开的商务活动日趋增多。互联网的开放性特征刺激了网络基础设施和应用软件结构的革新，从而引起互联网市场上新技术的快速发展和应用。此外，在互联网上快捷的通信、协调和合作，把企业与供货商和消费者虚拟地集成在一起，降低了交易成本。

当所有从事物质经济的企业将互联网纳入其企业的各个环节时，商界将会从互联网中获取最大的收益。

2.1 电子商务应用框架

电子商务应用框架是指实现电子商务从技术到一般服务层所应具备的完整的运作基础。它包括网络技术设施的四个层次和电子商务应用的两个支柱，如图 2-1 所示。

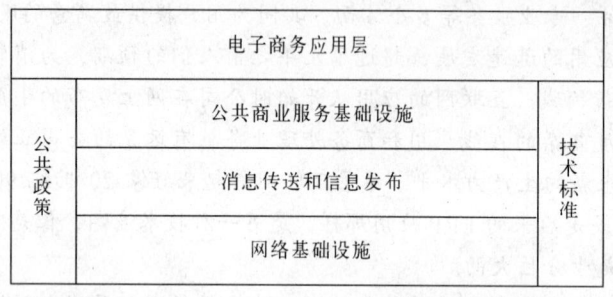

图 2-1 电子商务应用框架

四个层次：
① 网络基础设施；
② 消息传送和信息发布；
③ 公共商业服务基础设施；
④ 电子商务应用层。

两个支柱：
① 公共政策；
② 技术标准。

如同计算机发展的七大层一样，网络层可通过有线电视、无线电视的工具提供商务信息传输的线路；消息传送和信息发布解决了系统内部信息的发布和系统外部信息的传输；公共商业服务基础设施负责对高级电子商务应用提供服务，如身份的确认、信息的加密技术等；到了电子商务的全面应用层，参与者们就可以摆脱技术的问题，顺应各行业的流程，直接进行很简单的技术操作，便可实现全面电子商务的应用。此时的电子商务全面应用可以实现商务的电子化操作，业务流程也完成重组。

两个支柱主要是标准的技术协议和支持政策。工作政策主要是指政府开展电子商务颁布的规章、制度及鼓励政策。技术标准主要指网络协议、通信、支付标准。

2.1.1 网络基础设施

基础设施为电子商务应用提供必要的网络基础环境，形成可靠、有效的信息传输服务通道，包括远程通信网（Telecom）、有线电视网（Cable TV）、无线通信网（Wireless）和因特网（Internet）它是电子商务信息的最终承载者，位于整个业务/技术结构的底层。

最近几年，世界各发达国家如美国、法国、日本等陆续通过相应的立法打破了以往电信运营业与 CATV 运营业相互独立，不得经营对方业务的局面，以政策手段来促进 CATV 业和电信业务的激烈竞争，以繁荣信息业。随着信息市场的开放，电信部门利用其现有大量光纤干线的优势，首先就瞄准 CATV 业务；而 CATV 公司也一改其传统的单向广播式视频业务，利用现有 CATV 网，架设 SDH 光纤干线逐步拓展其宽带网，实现语音、数据、视频等双向综合服务。电信部门和 CATV 公司相互独立的重叠网的建设，势必造成大量资金浪费，导致通信局面混乱，也不利于信息业的长远发展。随着电信与信息技术的飞速发展和电信市场的开放以及用户对多种业务需求的与日俱增，国际上出现了"三网合一"的潮流，即原先独立设计运营的传统电信网（以电话语音业务为主）、计算机网（以因特网业务为主）和 CATV 网（以视像业务为主）正趋向于相互渗透和相互融合。相应地，三类不同的业务、市场和产业也正在相互渗透和相互融合，以三大业务来分割三大市场和行业的界限正逐步变得模糊。

1. 电信网

目前，中国电信已建成一个覆盖全国、以光缆为主、以卫星和数字微波为辅的大容量、宽带、高速干线传输网，1998 年底就实现了"八纵八横"网格型光缆干线网络，中国电信建成了规模居世界前列的固定电话网和移动电话网。中国电信经营管理的电话网和数据网的规模容量、技术层次、服务水平都发生了质的变化，实现了从小容量到大容量、从模拟到数字、从单一业务到综合业务的转变，初步建成覆盖全国、技术先进、完整统一、安全可靠、海陆空交叉并行的国家公用通信网大平台。

电信网的优势在于覆盖面广、管理严格、组织严密、经验丰富，有长期积累的大型网络设计运营和管理经验，而且最接近大众及商业用户，与用户有长期的服务关系，这些优势是数据公司不具备的。另外，电信网在提供全球性业务，提供全球无缝信息服务方面远胜过 CATV 网，因为电信业已建成了全世界无缝互联的全球电信网。

电信网的特点是采用电路交换形式，对实时的电话业务最佳，业务质量高且有保证。电信网的通信成本基于距离和时间。

电信网的主要问题是：

① 目前，发达国家的基本电话业务已趋饱和。在这方面我国情况大不相同，在提供多样化、多层次电信服务的同时，目前仍处于普及基本电信服务阶段，在相当长的时期内电话收入仍是电信部门的主要收入。

② 电信公司的最大资产是铜缆接入网，但其使用价值正在衰减，虽然可以利用 XDSL 技术提供一些多媒体业务，但铜缆接入网在提供宽带多媒体业务方面存在先天不足，成为制约由单一的电信服务向综合宽带多媒体服务转变的"瓶颈"，即"最后一公里"问题。

③ 电信网规模巨大，在向未来 IP 网络深化方面，其历史包袱较重，改革难度较大。

④ 由于受传统垄断经营的制约，观念比较保守，思想不够解放，经营不够灵活，反应不够灵敏，思路不够开阔，改革动力不足。这也许将成为制约其发展的最大因素。

2. CATV 网

CATV 网的优势是普及率高，接入网带宽最宽，掌握着重要的信息源。CATV 网是高效廉价的综合网络，它具有频带宽、容量大、多功能、成本低、双向性、抗干扰能力强、支持多种业务和连接千家万户的优势，它的发展为信息高速公路的发展奠定了基础。其目标是首先用电缆调制解调器抢占数据业务市场，再逐渐争夺电话业务和视频点播业务。宽带双向的点播电视（VOD）及通过 CATV 网接入 Internet 进行电视点播、CATV 通话等是 CATV 网的发展方向。CATV 的最终目的是使 CATV 网走向宽带双向的多媒体通信网。

但我国 CATV 业由于起步晚，起点低，所以存在一些差距。CATV 网也存在一些主要问题：

① 网络分散，各自为政，无统一标准，制式太多，互不相连，质量较差，可靠性较低；

② CATV 主要是面向家庭用户，在企事业网方面尤显不足；

③ 缺乏通信与数据业务方面的知识和运营管理经验；

④ 经济实力有限,IP 业务是其重点,从长远看计划在其网络中提供全部业务,但困难较大,形势不容乐观。

3. 计算机网

计算机网特别是因特网是近几年发展最快的网络,它集中了大量投资,在计算机网中新概念、新技术不断出现。计算机网的优势是网络结构简单,技术更新快、成本低。我国目前已建成的国内互连网络有"三金"工程、CHINANET、CERNET 等。

计算机网的最大优势在于 TCP/IP 协议是目前唯一可为三大网共同接受的通信协议,该网没有电信公司的巨大铜缆接入网的包袱,正试图用因特网吸收电话和图像业务。基于该网的 IP 电话和电子商务是业界最为看好的业务。

计算机网的主要问题是:

① 缺乏管理大型网络与话音业务方面的技术和运营经验。

② 对全网没有有效的控制能力,有时显得杂乱无章,难以实现统一网络,业务质量不高,高质量的实时业务还难以开展。

③ 网络安全性存在一定问题。

④ 各国情况各异,易造成冲突。英语是网上主流语言,对非英语国家的用户造成不便。

尽管"三网合一"已是大势所趋,但要真的实现"三网合一",还要一个相当长的过程,仍面临不少困难。技术上的不完全成熟是导致三网融合还需要一段时间的原因之一,而体制和管理上的问题也许更为困难一些。

电信网、计算机网和 CATV 网是信息产业界存在的 3 个信息传输和信息提供网络,"三网"在网络资源、信息资源和接入技术方面各有特点。电信与信息服务的一个总的发展趋势是电信网、计算机网、CATV 网的融合,即"三网合一"。随着数字技术、光通信技术和软件技术的发展以及统一的 TCP/IP 协议的广泛应用,以三大业务来分割三大市场的技术基础已不存在,市场需求和技术发展促使"三网合一",限制三网交叉经营的管理也将做出重大调整。业界呈现出技术融合、市场融合、业务融合的大趋势,三种行业和网络、终端的最终融合不可避免,这不仅将对整个信息产业产生重大影响,也会为我们的信息生活带来更大的方便。

2.1.2 信息发布基础设施

信息发布是指在网络上用标准格式来传递和交换数据。目前常用的方式有:EDI、电子邮件、HTTP 等。

1. EDI

EDI 是 Electronic Data Interchange 的缩写,即电子数据交换,它是一种利用计算机进行商务处理的方式。在基于互联网的电子商务普及应用之前,曾是一种主要的电子商务模式。

EDI 是将贸易、运输、保险、银行和海关等行业的信息,用一种国际公认的标准格式,形成结构化的事务处理的报文数据格式,通过计算机通信网络,使各有关部门、公司与企业之间进行数据交换与处理,并完成以贸易为中心的全部业务过程。EDI 包括买卖双方数据交换、企业内部数据交换等。

作为商务处理的新方法,它是将贸易、运输、保险、银行和海关等行业的信息,用一种国际公认的标准格式,通过计算机通信网络,使各有关部门、公司和企业之间进行数据交换和处理，并完成以贸易为中心的全部业务过程。由于 EDI 的使用可以完全取代传统的纸张的交换，因此也有人称它为"无纸贸易"或"电子贸易"。

使用 EDI 的优点体现在：

① 降低了纸张的消费。根据联合国组织的一次调查，进行一次进出口贸易，双方约须交换近 200 份文件和表格，其纸张、行文、打印及差错可能引起的总开销等大约为货物价格的 7%。据统计，美国通用汽车公司采用 EDI 后，每生产一辆汽车可节约成本 250 美元，按每年生成 500 万辆计算，可以产生 12.5 亿美元的经济效益。

② 减少了许多重复劳动，提高了工作效率。如果没有 EDI 系统，即使是高度计算机化的公司，也需要经常将外来的资料重新输入本公司的计算机。

调查表明，从一台计算机输出的资料有多达 70% 的数据需要再输入其他的计算机，既费时又容易出错。

③ EDI 使贸易双方能够以更迅速有效的方式进行贸易，大大简化了订货或存货的过程，使双方能及时地充分利用各自的人力和物力资源。美国 DEC 公司应用了 EDI 后，使存货期由 5 天缩短为 3 天，每笔订单费用从 125 美元降到 32 美元。新加坡采用 EDI 贸易网络之后，使贸易的海关手续从原来的 3~4 天缩短到 10~15min。

④ 通过 EDI 可以改善贸易双方的关系，厂商可以准确地估计日后商品的寻求量，货运代理商可以简化大量的出口文书工作，商户可以提高存货的效率，大大提高他们的竞争能力。

2．电子邮件

电子邮件（Electronic mail，E-mail）是 Internet 最基本、最重要的服务之一。普通邮件通过邮局、邮差送到我们的手上，而电子邮件是以电子的格式（如 Microsoft Word 文档、TXT 文件等）通过互联网为世界各地的 Internet 用户提供了一种极为快速、简单和经济的通信和交换信息的方法。与常规信函相比，E-mail 非常迅速，将信息传递时间由几天到十几天减少到几分钟，而且 E-mail 使用非常方便，即写即发，省去了粘贴邮票和跑邮局的烦恼。与电话相比，E-mail 的使用是非常经济的，传输几乎是免费的。而且这种服务不仅仅是一对一的服务，用户可以向一批人发信件，或者向一个人这么发，向另一个人那么发。正是由于这些优点，Internet 上数以亿计的用户都有自己的 E-mail 地址，E-mail 也成为利用率最高的 Internet 应用。

E-mail 提供了一种简捷、快速的方法，通过 Internet，实现了文本、图形、声像等各种信息的传递、接收、存储等处理。知道了电子邮件的地址，即可与世界各地进行网络通信。同时，您可以得到大量免费的新闻、专题邮件，并轻松实现信息搜索。这是任何传统的方式也无法相比的。正是由于电子邮件的使用简易、投递迅速、收费低廉，易于保存、全球畅通无阻，使得电子邮件被广泛地应用，它使人们的交流方式得到了极大的改变。

3．超文本传输协议

超文本传输协议（HyperText Transfer Protocol，HTTP）是互联网上应用最为广泛的一种网络传输协议。HTTP 的发展是万维网协会和 Internet 工作小组合作的结果，在一系列的 RFC 发布中确定了最终版本，其中最著名的是 RFC 2616。在 RFC 2616 定义了 HTTP/1.1 这个今天普遍使用的版本。

HTTP 是一个用于在客户端和服务器间请求和应答的协议。一个 HTTP 的客户端，诸如一个 Web 浏览器，通过建立一个到远程主机特殊端口（默认端口为 80）的连接，初始化一个请求。一个 HTTP 服务器通过监听特殊端口，等待客户端发送一个请求序列，接收到一个请求序列后，服务器会发回一个应答消息，诸如"200 OK"，同时发回一个它自己的消息，此消息的主体可能是被请求的文件、错误消息或者其他的一些信息。HTTP 不同于其他基于 TCP 的协议，诸如 FTP。在 HTTP 中，一旦一个特殊的请求完成，连接通常被中断。另一方面，HTTP 1.1 支持持久连接。这使得客户端可以发送请求并且接收应答，然后迅速发送另一个请求和接收另一个应答。

2.1.3　公共的商业服务基础设施

公共的商业服务基础设施用于实现标准的网上商务活动服务，以方便交易，如标准的商品目录/价目表建立、电子支付工具的开发、保证商业信息安全传送的方法、认证买卖双方的合法性方法，其中最主要的是保证商业信息安全传送的方法、认证买卖双方的合法性方法及电子支付工具的开发。

保证商业信息安全传送的方法主要是保证网络安全。通过设立防火墙保护内部网络不受外部网络的攻击，同时防止内部网络用户向外泄密；利用密码技术对传输的信息进行加密处理；利用数字签名技术一是确认文件已签署这一事实，二是确定文件是真的这一事实；利用访问控制技术控制内部人员访问系统资源的范围。

认证买卖双方合法性的方法主要是基于数字证书。数字证书是用电子手段来证实一个用户的身份和对网络资源的访问的权限。在网上的电子交易中，如双方出示了各自的数字凭证，并用它来进行交易操作，那么双方都可不必为对方身份的真伪担心。数字证书可用于电子邮件、电子商务、群件、电子资金转移等各种用途。在电子交易中，数字证书的发放需要由一个具有权威性和公正性的第三方（Third Party）来完成。认证中心（CA）承担网上安全电子交易认证服务，能签发数字证书，并能确认用户身份的服务机构。认证中心通常是企业性的服务机构，主要任务是受理数字凭证的申请、签发及对数字凭证的管理。

电子商务支付系统是电子商务系统的重要组成部分，它指的是消费者、商家和金融机构之间使用安全电子手段交换商品或服务，即把新型支付手段（包括电子现金（E-Cash）、信用卡（Credit Card）、借记卡（Debit Card）、智能卡等）的支付信息通过网络安全传送到银行或相应的处理机构，来实现电子支付。目前，在金融业方面，用卡付款代替传统的现金付款已越来越被人们所接受，除电子信用卡、电子现金和电子支票外，还有电子零钱、安全零钱、在线货币、数字货币等。这些支付工具的共同特点都是将现金或货币无纸化、电子化和数字化，利于在网络中传输、支付和结算，利于网络银行使用，利于实现电子支付和在线支付。支付网关作为金融专用网和公用网之间的安全接口，有的为商业银行自己建设，也有的为多家商业银行联合共建。

2.1.4　公共政策与技术标准

国家政策包括围绕电子商务的税收制度、信息的定价、信息访问的收费、信息传输成本、隐私保护问题等，需要政府制定政策。其中税务制度如何制定是一个至关重要的问题。例如，对于咨询信息、电子书籍、软件等无形商品是否征税，如何征税；对于汽车、服装等有形商品如何通过海关，如何征税；税收制度是否应与国际惯例接轨，如何接轨等，若处理得不好，将严重制约电子商务的发展。我国加入 WTO，在制定相关政策法规时必须考虑加入世贸组织的影响，另外要提高立法的效率，以适应新形势的需要。

技术标准定义了用户接口、通信协议、信息发布标准、安全协议等技术细节。它是信息发布、传递的基础，是网络信息一致性的保证。目前，许多企业和厂商、国际组织都意识到技术标准的重要性，正致力于联合起来开发统一的国际技术标准，比如：EDI 标准，TCP/IP 协议、HTTP 协议、SSL 协议、SET 协议、电子商务标准等。

技术标准包含四个方面的内容：EDI 标准、识别卡标准、通信网络标准和其他相关的标准。目前涉及我国标准约有 1250 多项。我国把采用国际标准和国外先进标准作业作为一项重要的技术经济政策积极推行。

全球电子商务立法是近几年世界商事立法的重点，电子商务立法的核心，主要围绕电子签章、电子合同、电子记录的法律效力展开。从 1995 年美国犹他州颁布《数字签名法》至今，已有几十个国家、组织和地区颁布了与电子商务相关的立法，其中较重要或影响较大的有：联合国贸易法委员会 1996 年的《电子商务示范法》和 2000 年的《电子签名统一规则》；欧盟的《关于内部市场中与电子商务有关的若干法律问题的指令》和《电子签名统一框架指令》；德国 1997 年的《信息与通用服务法》，俄罗斯 1995 年的《俄罗斯联邦信息法》；新加坡 1998 年的《电子交易法》；美国 2000 年的《国际与国内商务电子签章法》；等等。

电子商务狂潮在很大程度上要归功于两个法律，一个就是联合国贸易法委员会的《电子商务示范法》，它奠定了全球电子商务开展的根基，另一个就是美国 1997 年的《全球电子商务纲要》，直接涉及了关税、电子支付、安全性、隐私保护、基础设施、知识产权保护等发展电子商务的关键性问题，为美国电子商务的发展创造了良好的政策法律环境。

从 1999 年开始，我国电子商务政策相关的立法呼声开始出现，2000 年全国人大一号提案使电子商务立法成为更多人关注的焦点，在其后的三年多的时间里，相关的一些法律、法规、部门规章和地方法规陆续出台。在这一过程中，出台了包括《电信管理条例》、《互联网信息服务管理办法》、《商用密码管理条例》、《互联网站从事新闻登载业务管理暂行办法》、《全国人大关于维护互联网安全的决定》等在内的多部法律法规。

总体来看，目前我国司法系统对于网上的相关知识产权纠纷有着较为成熟的把握，但对于电子商务的纠纷，由于主体法律规定的空白，还处在很不成熟的阶段。而对于产业界本身，那就是要求有一整套的措施得以实现法律对于交易的确认、保护和救济。在此基础上，电子签章的有效性问题、电子合同的形式问题、电子交易的安全问题、电子商务的税收问题等也就成了所有电子商务经营者普遍关注的问题。除了这些问题之外，不同的电子商务经营者重点关注的法律问题也会有所不同，而随着国内外电子商务企业通过并购的方式展开合作并成为新的一轮电子商务发展壮大的契机，兼并收购所涉及的法律问题正被更多的电子商务经营者所关注。

2.2　面向对象方法

引导案例

图 2-2 所示为京东商城（http://www.360buy.com）的主页。

思考一个访问者上网购物的过程：

第一步：登录网站（如果不是会员，需要先注册，才能购买商品）。

第二步：浏览/查询要购买的商品的信息。需要搜索引擎的支持。

图 2-2　京东商城主页

第三步：对获得的信息进行比较、分析，确定要购买的产品。

第四步：把选定的产品放入购物车。

第五步：继续选择要购买的产品。此时，也可以查看购物车中已选中的产品。

第六步：提交订单。

第七步：选择送货方式和支付方式。

第八步：等待送货上门。

第九步：收取货物，结束。

　　作为网站的建设者，如何描述上述业务流程？如何存取业务活动所需要和产生的各种数据（如商品信息、订单信息、会员信息）？如何把业务流程用程序语言实现？

　　要建立这样一个网站，作为建设者，用什么样的方法？需要哪些工具呢？

　　面向对象方法是近年来非常流行的软件开发方法，它克服了传统信息系统开发方法中的弊端，更加适合复杂的、多变的应用系统开发。

　　面向对象思想为信息系统开发提供了一种新的模型。在这种模型中，对象和类是构件，方法、消息、继承为基本机制。

　　客观世界是由各种各样的对象组成的，每种对象都有各自的内部状态和运动规律，不同对象之间的相互作用和联系就构成了各种不同的系统。

　　在设计和实现一个客观系统时，在满足需求的条件下，把系统设计成一些不可变的（相对固定）部分组成的最小集合（最好的设计）。这些不可变的部分就是所谓的对象。

　　面向对象方法（Object-Oriented Method）是一种把面向对象的思想应用于软件开发过程

中，指导开发活动的系统方法，简称 OO（Object-Oriented）方法，是建立在"对象"概念基础上的方法学。对象是由数据和容许的操作组成的封装体，与客观实体有直接对应关系，一个对象类定义了具有相似性质的一组对象。而继承性是对具有层次关系的类的属性和操作进行共享的一种方式。所谓面向对象就是基于对象概念，以对象为中心，以类和继承为构造机制，来认识、理解、刻画客观世界和设计、构建相应的软件系统。

2.2.1　面向对象的基本概念与特征

用计算机解决问题需要用程序设计语言对问题求解加以描述（即编程），实质上，软件是问题求解的一种表述形式。显然，假如软件能直接表现人求解问题的思维路径（即求解问题的方法），那么软件不仅容易被人理解，而且易于维护和修改，从而会保证软件的可靠性和可维护性，并能提高公共问题域中的软件模块和模块重用的可靠性。面向对象的概念和机制恰好可以使得按照人们通常的思维方式来建立问题域的模型，设计出尽可能自然地表现求解方法的软件。

1．面向对象的基本概念

对象：对象是要研究的任何事物。从一本书到一家图书馆，从单一的整数到庞大的数据库、极其复杂的自动化工厂、航天飞机都可看作对象，它不仅能表示有形的实体，也能表示无形的（抽象的）规则、计划或事件。对象由数据（描述事物的属性）和作用于数据的操作（体现事物的行为）构成一独立整体。从程序设计者来看，对象是一个程序模块，从用户来看，对象为他们提供所希望的行为。在对内的操作通常称为方法。

例如：京东商城（http://www.360buy.com）上的一台便携相机是一个对象，它的属性有很多，如图 2-3 和图 2-4 所示。

图 2-3　京东商城（http://www.360buy.com）上的一款便携相机

对这样一个对象，可以对它进行的操作有添加、修改、删除。

类：类是对象的模板，即类是对一组有相同数据和相同操作的对象的定义，一个类所包含的方法和数据描述一组对象的共同属性和行为。类是在对象之上的抽象，对象则是类的具体化，是类的实例。类可有其子类，也可有其他类，形成类层次结构。

消息：消息是对象之间进行通信的一种规格说明。一般它由三部分组成：接收消息的对象、消息名及实际变元。

2．面向对象主要特征

封装性：封装是一种信息隐蔽技术，它体现于类的说明，是对象的重要特性。数据和加工该数据的方法（函数）封装为一个整体，以实现很强的独立性，使得用户只能见到对象的外特性（对象能接收哪些消息，具有哪些处理能力），而对象的内特性（保存内部状态的私有数据和实现加工能力的算法）对用户是隐蔽的。封装的目的在于把对象的设计者和对象的使用者分开，使用者不必知晓行为实现的细节，只须用设计者提供的消息来访问该对象。

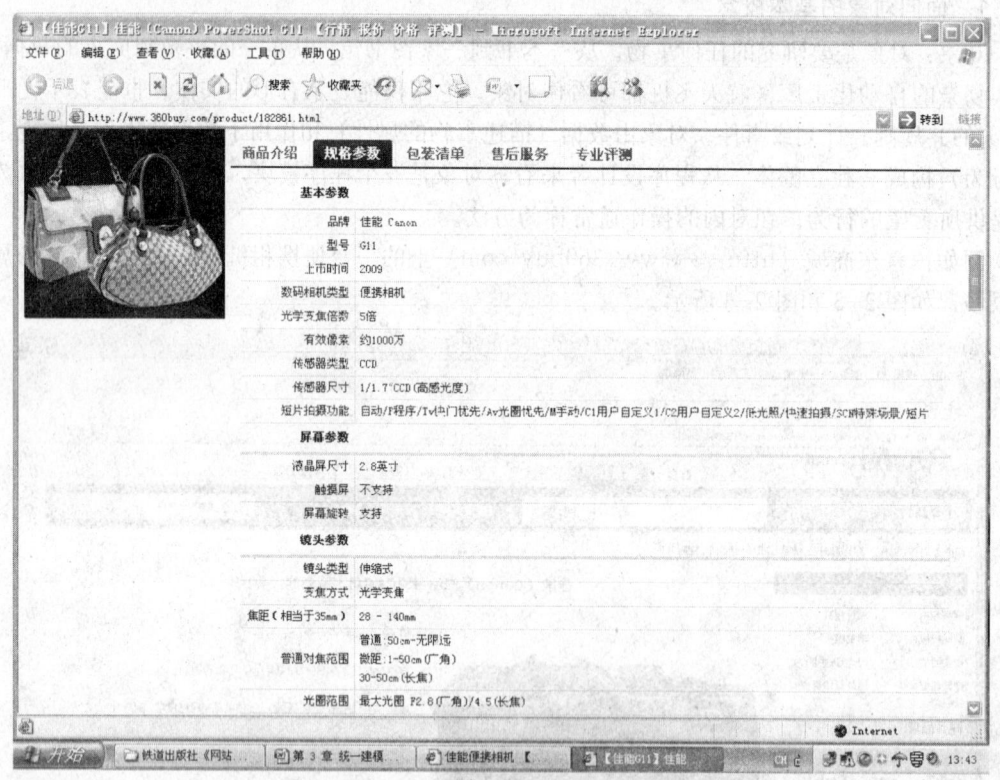

图 2-4　数码相机的属性参数

继承性：继承性是子类自动共享父类之间数据和方法的机制。它由类的派生功能体现。一个类直接继承其他类的全部描述，同时可修改和扩充。

继承具有传递性。继承分为单继承（一个子类只有一父类）和多重继承（一个类有多个父类）。类的对象是各自封闭的，如果没有继承性机制，则类对象中数据、方法就会出现大量重复。继承不仅支持系统的可重用性，而且还促进系统的可扩充性。

多态性：对象根据所接收的消息而做出动作。同一消息为不同的对象接收时可产生完全不同的行动，这种现象称为多态性。利用多态性用户可发送一个通用的信息，而将所有的实现细节都留给接受消息的对象自行决定，如是，同一消息即可调用不同的方法。例如：Print 消息被发送给图或表时调用的打印方法与将同样的 Print 消息发送给正文文件而调用的打印方法会完全不同。多态性的实现受到继承性的支持，利用类继承的层次关系，把具有通用功能的协议存放在类层次中尽可能高的地方，而将实现这一功能的不同方法置于较低层次，这样，在这些低层次上生成的对象就能给通用消息以不同的响应。在 OOPL 中可通过在派生类中重定义基类函数（定义为重载函数或虚函数）来实现多态性。

在 OO 方法中，对象和传递消息分别表现事物及事物间相互联系的概念。类和继承是适应人们一般思维方式的描述范式。方法是允许作用于该类对象上的各种操作。这种对象、类、消息和方法的程序设计范式的基本点在于对象的封装性和类的继承性。通过封装能将对象的定义和对象的实现分开，通过继承能体现类与类之间的关系，以及由此带来的动态联编和实体的多态性，从而构成了面向对象的基本特征。

2.2.2　面向对象方法学

OO 方法遵循一般的认知方法学的基本概念（即有关演绎——从一般到特殊和归纳——从特殊到一般的完整理论和方法体系）而建立面向对象方法学。

面向对象方法学要点之一：认为客观世界是由各种"对象"所组成的，任何事物都是对象，每一个对象都有自己的运动规律和内部状态，每一个对象都属于某个对象"类"，都是该对象类的一个元素。复杂的对象可以是相较简单的各种对象以某种方式而构成的。不同对象的组合及相互作用就构成了我们要研究、分析和构造的客观系统。

面向对象方法学要点之二：通过类比，发现对象间的相似性，即对象间的共同属性，这就是构成对象类的依据。在由"类"、"父类"、"子类"的概念构成对象类的层次关系时，若不加特殊说明，则处在下一层次上的对象可自然地继承位于上一层次上的对象的属性。

面向对象方法学要点之三：认为对已分成类的各个对象，可以通过定义一组"方法"来说明该对象的功能，即允许作用于该对象上的各种操作。对象间的相互联系是通过传递"消息"来完成的，消息就是通知对象去完成一个允许作用于该对象的操作，至于该对象将如何完成这个操作的细节，则是封装在相应的对象类的定义中的，细节对于外界是隐蔽的。

可见，OO 方法具有很强的类的概念，因此它就能很自然、直观地模拟人类认识客观世界的方式，亦即模拟人类在认知进程中的由一般到特殊的演绎功能或由特殊到一般的归纳功能，类的概念既反映出对象的本质属性，又提供了实现对象共享机制的理论根据。

当我们遵照面向对象方法学的思想进行软件系统开发时，首先要行面向对象的分析（Object Oriented Analysis，OOA），其任务是了解问题域所涉及的对象、对象间的关系和作用（即操作），然后构造问题的对象模型，力争该模型能真实地反映出所要解决的"实质问题"。在这一过程中，抽象是最本质、最重要的方法。针对不同的问题性质选择不同的抽象层次，过简或过繁都会影响到对问题的本质属性的了解和解决。

其次就是进行面向对象的设计（Object Oriented Design，OOD），即设计软件的对象模型。根据所应用的面向对象软件开发环境的功能强弱不等，在对问题的对象模型的分析基础上，可能要对它进行一定的改造，但应以最少改变原问题域的对象模型为原则。然后就在软件系统内设设计各个对象、对象间的关系（如层次关系、继承关系等）、对象间的通信方式（如消息模式）等，总之是设计各个对象应做些什么。

最后阶段是面向对象的实现（Object Oriented Implementation，OOI），即指软件功能的编码实现，它包括：每个对象的内部功能的实现；确立对象哪一些处理能力应在哪些类中进行描述；确定并实现系统的界面、输出的形式及其他控制机理等，总之是实现在 OOD 阶段所规定的各个对象所应完成的任务。

用 OO 方法进行面向对象程序设计，其基本步骤如下：

① 分析确定在问题空间和解空间出现的全部对象及其属性；

② 确定应施加于每个对象的操作，即对象固有的处理能力；

③ 分析对象间的联系，确定对象彼此间传递的消息；

④ 设计对象的消息模式，消息模式和处理能力共同构成对象的外部特性；

⑤ 分析各个对象的外部特性，将具有相同外部特性的对象归为一类，从而确定所需要的类；

⑥ 确定类间的继承关系，将各对象的公共性质放在较上层的类中描述，通过继承来共享对公共性质的描述；

⑦ 设计每个类关于对象外部特性的描述；

⑧ 设计每个类的内部实现（数据结构和方法）；

⑨ 创建所需的对象（类的实例），实现对象间应有的联系（发消息）。

2.2.3 面向对象开发方法的开发过程

采用面向对象开发方法开发一个信息系统，可以分为下列几个阶段：

1．系统调查和需求分析

对系统将要面临的具体管理问题以及用户对系统开发的需求进行调查研究，即先弄清要干什么的问题。

2．分析问题的性质和求解问题

在繁杂的问题域中抽象地识别出对象以及其行为、结构、属性、方法等。一般称之为面向对象的分析，即 OOA。

3．整理问题

对分析的结果作进一步的抽象、归类、整理，并最终以范式的形式将它们确定下来。一般称之为面向对象的设计，即 OOD。

4．程序实现

用面向对象的程序设计语言将上一步整理的范式直接映射（即直接用程序设计语言来取代）为应用软件。一般称之为面向对象的程序，即 OOP。

归纳起来，上述过程可以描述为：识别客观世界中的对象以及行为，分别独立设计出各个对象的实体；分析对象之间的联系和相互所传递的信息，由此构成信息系统的模型；由信息系统模型转换成软件系统的模型，对各个对象进行归并和整理，并确定它们之间的联系；由软件系统模型转换成目标系统。

2.2.4 OOA 方法

面向对象的分析方法（OOA），是在一个系统的开发过程中进行了系统业务调查以后，按照面向对象的思想来分析问题。OOA 与结构化分析有较大的区别。OOA 所强调的是在系统调查资料的基础上，针对 OO 方法所需要的素材进行的归类分析和整理，而不是对管理业务现状和方法的分析。

1．处理复杂问题的原则

用 OOA 方法对所调查结果进行分析处理时，一般依据以下几项原则：

（1）抽象（Abstraction）

是指为了某一分析目的而集中精力研究对象的某一性质，它可以忽略其他与此目的无关的部分。在使用这一概念时，承认客观世界的复杂性，也知道事物包括有多个细节，但此时并不打算去完整地考虑它。抽象是我们科学地研究和处理复杂问题的重要方法。抽象机制被用在数据分析方面，称为数据抽象。数据抽象是 OOA 的核心。数据抽象把一组数据对象以及作用其上的操作组成一个程序实体。使得外部只知道它是如何做和如何表示的。在应用数据抽象原理时，系统分析人员必须确定对象的属性以及处理这些属性的方法，并借助于方法获得属性。在 OOA 中属性和方法被认为是不可分割的整体。抽象机制有时也被用在对过程的分解方面，被称为过程抽象。恰当的过程抽象可以对复杂过程的分解、确定以及描述对象发挥积极的作用。

（2）封装（Encapsulation）

封装即信息隐蔽。它是指在确定系统的某一部分内容时，应考虑到其他部分的信息及联系都在这一部分的内部进行，外部各部分之间的信息联系应尽可能少。

（3）继承（Inheritance）

继承是指能直接获得已有的性质和特征而不必重复定义它们。OOA 可以一次性地指定对象的公共属性和方法，然后再特化和扩展这些属性及方法为特殊情况，这样可大大地减轻在系统实现过程中的重复劳动。在共有属性的基础之上，继承者也可以定义自己独有的特性。

（4）相关（Association）

相关是指把某一时刻或相同环境下发生的事物联系在一起。

（5）消息通信（Communication with Message）

消息通信是指在对象之间互相传递信息的通信方式。

（6）组织方法

在分析和认识世界时，可综合采用如下三种组织方法（Method of Organization）：

① 特定对象与其属性之间的区别；

② 整体对象与相应组成部分对象之间的区别；

③ 不同对象类的构成及其区别等。

（7）比例（Scale）

比例是一种运用整体与部分原则，辅助处理复杂问题的方法。

（8）行为范畴

行为范畴（Categories of Behavior）是针对被分析对象而言的，它们主要包括：

① 基于直接原因的行为；

② 时变性行为；

③ 功能查询性行为。

2．OOA 方法的基本步骤

在用 OOA 具体地分析一个事物时，大致遵循如下五个基本步骤：

第一步：确定对象和类。这里所说的对象是对数据及其处理方式的抽象，它反映了系统保存和处理现实世界中某些事物的信息的能力。类是多个对象的共同属性和方法集合的描述，它包括如何在一个类中建立一个新对象的描述。

第二步：确定结构（Structure）。结构是指问题域的复杂性和连接关系。类成员结构反映了泛化-特化关系，整体-部分结构反映整体和局部之间的关系。

第三步：确定主题（Subject）。主题是指事物的总体概貌和总体分析模型。

第四步：确定属性（Attribute）。属性就是数据元素，可用来描述对象或分类结构的实例，可在图中给出，并在对象的存储中指定。

第五步：确定方法（Method）。方法是在收到消息后必须进行的一些处理方法：方法要在图中定义，并在对象的存储中指定。对于每个对象和结构来说，那些用来增加、修改、删除和选择一个方法本身都是隐含的（虽然它们是要在对象的存储中定义的，但并不在图上给出），而有些则是显示的。

2.2.5　OOD 方法

面向对象的设计方法是 OO 方法中一个中间过渡环节。其主要作用是对 OOA 分析的结果作进一步的规范化整理，以便能够被 OOP 直接接收。在 OOD 的设计过程中，要展开的主要有如下几项工作。

1．对象定义规格的求精过程

对于 OOA 所抽象出来的对象类以及汇集的分析文档，OOD 需要有一个根据设计要求整理和求精的过程，使之更能符合 OOP 的需要。这个整理和求精过程主要有两个方面：一是要根据面向对象的概念模型整理分析所确定的对象结构、属性、方法等内容，改正错误的内容，删去不必要和重复的内容等。二是进行分类整理，以便于下一步数据库设计和程序处理模块设计的需要。整理的方法主要是进行归类，对类、对象、属性、方法和结构、主题进行归类。

2．数据模型和数据库设计

数据模型的设计需要确定类或对象属性的内容、消息连接的方式、系统访问、数据模型的方法等。最后每个对象实例的数据都必须落实到面向对象的库结构模型中。

每个对象都有自己的属性和状态，我们需要把这个对象的属性和状态保存在数据库中，那么最理想最简单的情况，就是一个对象对应一张物理表，而对象之间的关联关系（一对一，一对多，多对多）也可以简单映射成数据库的主-外键关系。但还有很多非数据库关系需要考虑，如：继承、聚合、依赖等。一张表如何继承自另一张表呢？关系数据库显然没有这样的定义，这就需要用 OR-mapping 来完成这种语义的转换。例如，当实例化一个子对象时，OR-mapping 负责从代表了"父"对象的表中读出父对象属性并将其赋值给子对象，并且当父对象变化时，OR-mapping 需要把这一变化反映到所有子对象实例。

3．优化

OOD 的优化设计过程是从另一个角度对分析结果和处理业务过程的整理归纳，优化包括对象和结构的优化、抽象、集成。

对象和结构的模块化表示 OOD 提供了一种范式，这种范式支持对类和结构的模块化。这种模块符合一般模块化所要求的且模块之间耦合度弱。集成化使得单个构件有机地结合在一起，相互支持。

2.3　统一建模语言 UML

1997 年，OMG 组织（Object Management Group，对象管理组织）发布了统一建模语言（unified modeling language，UML）。UML 的目标之一就是为开发团队提供标准通用的设计语言来开发和构建计算机应用。UML 提出了一套 IT 专业人员期待多年的统一的标准建模符号。通过使用 UML，这些人员能够阅读和交流系统架构和设计规划——就像建筑工人多年来所使用的建筑设计图一样。

在建设一个网站时，如何描述分析、设计、阶段的成果呢？下面给大家介绍目前流行的标准化方法：统一建模语言 UML。

2.3.1　UML 简介

UML 的本意是要成为一种标准的统一语言，使得 IT 专业人员能够进行计算机应用程序的建模。UML 的主要创始人是 Jim Rumbaugh、Ivar Jacobson 和 Grady Booch，他们最初都有自己的建模方法（OMT、OOSE 和 Booch），彼此之间存在着竞争。最终，他们联合起来创造了一种开放的标准。UML 成为"标准"建模语言的原因之一在于，它与程序设计语言无关（IBM Rational 的 UML 建模工具被广泛应用于 J2EE 和.NET 开发）。而且，UML 符号集只是一种语言而不是一种方法学。这点很重要，因为语言与方法学不同，它可以在不做任何更改的情况下很容易地适应任何公司的业务运作方式。

既然 UML 不是一种方法学，它就不需要任何正式的工作产品（即 IBM Rational Unified Process 术语中所定义的"工件"）。而且它还提供了多种类型的模型描述图，当在某种给定的方法学中使用这些图时，它使得开发中的应用程序的更易理解。UML 的内涵远只是这些模型描述图，但是对于入门来说，这些图对这门语言及其用法背后的基本原理提供了很好的介绍。通过把标准的 UML 图放进您的工作产品中，精通 UML 的人员就更加容易加入您的项目并迅速进入角色。最常用的 UML 图包括：用例图、类图、序列图、状态图、活动图、组件图和部署图。

2.3.2　UML 中的图

UML 提供了 6 类图，分别用来描述系统中的不同对象以及对象之间的关系。

1. 用例图

用例图描述了系统提供的一个功能单元。用例图的主要目的是帮助开发团队以一种可视化的方式理解系统的功能需求，包括基于基本流程的"角色"（actors，也就是与系统交互的其他实体）关系，以及系统内用例之间的关系。用例图一般表示出用例的组织关系——要么是整个系统的全部用例，要么是完成具有功能（例如，所有安全管理相关的用例）的一组用例。要在用例图上显示某个用例，可绘制一个椭圆，然后将用例的名称放在椭圆的中心或椭圆下面的中间位置。要在用例图上绘制一个角色（表示一个系统用户），可绘制一个人形符号。角色和用例之间的关系使用简单的线段来描述，如图 2-5 所示。

图 2-5 中文字的意义（从上到下）：CD 销售系统、查看乐队 CD 的销售统计；乐队经理；查看 Billboard 200 排行榜报告、唱片经理、查看特定 CD 的销售统计、检索最新的 Billboard 200 排行榜报告、排行榜报告服务。

用例图通常用于表达系统或者系统范畴的高级功能。如图 2-5 所示，可以很容易看出该系统所提供的功能。这个系统允许乐队经理查看乐队 CD 的销售统计报告以及 Billboard 200 排行榜报告。它也允许唱片经理查看特定 CD 的销售统计报告和这些 CD 在 Billboard 200 排行榜的报告。这个图还告诉我们，系统将通过一个名为"排行榜报告服务"的外部系统提供 Billboard 排行榜报告。

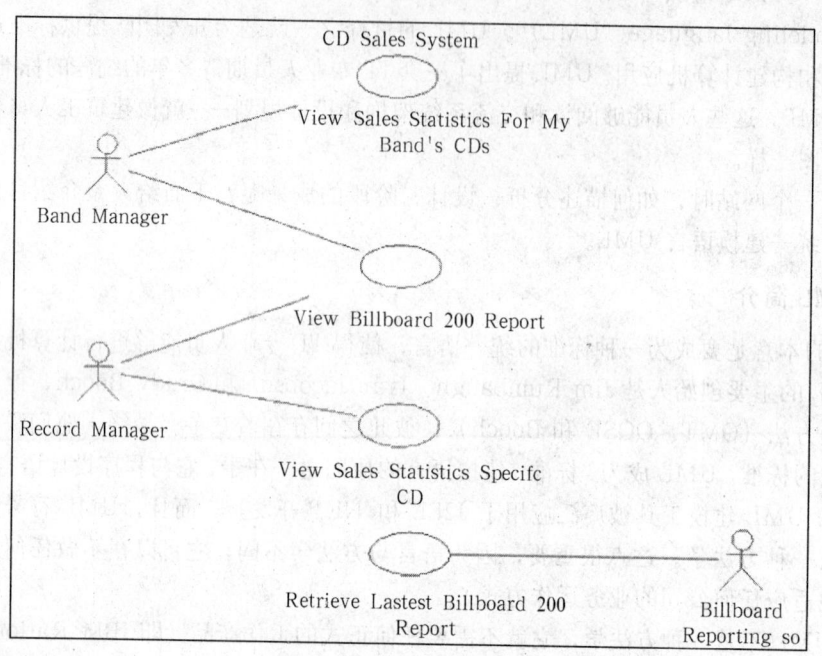

图 2-5　示例用例图

此外，在用例图中，没有列出的用例表明了该系统不能完成的功能。例如，它不能提供给乐队经理收听 Billboard 200 上不同专辑中的歌曲的途径——也就是说，系统没有引用一个叫做"收听 Billboard 200 上的歌曲"的用例。这种缺少不是一件小事。在用例图中提供清楚的、简要的用例描述，项目赞助商就很容易看出系统是否提供了必须的功能。

2. 类图

类图表示不同的实体（人、事物和数据）如何彼此相关；换句话说，它显示了系统的静态结构。类图可用于表示逻辑类，逻辑类通常就是业务人员所谈及的事物种类——摇滚乐队、CD、广播剧；或者贷款、住房抵押、汽车信贷以及利率。类图还可用于表示实现类，实现类就是程序员处理的实体。实现类图或许会与逻辑类图显示一些相同的类。然而，实现类图不会使用相同的属性来描述，因为它很可能具有对诸如 Vector 和 HashMap 这种事物的引用。

类在类图上使用包含三个部分的矩形来描述，如图 2-6 所示。最上面的部分显示类的名称，中间部分包含类的属性，最下面的部分包含类的操作（或者说"方法"）。

对于像图 2-7 这样的类图，应该使用带有顶点指向父类的箭头的线段来绘制继承关系 1，并且箭头应该是一个完全的三角形。如果两个类都彼此知道对方，则应该使用实线来表示关联关系；如果只有其中一个类知道该关联关系，则使用开箭头表示。

在图 2-7 中，我们同时看到了继承关系和两个关联关系。CDSalesReport 类继承自 Report 类。一个 CDSalesReport 类与一个 CD 类关联，但是 CD 类并不知道关于 CDSalesReport 类的任何信息。CD 类和 Band 类都彼此知道对方，两个类彼此都可以与一个或者多个对方类相关联。

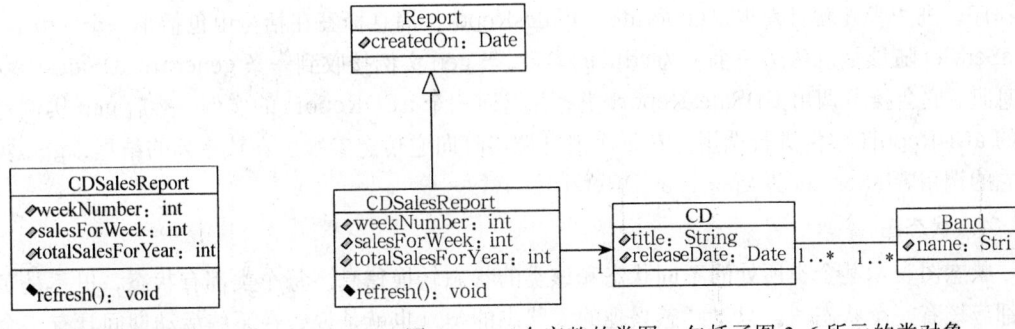

图 2-6 类图中的示例类对象   图 2-7 一个完整的类图，包括了图 2-6 所示的类对象

3. 序列图

序列图显示具体用例（或者是用例的一部分）的详细流程。它几乎是自描述的，并且显示了流程中不同对象之间的调用关系，同时还可以很详细地显示对不同对象的不同调用。

序列图有两个维度：垂直维度以发生的时间顺序显示消息/调用的序列；水平维度显示消息被发送到的对象实例。

序列图的绘制非常简单。横跨图的顶部，每个框（见图 2-8）表示每个类的实例（对象）。在框中，类实例名称和类名称之间用空格、冒号、空格来分隔，例如，myReportGenerator：ReportGenerator。如果某个类实例向另一个类实例发送一条消息，则绘制一条具有指向接收类实例的开箭头的连线，并把消息/方法的名称放在连线上面。对于某些特别重要的消息，可以绘制一条具有指向发起类实例的开箭头的虚线，将返回值标注在虚线上。建议绘制出包括返回值的虚线，这些额外的信息可以使得序列图更易于阅读。

阅读序列图也非常简单。从左上角启动序列的"驱动"类实例开始，然后顺着每条消息往下阅读。记住：虽然图 2-8 所示的例子序列图显示了每条被发送消息的返回消息，但这只是可选的。

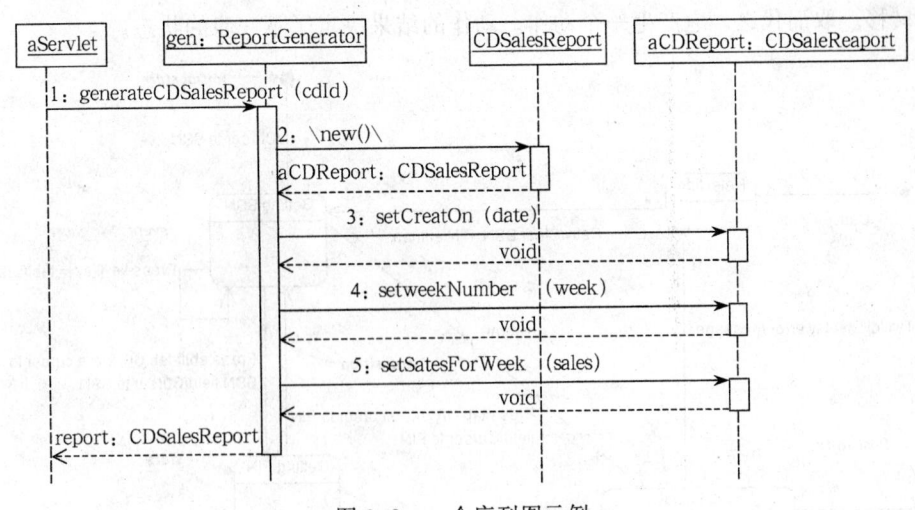

图 2-8 一个序列图示例

通过阅读图 2-8 中的示例序列图，可以明白如何创建一个 CD 销售报告（CD Sales Report）。其中的 aServlet 对象表示驱动类实例。aServlet 向名为 gen 的 ReportGenerator 类实例发送一条消息。该消息被标为 generateCDSalesReport，表示 ReportGenerator 对象实现了这个消息处

理程序。进一步理解可发现，generateCDSalesReport 消息标签在括号中包括了一个 cdId，表明 aServlet 随该消息传递一个名为 cdId 的参数。当 gen 实例接收到一条 generateCDSalesReport 消息时，它会接着调用 CDSalesReport 类，并返回一个 aCDReport 的实例。然后 gen 实例对返回的 aCDReport 实例进行调用，在每次消息调用时向它传递参数。在该序列的结尾，gen 实例向它的调用者 aServlet 返回一个 aCDReport。

4．状态图

状态图表示某个类所处的不同状态和该类的状态转换信息。每个类都有状态，但不是每个类都应该有一个状态图。只对"感兴趣的"状态的类（也就是说，在系统活动期间具有三个或更多潜在状态的类）才进行状态图描述。

状态图的符号集包括 5 个基本元素：初始起点，它使用实心圆来绘制；状态之间的转换，它使用具有开箭头的线段来绘制；状态，它使用圆角矩形来绘制；判断点，它使用空心圆来绘制；以及一个或者多个终止点，它们使用内部包含实心圆的圆来绘制，如图 2-9 所示。要绘制状态图，首先绘制起点和一条指向该类的初始状态的转换线段。状态本身可以在图上的任意位置绘制，然后只须使用状态转换线条将它们连接起来。

对象的状态是由对象当前的行动和条件决定的。状态图（statechart diagram）显示出了对象可能的状态以及由状态改变而导致的转移。图 2-9 表示一个银行的在线登录系统。登录过程包括输入合法的个人账号和密码，再提交给系统验证信息。

登录系统可以被划分为四种不重叠的状态：Getting SSN、Getting PIN、Validating 以及 Rejecting。每个状态都有一套完整的转移 transitions 来决定状态的顺序。

状态是用圆角矩形来表示的。转移则是使用带箭头的连线表示。触发转移的事件或者条件写在箭头的旁边。我们的图上有两个自转移。一个是在 Getting SSN，另一个则在 Getting PIN 上。

初始状态（黑色圆圈）是开始动作的虚拟开始。结束状态也是动作的虚拟结束。

事件或条件触发动作时用（/动作）表示。当进入 Validating 状态时，对象并不等外部事件触发转移。取而代之，它产生一个动作。动作的结果决定了下一步的状态。

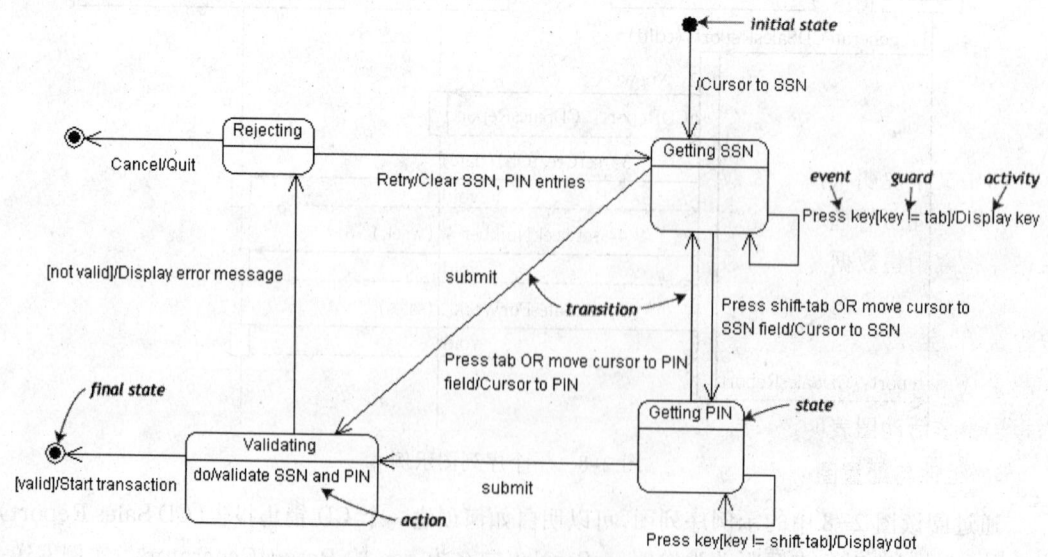

图 2-9　显示类通过某个功能系统的各种状态的状态图

5．活 动 图

活动图表示在处理某个活动时，两个或者更多类对象之间的过程控制流。活动图可用于在业务单元的级别上对更高级别的业务过程进行建模，或者对低级别的内部类操作进行建模。根据经验，活动图最适合用于对较高级别的过程建模，比如公司当前如何运作业务，或者业务如何运作等。这是因为与序列图相比，活动图在表示上"不够技术性"，但业务人员往往能够更快速地理解它们。

活动图的符号集与状态图中使用的符号集类似。像状态图一样，活动图也从一个连接到初始活动的实心圆开始。活动是通过一个圆角矩形（活动的名称包含在其内）来表示的。活动可以通过转换线段连接到其他活动，或者连接到判断点，这些判断点连接到由判断点的条件所保护的不同活动。结束过程的活动连接到一个终止点（就像在状态图中一样）。作为一种选择，活动可以分组为泳道（swimlane），泳道用于表示实际执行活动的对象，如图 2-10 所示。

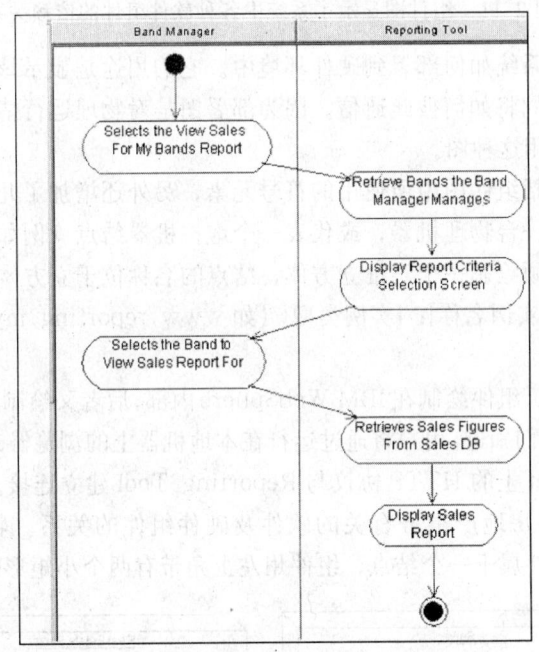

图 2-10　活动图

图中文字说明（沿箭头方向）：乐队经理、报告工具、选择"查看乐队的销售报告"、检索该乐队经理所管理的乐队、显示报告条件选择屏幕、选择要查看其销售报告的乐队、从销售数据库检索销售数据、显示销售报告。

该活动图中有两个泳道，因为有两个对象控制着各自的活动：乐队经理和报告工具。整个过程首先从乐队经理选择查看乐队销售报告开始。然后报告工具检索并显示其管理的所有乐队，并要求从中选择一个乐队。在乐队经理选择一个乐队之后，报告工具就检索销售信息并显示销售报告。该活动图表明，显示报告是整个过程中的最后一步。

6．组件与配置图

组件 component 是代码模块，组件图是类图的物理实现。配置图 Deployment diagrams 则是显示软件及硬件的配置。

组件图提供系统的物理视图。它的用途是显示系统中的软件对其他软件组件（例如，库函数）的依赖关系。组件图可以在一个非常高的层次上显示，从而仅显示粗粒度的组件，也可以在组件包层次 2 上显示。

组件图的建模最适合通过例子来描述。图 2-11 显示了 4 个组件：Reporting Tool、Billboard Service、Servlet 2.2 API 和 JDBC API。从 Reporting Tool 组件指向 Billboard Service、Servlet 2.2 API 和 JDBC API 组件的带箭头的线段，表示 Reporting Tool 依赖于那三个组件。

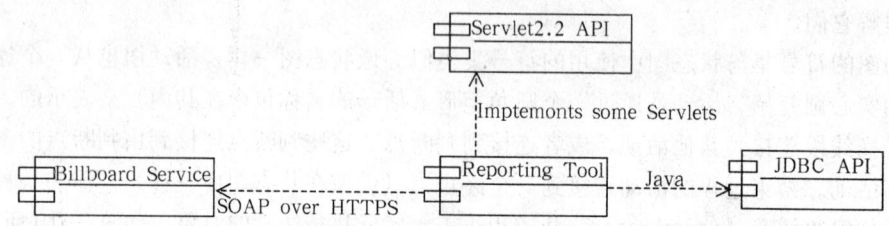

图 2-11　组件图显示了系统中各种软件组件的依赖关系

配置图表示该软件系统如何部署到硬件环境中。它的用途是显示该系统不同的组件将在何处物理地运行，以及它们将如何彼此通信。因为部署图是对物理运行情况进行建模，系统的生产人员就可以很好地利用这种图。

部署图中的符号包括组件图中所使用的符号元素，另外还增加了几个符号，包括结点的概念。一个结点可以代表一台物理机器，或代表一个虚拟机器结点（例如，一个大型机结点）。要对结点进行建模，只须绘制一个三维立方体，结点的名称位于立方体的顶部。所使用的命名约定与序列图中相同：[实例名称]：[实例类型]（如 www.reporting.myco.com ：Application Server）。

由于 Reporting Tool 组件绘制在 IBM WebSphere 内部，后者又绘制在结点 www.reporting.myco.com 内部，因而我们知道，用户将通过运行在本地机器上的浏览器来访问 Reporting Tool，浏览器通过公司 Intranet 上的 HTTP 协议与 Reporting Tool 建立连接。

图 2-12 说明了与房地产事务有关的软件及硬件组件的关系。物理上的硬件使用结点（nodes）表示。每个组件属于一个结点，组件用左上角带有两个小矩形的矩形表示。

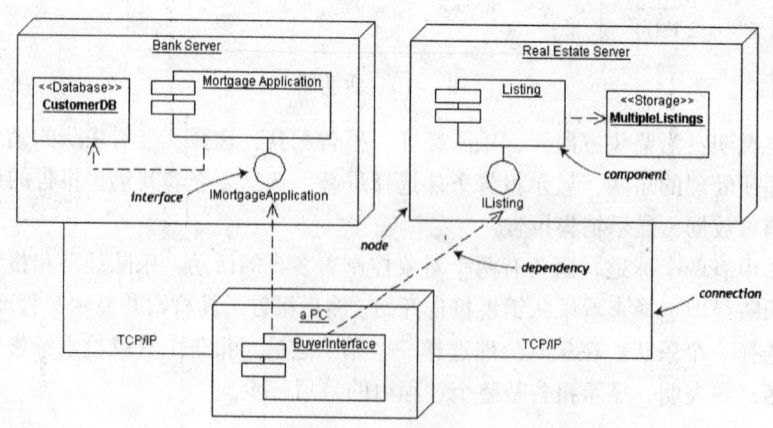

图 2-12　配置图

2.3.3　UML 中的类图

类图的重要性体现在两方面：一是它显示系统分类器的静态结构；二是类图为 UML 描述

的其他结构图提供了基本记号。业务分析师可以用类图为系统的业务远景建模。其他的图（包括活动图，序列图和状态图）参考类图中的类建模和文档化。

如先前所提到的，类图的目的是显示建模系统的类型。在大多数的 UML 模型中这些类型包括：

① 类；

② 接口；

③ 数据类型；

④ 组件。

1. 类名

类的 UML 表示是一个长方形，垂直地分为三个区，如图 2-13 所示。顶部区域显示类的名称。中间的区域列出类的属性。底部的区域列出类的操作。当在一个类图上画一个类元素时，必须要有顶端的区域，下面的两个区域是可选择的（当图描述仅仅用于显示分类器间关系的高层细节时，下面的两个区域是不必要的）。图 2-13 显示了一个航线班机如何作为 UML 类建模。正如我们所能见到的，名称是 Flight，我们可以在中间区域看到 Flight 类的 3 个属性：flightNumber、departureTime 和 flightDuration。在底部区域中我们可以看到 Flight 类有两个操作：delayFlight 和 getArrivalTime。

Flight
flightNumber : Integer departureTime : Date flightDuration : Minutes
delayFlight (numberOfMinutes : int) : Date getArrivalTime ( ) : Date

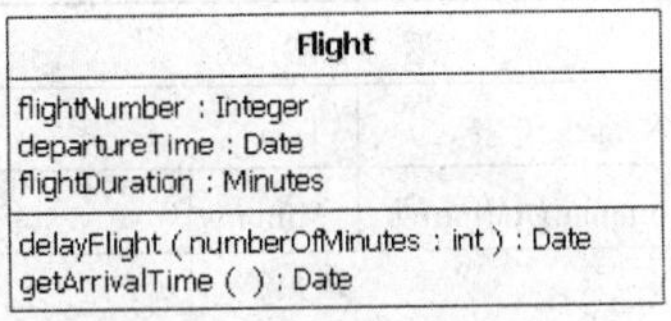

图 2-13　Flight 类的类图

2. 类属性列表

类的属性节（中部区域）在分隔线上列出每一个类的属性。属性节是可选择的，要是一用它，就包含类的列表显示的每个属性。该线用如下格式：

```
name : attribute type
flightNumber : Integer
```

继续上述 Flight 类的例子，可以使用属性类型信息来描述类的属性，如表 2-1 所示。

表 2-1　具有关联类型的 Flight 类的属性名字

属　性　名　称	属　性　类　型
flightNumber	Integer
departureTime	Date
flightDuration	Minutes

在业务类图中，属性类型通常与单位相符，这对于类图的所有读者是有意义的（例如，分钟、美元，等等）。然而，用于生成代码的类图，要求类的属性类型必须限制在由程序语言提供的类型之中，或包含于在系统中实现的、模型的类型之中。

在类图上显示具有默认值的特定属性，有时是有用的（例如，在银行账户应用程序中，一个新的银行账户会以零为初始值）。UML 规范允许在属性列表节中，通过使用如下的记号作为默认值的标识：

```
name : attribute type=default value
```
举例来说：
```
balance : Dollars=0
```
显示属性默认值是可选择的；图 2-14 显示一个银行账户类具有一个名为 balance 的类型，它的默认值为 0。

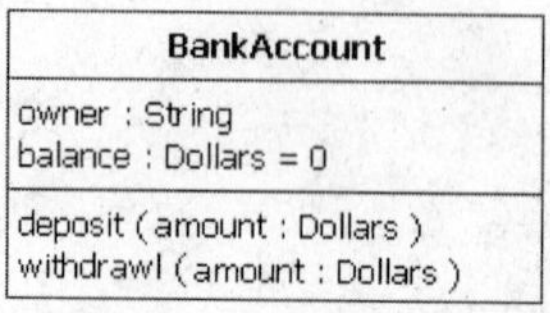

图 2-14　显示默认为 0 美元的 balance 属性值的银行账户类图。

3. 类操作列表

类操作记录在类图长方形的第三个（最低的）区域中，它也是可选择的。和属性一样，类的操作以列表格式显示，每个操作在它自己线上。操作使用下列记号表现：
```
name(parameter list) : type of value returned
```
从图 2-14 映射的 Fight 类的操作如表 2-2 所示。

表 2-2　从图 2-13 映射的 Flight 类的操作

操作名称	返回参数		值类型
	Name	Type	
delayFlight			N/A
	numberOfMinutes	Minutes	
getArrivalTime	N/A		Date

图 2-15 显示，delayFlight 操作有一个 Minutes 类型的输入参数——numberOfMinutes。然而，delayFlight 操作没有返回值。当一个操作有参数时，参数被放在操作的括号内；每个参数都使用这样的格式："参数名：参数类型"。

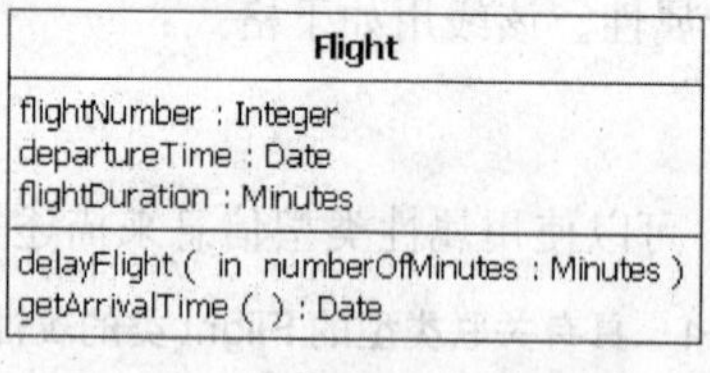

图 2-15　Flight 类操作参数，包括可选择的 "in" 标识。

当文档化操作参数时，用户可能使用一个可选择的指示器，以显示参数到操作的输入参数、或输出参数。这个可选择的指示器以 "in" 或 "out" 出现，如图 2-15 中的操作区域所示。一般来说，除非将使用一种早期的程序编程语言，如 Fortran，这些指示器可能会有所帮助，否则它们是不必要的。然而，在 C++和 Java 中，所有的参数是 "in" 参数，而且按照 UML 规范，既然 "in" 是参数的默认类型，大多数人将会遗漏输入/输出指示器。

4. 继承

在面向对象的设计中有一个非常重要的概念——继承，指的是一个类（子类）继承另外的一个类（超类）的同一功能，并增加它自己的新功能的能力（一个非技术性的比喻，想象我继承了我母亲的一般的音乐能力，但是在我的家里，我是唯一一个玩电吉他的人）。为了在一个类图上建模继承，从子类（要继承行为的类）拉出一条闭合的、单键头（或三角形）的实线指向超类。考虑银行账户的类型：图 2-16 显示 CheckingAccount 和 SavingsAccount 类如何从 BankAccount 类继承而来。

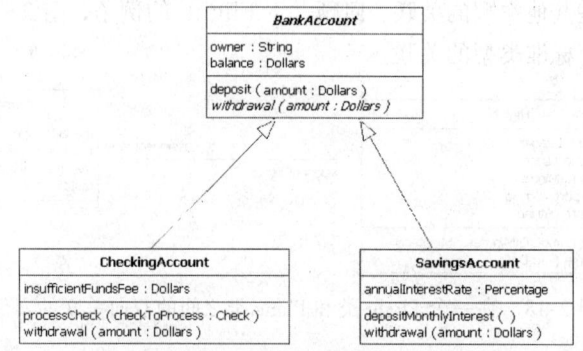

图 2-16　继承通过指向超类的一条闭合的、单箭头的实线表示

在图 2-16 中，继承关系由每个超类的单独的线画出，这是在 IBM Rational Rose 和 IBM Rational XDE 中使用的方法。然而，有一种称为树标记的备选方法可以画出继承关系。当存在两个或更多子类时，除了继承线像树枝一样混在一起，你可以使用树形记号。图 2-17 是重绘的与图 2-16 一样的继承，但是这次使用了树形记号。

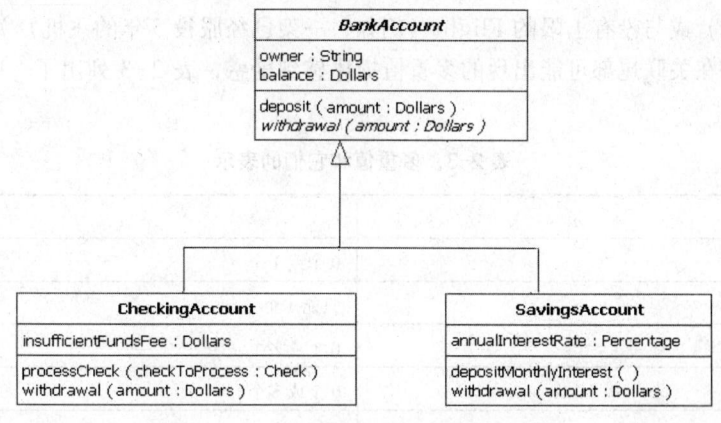

图 2-17　一个使用树形记号的继承实例

5．抽象类及操作

细心的读者会注意到，在图 2-16 和图 2-17 中的图中，类名 BankAccount 和 withdrawal 操作使用斜体。这表示：BankAccount 类是一个抽象类，而 withdrawal 方法是抽象的操作。换句话说，BankAccount 类使用 withdrawal 规定抽象操作，并且 CheckingAccount 和 SavingsAccount 两个子类都分别地执行它们各自版本的操作。

然而，超类（父类）不一定要是抽象类。标准类作为超类是正常的。

6．关联

当为系统建模时，特定的对象间将会彼此关联，而且这些关联本身需要被清晰地建模。有五种关联。在这一部分中，我们讨论它们中的两个——双向的关联和单向的关联，而且我将会在 Beyond the basics 部分讨论剩下的三种关联类型。关于何时该使用每种类型关联的详细讨论，不属于本文的范围，重点集中在每种关联的用途，并说明如何在类图上画出关联。

（1）双向（标准）的关联

关联是两个类间的连接。关联总是被假定是双向的；这意味着，两个类彼此知道它们间的联系，除非你限定一些其他类型的关联。回顾一下 Flight 的例子，图 2-18 显示了在 Flight 类和 Plane 类之间的一个标准类型的关联。

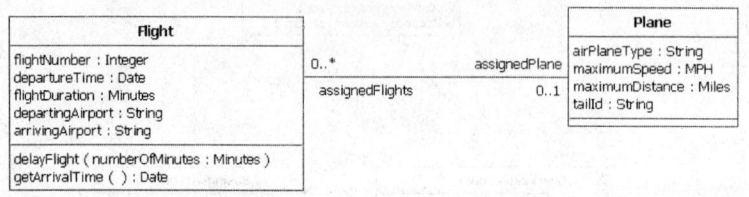

图 2-18 在一个 Flight 类和 Plane 类之间的双向关联的实例

一个双向关联用两个类间的实线表示。在线的任一端，你放置一个角色名和多重值。图 2-18 显示 Flight 与一个特定的 Plane 相关联，而且 Flight 类知道这个关联。因为角色名以 Plane 类表示，所以 Plane 承担关联中的 assignedPlane 的角色。紧接于 Plane 类后面的多重值描述 0..1 表示，当一个 Flight 实体存在时，可以有一个或没有 Plane 与之关联（也就是，Plane 可能还没有被分配）。图 2-18 也显示 Plane 知道它与 Flight 类的关联。在这个关联中，Flight 承担 assignedFlights 的角色；图 2-18 的图告诉我们，Plane 实体可以不与 Flight 关联（例如，它是一架全新的飞机）或与没有上限的 Flight（例如，一架已经服役 5 年的飞机）关联。

由于对那些在关联尾部可能出现的多重值描述感到疑惑，表 2-3 列出了一些多重值及它们含义的例子。

表 2-3 多重值和它们的表示

表　　示	含　　义
0..1	0 个或 1 个
1	只能 1 个
0..*	0 个或多个
*	0 个或多个
1..*	1 个或多个
3	只能 3 个
0..5	0～5 个
5..15	5～15 个

（2）单向关联

在一个单向关联中，两个类是相关的，但是只有一个类知道这种联系的存在。图 2-18 所示为单向关联的透支财务报告的一个实例，包括 OverdrawnAccountsReport 类和 BankAccount 类，而 BankAccount 类则对关联一无所知。

一个单向的关联，表示为一条带有指向已知类的开放箭头（不关闭的箭头或三角形，用于标志继承）的实线。如同标准关联，单向关联包括一个角色名和一个多重值描述，但是与标准的双向关联不同的时，单向关联只包含已知类的角色名和多重值描述。在图 2-19 中的例子中，

OverdrawnAccountsReport 知道 BankAccount 类，而且知道 BankAccount 类扮演 overdrawnAccounts 的角色。然而，和标准关联不同，BankAccount 类并不知道它与 OverdrawnAccountsReport 相关联。

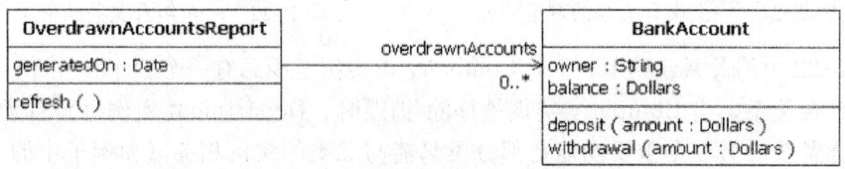

图 2-19　单向关联一个实例

（3）关联类

在关联建模中，存在一些情况下，需要包括其他类，因为它包含了关于关联的有价值的信息。对于这种情况，会使用"关联类"来绑定基本关联。关联类和一般类一样表示。不同的是，主类和关联类之间用一条相交的点线连接。图 2-20 显示了一个航空工业实例的关联类。

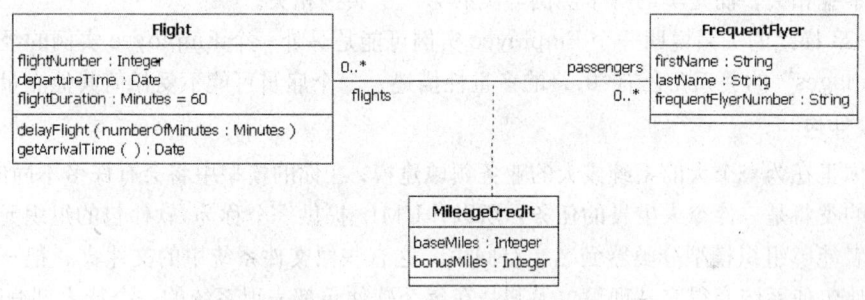

图 2-20　增加关联类 MileageCredit

图 2-20 显示的类图中，在 Flight 类和 FrequentFlyer 类之间的关联，产生了称为 MileageCredit 的关联类。这意味着当 Flight 类的一个实例关联到 FrequentFlyer 类的一个实例时，将会产生 MileageCredit 类的一个实例。

（4）聚合

聚合是一种特别类型的关联，用于描述"总体到局部"的关系。在基本的聚合关系中，部分类的生命周期独立于整体类的生命周期。

举例来说，我们可以想象，车是一个整体实体，而车轮轮胎是整辆车的一部分。轮胎可以在前几个星期被制造，并放置于仓库中。在这个实例中，Wheel 类实例清楚地独立于 Car 类实例而存在。然而，有些情况下，部分类的生命周期并不独立于整体类的生命周期——这称为合成聚合。举例来说，考虑公司与部门的关系。公司和部门全部建模成类，在公司存在之前，部门不能存在。这里 Department 类的实例依赖于 Company 类的实例而存在。

让我们更进一步探讨基本聚合和组合聚合。

① 基本聚合。有聚合关系的关联指出，某个类是另外某个类的一部分。在一个聚合关系中，子类实例可以比父类存在更长的时间。为了表现一个聚合关系，你画一条从父类到部分类的实线，并在父类的关联末端画一个未填充菱形。图 2-21 显示车和轮胎间的聚合关系的例子。

② 组合聚合。组合聚合关系是聚合关系的另一种形式，但是子类实例的生命周期依赖于父类实例的生命周期。在图 2-22 中，显示了 Company 类和 Department 类之间的组合关系，注

意组合关系如聚合关系一样绘制，不过这次菱形是实心的。

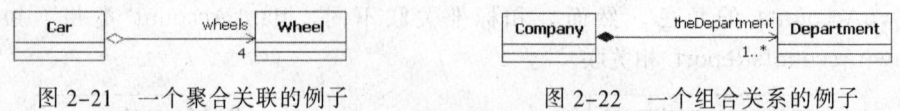

图 2-21 一个聚合关联的例子   图 2-22 一个组合关系的例子

在图 2-22 中的关系建模中，一个 Company 类实例至少总有一个 Department 类实例。因为关系是组合关系，当 Company 实例被移除/销毁时，Department 实例也将自动地被移除/销毁。组合聚合的另一个重要功能是部分类只能与父类的实例相关（如例子中的 Company 类）。

（5）反射关联

类也可以使用反射关联与它本身相关联。图 2-23 显示了一个 Employee 类如何通过 manager/manages 角色与它本身相关。当一个类关联到它本身时，这并不意味着类的实例与它本身相关，而是类的一个实例与类的另一个实例相关。

图 2-23 一个反射关联关系的实例

图 2-23 描绘的关系说明一个 Employee 实例可能是另外一个 Employee 实例的经理。然而，因为 "manages" 的关系角色有 0..*的多重性描述；一个雇员可能不受任何其他雇员管理。

7. 软件包

如果你正在为一个大的系统或大的业务领域建模，在你的模型中将会有许多不同的分类器。管理所有的类将是一件令人生畏的任务；所以，UML 提供一个称为 软件包的组织元素。软件包使建模者能够组织模型分类器到名字空间中，这有些像文件系统中的文件夹。把一个系统分为多个软件包使系统变得容易理解，尤其是在每个软件包都表现系统的一个特定部分时。

在 UML 图中存在两种方法表示软件包。并没有规则要求使用哪种标记，可根据个人的判断：哪种更便于阅读画的类图。两种方法都是由一个较小的长方形（用于定位）嵌套在一个大的长方形中开始的，如图 2-24 所示。但是建模者必须决定包的成员如何表示。

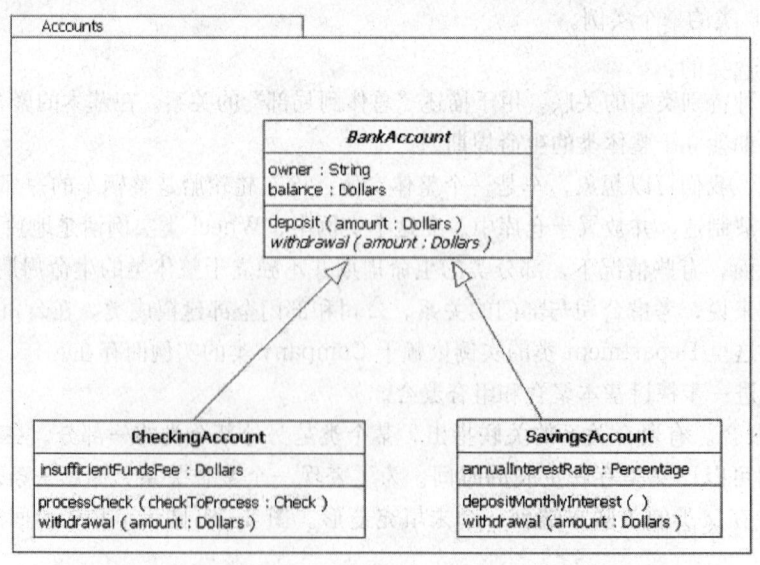

图 2-24 在软件包的长方形内显示软件包成员的软件包元素例子

2.3.4 序列图

1. 序列图的目的

序列图主要用于按照交互发生的一系列顺序，显示对象之间的交互。很像类图，开发者一般认为序列图只对其有意义。然而，一个组织的业务人员会发现，序列图显示不同的业务对象如何交互，对于交流当前业务如何进行很有用。除记录组织的当前事件外，一个业务级的序列图能被当作一个需求文件使用，为实现一个未来系统传递需求。在项目的需求阶段，分析师能通过提供一个更加正式层次的表达，把用例带入下一层次。那种情况下，用例常常被细化为一个或者更多的序列图。

组织的技术人员能发现，序列图在记录一个未来系统的行为应该如何表现中，非常有用。在设计阶段，架构师和开发者能够使用序列图，挖掘出系统对象间的交互，这样可以充实整个系统设计。

序列图的主要用途之一，是把用例表达的需求，转化为进一步、更加正式层次的精细表达。用例常常被细化为一个或者更多的序列图。序列图除了在设计新系统方面的用途外，它们还能用来记录一个存在系统（称它为"遗产"）的对象现在如何交互。当把这个系统移交给另一个人或组织时，这个文档很有用。

2. 符号

序列图的主要目的是定义事件序列，产生一些希望的输出。重点不是消息本身，而是消息产生的顺序；不过，大多数序列图会表示一个系统的对象之间传递的是什么消息，以及它们发生的顺序。序列图按照水平和垂直的维度传递信息：垂直维度从上而下表示消息/调用发生的时间序列，而且水平维度从左到右表示消息发送到的对象实例。

（1）框架

先讨论对 UML 图符号的一个补充，即一个叫做框架的符号元件。在 UML 中，框架元件作为许多其他的图元件的一个基础，但是大多数人第一次接触框架元件的情况，是作为图的图形化边界。当为图提供图形化边界时，一个框架元件为图的标签提供一致的位置。在 UML 图中框架元件是可选择的；如图 2-25 和图 2-26 所示，图的标签被放在左上角，在将调用框架的 namebox 中，实际的 UML 图在较大的封闭长方形内部定义。

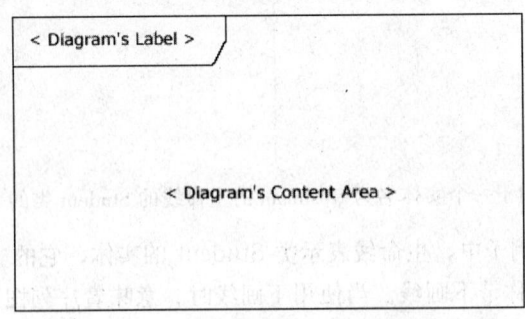

图 2-25 空的 UML 2.0 框架元件

除了提供一个图形化边框之外，用于图中的框架元件也有描述交互的重要功能，例如序列图。在序列图上一个序列接收和发送消息（又称交互），能通过连接消息和框架元件边界，建立模型（见图 2-26）。

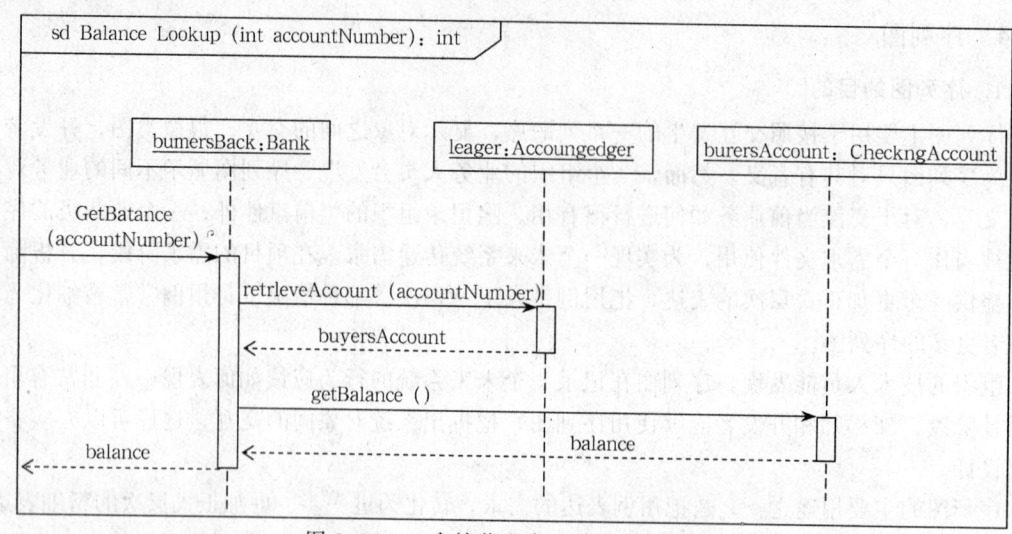

图 2-26　一个接收和发送消息的序列图

注意在图 2-26 中，对于序列图，图的标签由文字 sd 开始。当使用一个框架元件封闭一个图时，图的标签需要按照以下的格式：

图类型　图名称

UML 规范给图类型提供特定的文本值，举例来说，sd 代表序列图，activity 代表活动图，use case 代表用例图。

（2）生命线

当画一个序列图的时候，放置生命线符号元件，横跨图的顶部。生命线表示序列中，建模的角色或对象实例。生命线画作一个方格，一条虚线从上而下，通过底部边界的中心（见图 2-27）。生命线名字放置在方格里。

UML 的生命线命名标准按照如下格式：

实体名　：类名

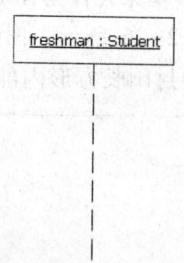

图 2-27　用于一个实体名为 freshman 的生命线的 Student 类的一个例子

在如图 2-27 所示的例子中，生命线表示类 Student 的实体，它的实体名称是 freshman。这里注意一点，生命线名称带下画线。当使用下画线时，意味着序列图中的生命线代表一个类的特定实体，不是特定种类的实体（如角色）。可能包含角色（例如买方和卖方），而不需要叙述谁扮演哪些角色（例如 Bill 和 Fred）。允许不同语境的图重复使用。简单拖放，序列图的实例名称有下画线，而角色名称没有。

图 2-27 中生命线的例子是一个命名的对象，但是不是所有的生命线都代表命名的对象？相反地，一个生命线能用来表现一个匿名的或未命名的实体。当在一个序列图上，为一个未命名

的实例建模时，生命线的名字采用和一个命名实例相同的模式；但是生命线名字的位置留下空白，而不是提供一个例图名字。再次参考图 2-27，如果生命线正在表现 Student 类的一个匿名例图，生命线会是"Student"。同时，因为序列图在项目设计阶段中使用，有一个未指定的对象是完全合法：例如 freshman。

（3）消息

为了可读性，序列图的第一个消息总是从顶端开始，并且一般位于图的左边。然后继发的消息加入图中，位置稍微比前面的消息低些。

为了显示一个对象（例如，生命线）传递一个消息给另外一个对象，画一条线指向接收对象，包括一个实心箭头（如果是一个同步调用操作）或一个棍形箭头（如果是一个异步信号）。消息/方法名字放置在带箭头的线上面。正在被传递给接收对象的消息，表示接收对象的类实现的一个操作/方法。在图 2-28 所示的例子中，analyst 对象调用 ReportingSystem 类的一个实例的系统对象。analyst 对象在调用系统对象的 getAvailableReports 方法。系统对象然后调用 secSystem 对象上的、包括参数 userId 的 getSecurityClearance 方法，secSystem 类的类型是 SecuritySystem。

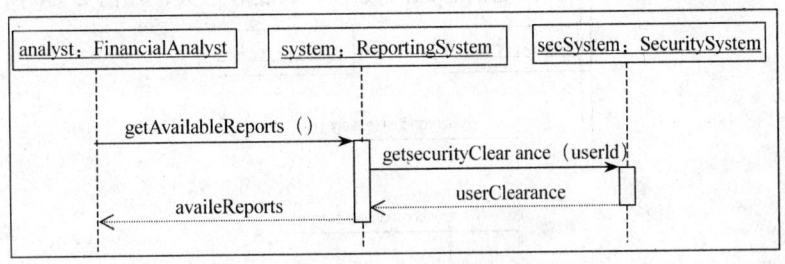

图 2-28　一个在对象之间传递消息的实例

除了仅仅显示序列图上的消息调用外，图 2-28 中还包括返回消息。这些返回消息是可选择的；一个返回消息画作一个带开放箭头的虚线，向后指向来源的生命线，在这条虚线上面，你放置操作的返回值。在图 2-28 中，当 getSecurityClearance 方法被调用时，secSystem 对象返回 userClearance 给系统对象。当 getAvailableReports 方法被调用时，系统对象返回 availableReports。

此外，返回消息是序列图的一个可选择部分。返回消息的使用依赖建模的具体/抽象程度。如果需要较好的具体化，返回消息是有用的；否则，主动消息就足够了。建议无论什么时候返回一个值，都包括一个返回消息，因为额外的细节使一个序列图变得更容易阅读。

当序列图建模时，有时候，一个对象将会需要传递一个消息给它本身。一个对象何时称它本身？一个纯化论者会争辩一个对象应该永不传递一个消息给它本身。然而，为传递一个消息给它本身的对象建模，在一些情境中可能是有用的。举例来说，图 2-29 是图 2-28 的一个改良版本。图 2-29 版本显示调用它的 determineAvailableReports 方法的系统对象。通过表示系统传递消息 determineAvailableReports 给它本身，模型把注意力集中到过程的事实上，而不是系统对象。

为了要画一个调用本身的对象，如你平时所作的，画一条消息，但不是连接它到另外的一个对象，而是你把消息连接回对象本身。

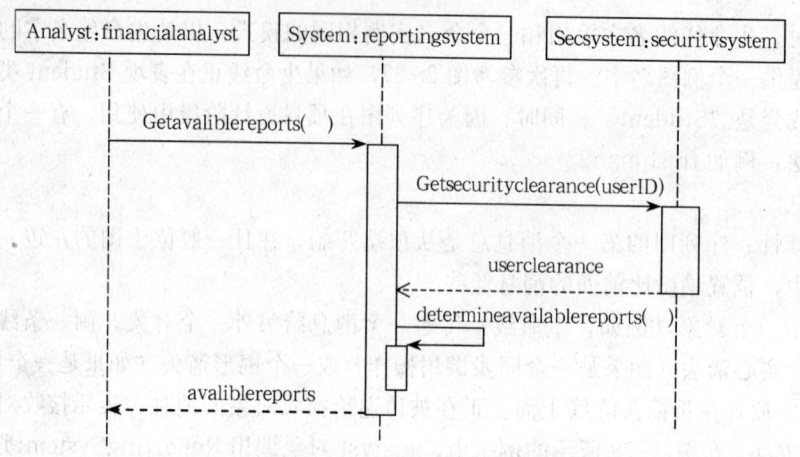

图 2-29　系统对象调用它的 determineAvailableReports 方法

图 2-29 中的消息实例显示同步消息；然而，在序列图中，也能为异步消息建模。一个异步消息和一个同步消息的画法类似，但是消息画的线带一个棍形矛头，如图 2-30 所示。

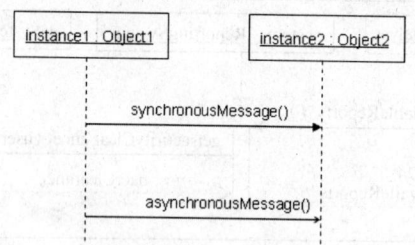

图 2-30　表示传递到实体 2 的异步消息的序列图片段

3．约束

当为对象的交互建模时，有时候，必须满足一个条件，消息才会传递给对象。约束在 UML 图各处中，用于控制流。为了在一个序列图上画一个约束，你把约束元件放在约束的消息线上，消息名字之前。图 2-31 显示序列图的一个片段，消息 addStudent 方法上有一个约束。

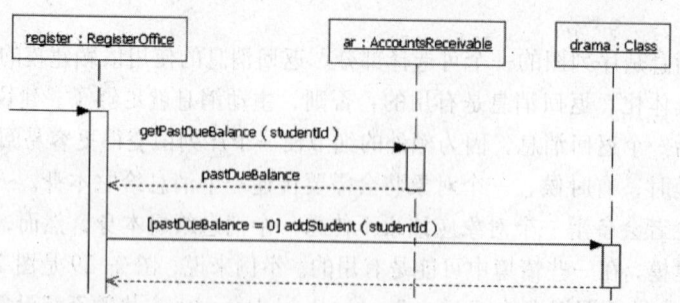

图 2-31　序列图的一个片段，其中 addStudent 消息有一个约束

在图 2-31 中，约束是文本"[pastDueBalance=0]"。通过这个消息上的约束，如果应收账系统返回一个零点的逾期平衡，addStudent 消息才将会被传递。约束的符号很简单，其格式是：

```
[Boolean Test]
```
举例：
```
[pastDueBalance=0]
```

2.3.5　组件图

1. 组件图的目的

组件图的主要目的是显示系统组件间的结构关系。在 UML 中，组件被认为是独立的，在一个系统或子系统中的封装单位，提供一个或多个接口。组件是呈现事物的更大的设计单元，这些事物一般将使用可更换的组件来实现。组件必须有严格的逻辑，设计时构造。用户能容易地在设计中重用及（或）替换一个不同的组件实现，因为一个组件封装了行为，实现了特定接口。

在以组件为基础的开发（CBD）中，组件图为架构师提供一个开始为解决方案建模的自然形式。组件图允许一个架构师验证系统的必需功能是由组件实现的，这样确保了最终系统将会被接受。

除此之外，组件图对于不同的小组是有用的交流工具。图可以呈现给关键项目发起人及实现人员。通常，当组件图将系统的实现人员连接起来的时候，组件图通常可以使项目发起人感到轻松，因为图展示了对将要被建立的整个系统的早期理解。

开发者发现组件图是有用的，因为组件图给他们提供了将要建立的系统的高层次的架构视图，这将帮助开发者开始建立实现的路标，并决定关于任务分配及（或）增进需求技能。系统管理员发现组件图是有用的，因为他们可以获得运行于系统上的逻辑软件组件的早期视图。虽然系统管理员将无法从图上确定物理设备或物理的可执行程序，但是，组件图仍然受欢迎，因为它较早地提供了关于组件及其关系的信息（这使系统管理员可轻松地计划后面的工作）。

2. 符号

图 2-32 显示了一个使用前 UML 1.4 符号的简单的组件图，其显示了两个组件之间的关系：一个使用了 Inventory System 组件的 Order System 组件。正如所能见到的，在 UML 1.4 中，用一个大方块，左边有两个凸出的小方块，来表示组件。

上述的 UML 1.4 符号在 UML 2.0 中仍然被支持。然而，UML 1.4 符号集在较大的系统中不能很好地调节。关于这一点的理由是，UML 2.0 显著地增强了组件图的符号集。在维持易于理解的条件下，UML 2.0 符号能够调节得更好，并且符号集也具有更多的信息。

让我们依照 UML 2.0 规范一步步建立组件图。

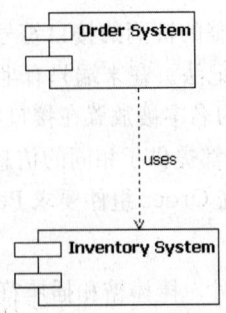

图 2-32　这个简单的组件图使用 UML 1.4 符号显示 Order System 的一般性依赖关系

在 UML 2.0 中，一个组件被画成堆积着可选择小块的一个长方形。UML 2.0 中，组件的一个高层次的抽象视图，可以用一个长方形建模，包括组件的名字和组件原型的文字和（或）图标。组件原型的文本是"«component»"，而组件原型图标是在左边有两个凸出的小长方形的一个大长方形（UML 1.4 中组件的符号元素）。图 2-33 显示，组件可以用 UML 2.0 规范中的三种不同方法表示。

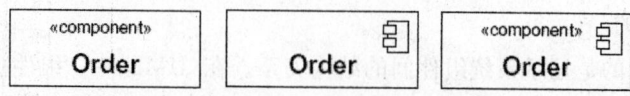

图 2-33　画组件名字区的不同方法

当在图上画一个组件时，重要的是，你总要包括组件原型文本（在双重尖括号中的那个 component，如图 2-33 所示）和（或）图标。为什么呢？在 UML 中，没有任何原型分类器的一个长方形被解释为一个类组件。组件原型和（或）图标用来区别作为组件元素的长方形。

3．为组件提供/要求接口建模

在图 2-33 中所画的 Order 组件表现了所有有效的符号元素；然而，一个典型的组件图包括更多的信息。一个组件元素可以在名字区下面附加额外的区。如前面所提到的，一个组件是提供一个或更多公共接口的独立单元。提供的接口代表了组件提供给它的用户/客户的服务的正式契约。图 2-34 显示了 Order 组件有第二个区，用来表示 Order 组件提供和要求的接口。

在图 2-34 中的 Order 组件中，组件提供了名为 OrderEntry 和 AccountPayable 的接口。此外，组件也要求另外一个组件提供 Person 接口。

4．组件接口建模的其他方法

UML 2.0 也引入另外一种方法来显示组件提供并要求的接口。这个方法是建立一个里面有组件名的大长方形，并在长方形的外面放置接口符号。这种方法在图 2-35 中举例说明。

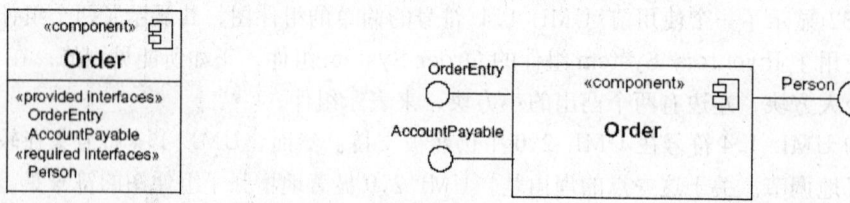

图 2-34　这里额外的区显示 Order 组件　　　图 2-35　使用接口符号显示组件提供/要求的接口
　　　　　提供和要求的接口

在这种方法中，在末端有一个完整的圆周的接口符号代表组件提供的接口——"棒棒糖"是这个接口分类器实现关系符号的速记法。在末端只有半个圆的接口（又称插座）符号代表组件要求的接口（在两种情况下，接口的名字被放置在接口符号本身的附近）。虽然图 2-35 看起来与图 2-34 有很大的不同，但两个图都提供了相同的信息——例如，Order 组件提供两个接口：OrderEntry 和 AccountPayable，而且 Order 组件要求 Person 接口。

5．组件关系的建模

当表现组件与其他的组件的关系时，棒棒糖和插座符号也必须包括一支依存箭头（如类图中所用的）。在有"棒棒糖"和插座的组件图上，注意，依存箭头从强烈的（要求的）插座引出，并且它的箭头指向供应者的棒棒糖，如图 2-36 所示。

图 2-36 显示，Order 系统组件依赖于客户资源库和库存系统组件。注意在图 2-36 中复制出的接口名 CustomerLookup 和 ProductAccessor。在这个例子中，其看起来可能是不必要的重复，不过符号确实允许在每个依赖于实现差别的组件中有不同的接口。

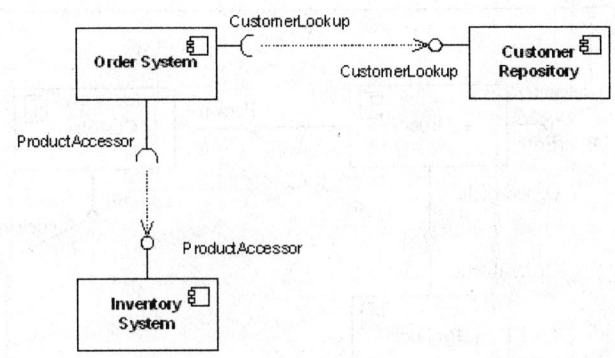

图 2-36 显示 Order 系统组件如何依赖于其他组件的组件图

6. 子系统

在 UML 2.0 中，子系统分类器是组件分类器的一个特殊版本。鉴于此，子系统符号元素像组件符号元素一样继承所有的组件符号集规则。唯一的差别是，一个子系统符号元素由 subsystem 关键字代替了 component，如图 2-37 所示。

UML 2.0 规范在如何区别子系统与组件方面相当含糊。从建模的观点，规范并不认为组件与子系统有任何区别。在 UML 2.0 中把子系统作为特殊的组件，因为这是最多的 UML 1.x 使用者了解它的方式。

图 2-37 子系统元素的一个例子

那么，什么时候该用组件元素，什么时候又该用子系统元素呢？没有一个直接的答案。在 UML 2.0 规范中，何时该使用组件或子系统决定于建模者的方法论。因为它确保 UML 与方法论相互独立，这在软件开发中将保持它的普遍性。

7. 显示组件的内部结构

为了显示组件的内部结构，只须把组件画得比平常大一些并在名字区内放置内部的部分。图 2-38 显示 Store 组件的内部结构。

使用在图 2-38 中显示的例子，Store 组件提供了 OrderEntry 接口并要求 Account 接口。Store 组件由三个组件组成：Order、Customer 和 Product。注意 Store 的 OrderEntry 和 Account 接口符号在组件的边缘上有一个方块。这一个方块被称为一个端口。端口提供了一种方法，它显示建模组件所提供（要求）的接口如何与它里面的部分相关联。 通过使用端口，我们可以从外部实例中分离出 Store 组件的内部部件。对于过程而言，OrderEntry 端口代表 Order 组件的 OrderEntry 接口。同时，内部的 Customer 组件要求的 Account 接口被分配到 Store 组件的必需的 Account 端口。通过连接 Account 端口，Store 组件内部部件（例如 Customer 组件）可以有代表执行端口（接口）的未知外部实体的本地特征。必需的 Account 接口将会由 Store 组件的外部组件实现。

在图 2-38 中，用户可能也注意到了，在内部的组件之间的内部连接与图 2-36 中显示的那些不同。这是因为内部结构的这些描绘事实是嵌套在分类器（在我们的例子中是一个组件）里的协作图，因为协作图显示分类器中的实体或角色。在内部的组件之间建模的关系以一个组合连接器表示。组合连接器用紧紧相连的"棒棒糖"和插座符号表示。以这种方式画这些组合连接器使"棒棒糖"和插座成为很容易理解的符号。

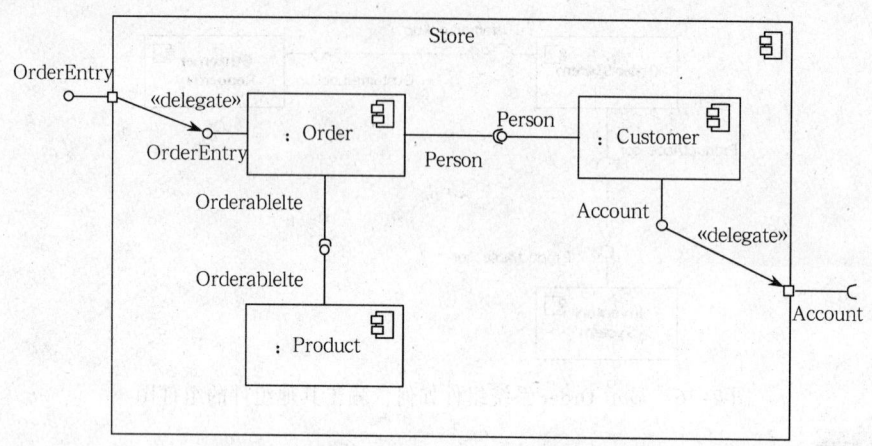

图 2-38 这个组件的内部结构由其他组件组成

　　组件图是架构师在项目初期建立的非常重要的图。然而，组件图的有用性跨越了系统的寿命。组件图是无价的，因为它们模型化和文档化了一个系统的架构。开发者和系统管理员会其有助于理解系统。

🐷 本章小结

　　本章介绍了目前电子商务系统开发中使用的开发方法和建模工具。主要介绍了面向对象开发方法的原理、过程，使用面向对象方法开发网站的基本思路。UML 是统一建模语言的缩写，是目前网站建设中广泛使用的建模工具。UML 使用图形（类图、用例图、状态图等）来直观地描述一个网站的各种组成要素、网站业务处理过程等。

📄 习题

　　请登录京东商城（www.360buy.com），体验一次完整的购物过程，然后用用例图把网站的访问者（顾客）表达出来。

第3章 网站规划

🌐 **学习目标**

通过本章的学习，达到：

① 理解网站规划的重要性；

② 掌握网站规划的内容；

③ 不同规划方法的步骤；

④ 能够根据案例撰写网站规划报告。

📡 **引导案例**

戴尔（Dell）商业模式

戴尔（Dell）的电子商务模式可以通过一个3W2H模型（见图3-1）来概述。

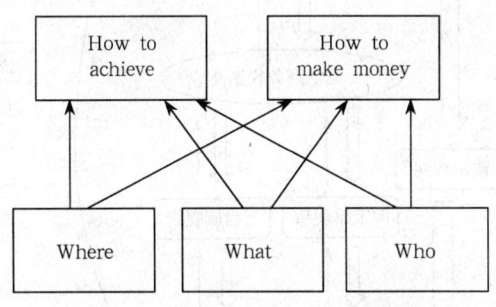

图 3-1　商务模式的 3W2H 模型

1. Who

Who 代表网购用户。

2. What

① 戴尔官网零售所涉及产品包含戴尔旗下所有产品，包括笔记本式计算机、台式机、液晶显示器、投影机、打印机等。

② 戴尔淘宝旗舰店包含绝大部分戴尔官网上销售的产品，除了笔记本配件、台式机配件、数码照相机/数码摄像机、GPS 车载导航仪等电子产品。

③ 戴尔当当旗舰店主营戴尔几种新上市的热销笔记本式计算机和台式机，种类比戴尔官网和淘宝网少。

3. Where

Where 代表中国。

4. How to achieve

戴尔授权中间代销商销售资格，并提供销售产品及相关信息。代销商入驻淘宝开设旗舰店，利用淘宝平台进行网上零售。

5. How to make money

戴尔官网凭借直销模式，使传统渠道中常见的代理商和零售商的高额价格差消失，同时使戴尔公司的库存成本大大降低，与依靠传统方式进行销售的主要竞争对手相比，戴尔公司的计算机占有 10%~15% 的价格优势。戴尔官网是全球规模最大的互联网商务网站，网址覆盖中国、阿根廷、巴拿马、澳大利亚等 86 个国家，提供包括中文、德文、法文、日文等 21 种语言、40种不同货币的报价，目前每季度有超过 6.5 亿人次浏览。根据不同地区与不同文化的人群，戴尔网店所设计及销售的产品也具有相应的针对性。为更好满足不同市场需要，在网上直销时专门针对不同区域市场推行特定网上直销方式，如专门针对中国市场提供直销服务时，网站设计时用中文而且考虑到中国人的习惯，允许通过电话联系订货，可见网络作为新的信息沟通渠道和媒体，改变了传统营销的手段和方式，而且网络营销更具有价格竞争优势。

戴尔产业链分析。戴尔官网的网上零售的产业链较为简单，生产部门的产品通过官网的在线商城与客户直接接触。戴尔淘宝旗舰店和戴尔当当旗舰店的产业链主要包括产品厂商、电子商务代销销商、C2C 平台、最终客户用户四部分构成，如图 3-2 所示。

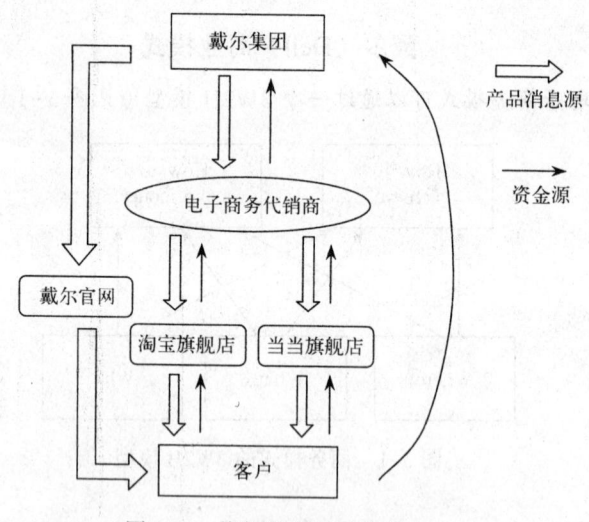

图 3-2　戴尔网上零售产业链

戴尔淘宝旗舰店产业链模式主要分为以下三个环节：

① 戴尔在官方在线商城中展示自己所有的产品型号，并根据自身的市场分析与战略方向确定在淘宝、当当等电子商务平台上销售的产品，并授权和委托专门的电子商务代销商进行代销。

② 代销商根据戴尔的要求和目标电子商务平台联系，洽谈包括产品上架、支付方式、服务费用等等具体细节，正式面向产品推向平台客户群。

③ 客户购买方式与淘宝其他类型店铺没有差别，而物流方式可以选择代销商提供的方式。所支付的资金则经过平台商、代销商等周转最终流向戴尔集团。

3.1　网站规划概述

网站规划是指以支持企业电子商务战略为目标，设计支持电子商务战略的网站的总体结构、商务模式，说明网站各个组成部分的结构及其组成，选择网站开发的技术方案，给出网站建设的实施步骤及时间安排，并说明网站建设的人员组织，评估网站建设的可行性。网站规划的主要任务包括以下几个方面。

① 进行网站定位与用户需求分析；

② 设计电子商务模式；

③ 规划电子商务系统方案；

④ 进行可行性分析；

⑤ 制定项目进度表。

进行网站规划的步骤如下：

① 分析企业的总体战略和业务单元战略；

② 对企业所处的内外部环境及企业定位进行分析；

③ 确定企业电子商务的战略目标，分析目前和将来电子商务的需求，研究电子商务对增强企业的竞争能力可以发挥的作用；

④ 识别企业需要利用电子商务的领域，确定在各个应用领域的电子商务模式；

⑤ 主要资源需求预测（资本投资、设备、人才）；

⑥ 制定项目进度表；

⑦ 现行系统的初步调查与分析，提出新系统的开发方案；

⑧ 可行性研究，提出可行性研究报告。

3.2　网站定位与用户需求分析

【启发案例】

汽车中国网（www.carschina.com）是一家汽车类综合网站。据汽车中国网的负责人介绍，目前网站已经有了百万点击量，对于一个成立一年的行业网站来说，已经算是不错的成绩。从网站的名字及域名看，汽车中国网目标是成为一个全国性的汽车垂直门户网站，为汽车行业与终端用户提供专业的汽车资讯以及整合营销服务。目前国内已经有了一些较为成熟的汽车行业网站，这个清一色"80"后的创业小团队，将如何带领汽车中国网突围？

1．网站定位

汽车中国网定位于综合汽车门户网站，并一直在这条道路上摸索前进，方向和目标是明确的：关注国内车市、国际车市、汽车后市场，走在汽车消费市场前沿，提供资讯及服务的整合平台。

2．网站特色

为了区别于众多的汽车类专业网站，汽车中国网从实用性、汽车后市场及资讯整合上做了很多工作。实用性体现在看车、选车、对比、决策一条龙的导购服务上；针对潜力巨大的汽车后市场中，为更多的用车人士提供租车、二手车、驾校、车险、维修、美容等信息查询及在线预订服务；资源高度整合则体现在更新频率快，号称是目前国内汽车网站类资讯更新最快、最集中、最符合需求的汽车资讯整合平台。

另外，值得一提的是，网站提供的选车功能。提供了车辆的品牌、车系、款式以及价格等多种参数的查询服务，对于需要购买车辆的用户来说，是不错的一个功能。

3．用户体验

（1）页面与频道

汽车中国网整体色调比较清新，简单是整个页面的设计风格。页面上极少使用 Flash 效果，甚至极少使用颜色对比强烈的图片，也很少有争奇斗艳的各色广告，目的就是为了给用户一个舒爽的页面浏览体验。除了降低眼睛疲劳度以外，信息成为页面的主体，能让用户最快、最轻松地找到需求的信息。

网站的频道规划比较全面，主要有车市新闻、行情导购、试驾评测、汽车库、报价库、图片库、名车志、车友会等主频道；另外还设有二手车、车险、租车、违章查询、驾校等频道；专门针对每款车型而设置的专属车型频道。资讯的种类和信息量都非常庞大。

（2）信息量及更新

汽车中国网目前收录的车型接近 3 000 个，图片库多达几十万张。在资讯的更新上，长久以来都坚持每天添加 200 条以上的内容，更新来源包括从国外的专业权威网站翻译，以及车友会网友的购车、用车体验，再到编辑跑市场所获得的一手资料，贴近各个层面的用户需求。

（3）交流互动

车友会为广大汽车中国网网友提供了一个论坛式的交流平台，除此以外，还设有汽车问答、新闻评论、自由投稿等交流互动平台。让用户彼此间得到信息的分享，同时为汽车中国网收集到准确的用户数据，以及对广告主及经销商具有参考和市场价值的数据统计。

4．网站赢利模式

对于一个大型的垂直门户来说，赢利模式是多种多样的，而且还有很大的创新空间。汽车中国除了把主要的收入份额放在了汽车厂商广告身上以外，目前还通过百度主题推广以及阿里妈妈等点击广告实现前期的基本收入。未来，在经销商系统比较成熟以后，为经销商实现的网上交易平台服务也将会成为汽车中国网站的一笔可观的收入。

当前，电子商务行业竞争激烈，各种电子商务模式层出不穷，在进行网站设计与管理之前，进行有效的网站定位和用户需求分析是首先要解决的问题。

网站的战略规划关系到网站建设的成败。做好网站规划，首先应从考察企业总体战略，网站定位出发，为网站设计建立出发点，为电子商务的应用范围指引一个明确方向。

3.2.1　网站定位

1．网站定位的内涵

网站定位是指应用科学的思维方法，进行资料收集与分析，确定网站的目标用户群体、网站特征、特定的使用场合及其为目标群体提供的核心价值。网站定位的实质是对用户、市场、产品、价格以及网站设计的重新细分与定位，预设网站在用户心中的形象、地位，在网络上的特殊位置，明确网站所要针对的目标用户群和网站所要发挥的核心作用。网站定位的核心在于寻找或打造网站的差异化优势，然后在这个差异化优势的基础上向目标用户群树立一个品牌形象、提供差异化价值服务。

网站定位是网站设计与管理的基础，是网站建设的首要任务。网站架构设计、网站功能、内容、表现等都围绕这些网站定位展开。企业网站能否达到预期效果，主要取决于网站定位是否明确和有效。因此，网站在建设之前，网站定位是思考的首要问题。

2. 网站定位的 SWOT 方法

网站的定位也就是网站的价值目标，在开始构建网站之前，首先需要明确的就是网站的用途、面对的客户群体，并根据这一基本出发点来设计网站的功能与内容需求。

要定位好网站，最重要的就是全面分析市场环境。对非营利性网站而言，要了解针对某特定用户群，市场上有哪些类似的竞争性网站，其定位和各自特征是什么，提供哪些差异化服务。而对营利性网站而言，也必须明确了解主要竞争对手有哪些，其网站定位是什么，有什么优势，有什么劣势。同时也要综合考虑整个行业的市场规模，目标群体所能带来的潜在价值有多大，国内国际整体市场环境如何，行业发展趋势如何，支持政策有哪些，投资风险有多大，企业经营这样的行业网有什么独特优势等。除此之外，还要对网站建设企业自身的资源和能力进行分析，也就是要对网站的内外部环境进行全面系统分析，进而提出自身定位和网站建设战略措施。

对企业网站而言，进行环境分析和网站定位的一个有效工具是 SWOT 分析法。

SWOT 分析法是由旧金山大学管理学教授于 20 世纪 80 年代提出来的，就是将与研究对象密切相关的各种主要内部优势、劣势和外部的机会和威胁等，通过调查列举出来，并依照矩阵形式排列，然后用系统分析的思想，把各种因素相互匹配起来加以分析，从中得出一系列相应的定位和战略措施。

SWOT 四个英文字母分别代表：优势（Strength），劣势（Weakness），机会（Opportunity），威胁（Threat），如图 3-3 所示。从整体上看，SWOT 可以分为两个部分：第一部分为 SW，主要用来分析内部条件；第二部分为 OT，主要用来分析外部环境。利用这种方法可以从中找到对自己有利的，值得发扬的因素，以及对自己不利的，要避开的东西，发现存在的问题，找到解决办法，并明确以后的发展方向。

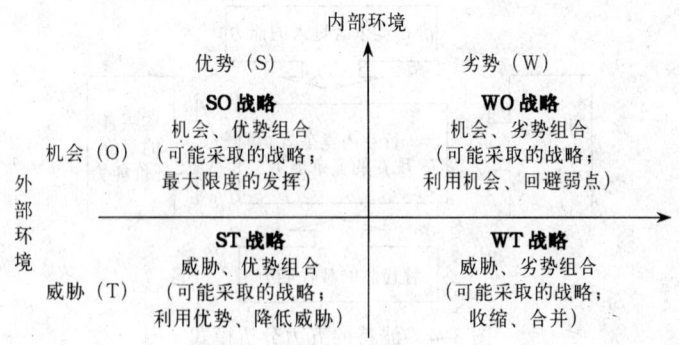

图 3-3　SWOT 分析方法

运用这种方法，可以对拟建设网站所处的环境进行全面、系统、准确的分析，从而根据分析结果确定相应的网站定位，制定相应的发展战略、计划以及对策等。

3. 网站定位的实施

在把上述分析的结果变成网站定位的具体内容时，要注意下面的问题。

（1）网站定位的原则

网站定位决定了网站的方向，方向错误可能产生巨大成本。网站定位必须注意几个基本原则：

① 网站一定要为用户提供有价值的服务，最好是提供差异化的服务。

② 不要盲目追随。一定要结合自身的能力和资源，在把握市场环境等诸多因素的基础上进行定位。

③ 不要一味求大求全，内容纷杂。许多网站的运营者为了提高人气量，不断增加栏目内容和网站功能。但是，如果网站没有核心的内容，或核心内容不够明显，没有提供给用户核心价值的话，还是很难留住用户的。一味求大求全只能造成无谓的人力、财力、物力的浪费，难以获得回报。

（2）网站定位的决定因素

确定一个网站的具体定位，需要考虑自身资源，外部环境等多方面因素，具体包括：

① 网站前景。市场发展空间有多大，预计用户群有哪些，用户群规模有多大。

② 自身优势，企业自身的资产，能力及技术基础与竞争者相比独特优势在哪里。

③ 用户的需求和变化。

④ 竞争对手。同行业同类型的网站有哪些，网站规模如何，具有什么特征。

⑤ 可行性。包含技术，资金等。

⑥ 赢利模式。针对某种网站定位，有哪些有效的、可持续的赢利模式。

最终在权衡诸多因素后确定差异化的网站定位。

（3）网站定位的步骤

第 1 步：分析网站的行业环境。可以用波特的五力分析模型（见图 3-4）来分析网站的行业环境。五力分析模型是迈克尔·波特（Michael Porter）于 20 世纪 80 年代初提出，可以有效地分析竞争环境。五力分别是：供应商的讨价还价能力、购买者的讨价还价能力、潜在竞争者进入的能力、替代品的替代能力、行业内竞争者现在的竞争能力。五种力量的不同组合变化最终影响行业利润潜力变化。

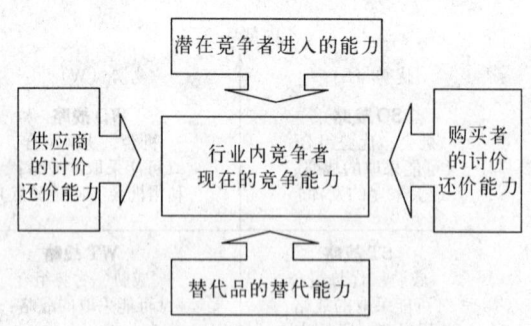

图 3-4　波特的五力分析模式

通过行业环境分析，能明确电子商务外部战略环境。如所经营的产品或服务在网上市场竞争是否激烈？供应商对电子商务如何支持？潜在顾客对电子商务的支持程度怎么样？

第 2 步：分析竞争对手的网站定位。调查目前的竞争者网站在用户的大概位置，其优势和弱势是什么？

第 3 步：定义约束条件。分析财务资源、人力资源、物力资源、确定待建设网站可能承受的约束条件。

约束条件主要包括以下几个方面：

① 人力资源。包括人员的观念、学习能力；技术人员掌握的技术与所需技术的差距等。是否有充足的各类相关技术、经营管理人员关系到电子商务战略的成功。

② 设施、设备资源。指设施、设备的种类、性能、数量等。相关设施、设备是实现电子商务的前提与保障。

③ 可投入的财务资源。充足的资金是支持电子商务顺利建设与运营的基础。

④ 信息化基础。已有网站，各种系统的运行情况，信息资源的种类、数量、更新情况等。必要的信息化基础是电子商务流程顺利开展所必需的。

⑤ 组织能力及高层领导支持。组织能力及高层领导支持能够保证网站规划建设的顺利开展。

第 4 步：明确网站定位目标。寻找自身的独特优势，确定网站的目标用户群、目标用户群特征、网站所能提供的核心概念和核心功能等。

3.2.2　用户需求分析

1. 网站访问者

不管是商业性网站还是非商业性网站，只要是面对公众的网站，都有一个目标用户群体。在进行网站规划设计之前，首先需要明确为哪个用户群服务。网站的目标用户群与网站的定位直接相关。不同的定位意味着为不同的用户群服务。目标群的定义必须明确具体，如果目标用户群范围太广，网站的设计将会无从入手，比如采用什么样的网站架构，什么样的内容，什么样的设计风格等。网页是以年轻人为主，还是以中老年人为主，是以轻松、娱乐为主，还是沉稳、简洁为主，这些都是从目标用户群出发的。

具体而言，企业网站的访问者细分为：

① 内部访问者。内部访问者包括企业员工，企业员工通常是企业网站的第一类访问者，但是这类访问者通常容易被忽视。企业员工访问企业网站的一个经常性需求就是了解企业新闻和发展状况，查找企业的对外宣传信息，如产品服务信息等。股东作为特殊的群体，也是不可忽视的访问者。

② 合作伙伴。包括供应商，分销商，代理商等。与企业有比较紧密业务关系的合作伙伴如长期供应商，他们访问企业的网站是因为与业务相关，需要较及时地了解企业的发展动态，以便及早做出相应的反应。

③ 客户。客户通常需要访问网站了解企业概况、发展现状、产品服务特征、产品订购咨询、寻找售后服务帮助等。

④ 网站竞争者。在竞争激烈的市场环境中，竞争者也会访问公司的商务网站了解公司的竞争战略。竞争对手对网站信息的搜寻是全方位的，一些竞争者通常定期访问网站以进行市场调研。由于有这类访问者的存在，所以在规划网站信息时，需要对一些敏感信息加以小心。

⑤ 个人。包括潜在消费者等。

⑥ 政府部门及相关组织。

2. 网站访问者的确定方法

在确定访问者范围时，要着眼于企业整个经营环境，同时考虑所有内部和外部访问者，不能仅仅关注外部访问者而忽略了内部访问者。比较好的方法是以供应链、价值链和组织结构图为起点，分析各环节各结点中的每一类访问者，选择每一类访问者中的关键人物，充分倾听和分析各方需求。

　　潜在网站访问者找到以后，通常需要分析这些用户群体的特征、访问需求、基本行为方式和导致这些行为方式的原因。一般而言，分析网站的用户主要包括如下特征：年龄，性别，地区，学历，收入，职业，兴趣。除了这些基本特征外，还需要通过调研关键访问者的方式，分析了解用户的访问需求，行为习惯。要清楚地分析每个属性背后所包含的信息。

　　通过各种渠道（网站分析和非网站分析的技术）收集关于网站访问者的信息，对人口统计学特征和行为特征进行分析和研究，然后在对访问者理解的基础上去规划和设计网站。

3. 网站访问者需求分析

　　在确定网站访问者之后，还必须确定每种网站访问者的动机。这些动机可能各不相同，如：

- 了解企业概况；
- 了解企业提供的产品或服务；
- 购买企业的产品或服务；
- 寻求售后服务；
- 竞争对手进行市场调研；
- 员工了解企业发展现状；
- 应聘企业职位。

　　面对如此广泛的网站访问动机，很难设计一个能让所有访问者都满意的网站，因此还是要具体定位网站的目标群体，进行网站定位。

3.3　商务模式设计

　　电子商务模式是企业开展电子商务的一种战略方案。在对电子商务进行战略规划时，任何企业都需要选择适合自身的电子商务模式。不同的商务模式直接关系到企业构造电子商务系统所采取的策略。

　　要分析、设计一个适合的电子商务模式，首先要把握电子商务的基本模式及其亚模式。电子商务的商务模式包含三部分的内容：

　　① 产品、服务和信息流的体系结构，包括各商务主体角色及其作用；
　　② 各商务角色的潜在利益；
　　③ 收入来源。

3.3.1　电子商务模式

　　电子商务模式可以从多个角度建立不同的分类框架，按照电子商务交易主体之间的差异可以有多种不同的模式，其中最典型的商务模式有以下几种：

　　① 企业—企业模式，即 B to B（Business to Business）。
　　② 商家—消费者模式，即 B to C（Business to Customer）。
　　③ 公共服务模式，包括 G to B（Government to Business）模式和 G TO C（Government to Customer）模式。
　　④ 消费者—消费者模式，即 C to C（Customer to Customer）。

3.3.2　电子商务亚模式

　　传统的从参与电子商务活动主体的类型差异角度对电子商务活动进行的归类，虽然可以让企业比较容易知道自己是属于上述四种电子商务模式的哪一种，但是并不能从中获得该如何进行经营活动的启示，在一定程度上缺乏对企业开展电子商务活动的指导意义。同时，虽然从参与主体角度进行划分能描述电子商务的服务对象，但这种划分方法还缺乏对服务内容和赢利模式的相关描述。为此，可以对电子商务模式进一步细分，由此得到的模式成为电子商务亚模式。

可以根据用户角色、交互关系、提供物的性质、价值活动类型和收益来源五个方面建立了电子商务的基本模式和亚模式。

1．用户的角色

"用户"是相对于电子商务平台的拥有者和经营者而言的。用户的角色共有两种情况：

① 提供者（向电子商务平台所有者或其他用户提供产品/服务和信息等）；

② 接受者（通过使用平台得到产品/服务和信息等）。

2．交互关系

交互关系指用户之间或用户与平台拥有者之间的作用关系。交互关系有以下几种情况：

① 一对一；

② 一对多；

③ 多对多。

3．提供物的性质

电子商务提供给用户的物品主要有四大类：

① 产品：电子商务可以提供的产品包括传统有物理形态的产品和数字化产品；

② 服务：电子商务可以提过诸如医疗、教育、咨询等服务内容；

③ 信息（如商业信息、技术信息等）。

4．价值活动类型

每种商务活动的核心都是某种增加价值的方式，即价值活动。生产制造型企业增加价值是通过价值链的方式，具体的又可细分为内部物流、生产作业等九种价值活动；而非生产制造企业如咨询、旅行社等增加价值的方式是通过价值商店活动和中介活动。因此，通过价值活动的类型可以区分企业电子商务所从事的商务活动类型。价值活动有以下 11 种：

① 内部物流；

② 生产作业；

③ 外部物流；

④ 营销和销售；

⑤ 服务；

⑥ 采购；

⑦ 技术开发；

⑧ 人力资源管理；

⑨ 企业基础设施；

⑩ 价值商店；

⑪ 中介活动。

5．收益来源

电子商务的收益主要来自以下几个方面：

① 用户交费（用户交费购买企业通过电子商务提供的产品和服务，如购物所付的货款、交易的中介费等）。

② 广告费（通过发布广告从广告商处获取收入）。

③ 降低成本，电子商务能降低企业某些商务活动的成本。如建设电子商店的成本大大低于建设现实商店等。某些电子商务完全不产生任何收入，甚至增加了成本，如免费发放试用软件、建立企业的虚拟社区等。实际上，它们都属于"降低成本"的情况，如免费发放减少了公司产品的宣传推广费用，虚拟社区降低了公司与用户沟通的成本。

根据上面五个方面的不同特征，可把电子商务模式分为 10 种基本模式，包含各种亚模式，如表 3-1 所示。

表 3-1　电子商务基本模式及亚模式

基 本 模 式	亚 模 式	典 型 代 表
1. 信息发布		企业网上黄页，企业信息港
2. 信息收集		CRM 系统
3. 电子商店		Dell 网上直销，FedEx
4. 电子拍卖		CoolBid.com、eWanted.com
5. 电子采购		海尔网上采购 Haier.com、GE 的 TPN 系统
6. 免费模式		免费邮箱，免费软件
7. 电子产品中介	电子交易市场	中国化工网
	虚拟商城	新蛋网，卓越网上商城
	拍卖中介	eBay.com、淘宝网
	团购	Accompany.com、Younet.com
8. 电子信息中介	一般信息中介	51job.com
	虚拟社区	天涯社区、西祠胡同
	网上调查	调查圈、Searchching.com
	搜索引擎	Google、百度
9. 电子媒体	新闻	CNN、新浪新闻频道
	专业信息	ZDNet
	多媒体集成	Go.com、MSN
10. 电子价值商店	网络金融	TDWaterhouse、eCoverage
	网上旅行社	携程网
	通信服务	eFax
	远程教学	中华会计网校、新东方学校
	远程医疗	Hv.org

1. 信息发布

企业通过建立网站宣传本企业以及企业的产品等，或者去其他网站（如行业性网站、信息港）发布广告、供求信息等。

2. 信息收集

企业利用网络进行诸如技术信息、供求信息、竞争对手信息的收集，或进行客户关系管理等。

3．电子商店

电子商店是企业利用电子商务销售产品。其产品可以包括实物产品、数字化产品、服务以及信息。与传统商店相比，开设和经营电子商店的成本大大降低。

4．电子拍卖

电子拍卖是传统拍卖的电子化，其本质上也是一种销售，但它与电子商店最大的不同在于"一对多"的交互关系，通常是多个购买者角逐一个供应商的商品。目前还出现了一种"反拍卖"模式，即购买者提出自己想购买的商品，各商家竞争这笔买卖。

5．电子采购

电子采购是企业利用电子商务开展采购活动。利用网络和电子商务系统采购可以降低供应商的搜寻成本和采购成本，还可以降低库存成本，甚至实现零库存。

6．电子产品中介

传统商务中的中介商和经纪商也可以利用电子商务开展业务。本文根据它们所提供中介产品的性质进一步将其分为产品（含服务）中介和信息中介，他们的价值活动类型都属于中介活动。

电子产品中介目前主要有如下几种形式：

① 电子交易市场（第三方支持的为买卖双方进行商品交易中介服务的电子商务平台，佣金和广告费为其主要收入）；

② 虚拟商城（包含多个独立的电子商店，而电子商城为商城内的商店提供用户界面、技术、付款方式的支持）；

③ 拍卖中介；

④ 团购（通过互联网把想购买同一种商品的购买者组成集团，以享受到批量购买的优惠）。

7．电子信息中介

电子信息中介所提供中介的产品主要是各类信息。电子信息中介对各种信息进行汇总、整理、加工，并把这些经过处理的信息提供给需要它们的客户。信息中介主要有以下几种形式：

① 一般信息中介；

② 虚拟社区；

③ 网上调查；

④ 搜索引擎

8．电子媒体（内容服务）

电子媒体可以看作传统媒体如书刊、报纸、电视的网络版本。这种模式的收入主要来自于两部分，一是用户交纳的"订阅费"，二是刊登广告所获得的广告费。电子媒体按其内容划分，主要有以下几种：

① 新闻；

② 多媒体集成；

③ 专业信息。

9．电子价值商店

电子价值商店指价值商店类型的企业利用电子商务提供自己的服务。其往往能够直接通过网络完成服务的全过程。目前常见的形式如下：

① 网络金融；
② 网上旅行社；
③ 通信服务；
④ 远程教学；
⑤ 远程医疗。

10．免费模式

免费模式是指为用户提供免费的产品和服务。例如，免费软件、免费贺卡、免费邮箱等。该模式给企业带来的收益主要来自于广告费收入和成本的降低。

这几种基本模式对应的五个方面特征如表 3-2 所示。

表 3-2　电子商务模式基本特征

维度	取值	信息发布	信息收集	电子商店	电子拍卖	电子采购	电子产品中介	电子信息中介	电子媒体	电子价值商店	免费模式
用户角色	提供者	√				√	√	√			
	接受者		√	√	√		√		√	√	√
交互关系	一对一			√		√				√	
	一对多	√	√		√				√		√
	多对多						√	√			
价值活动	产品			√	√	√	√				
	服务					√	√			√	
	信息	√	√					√	√		
	内部物流					√					
	生产作业										
	外部物流			√	√						√
	市场和销售	√	√	√			√				√
	服务	√	√								√
	采购					√					
	技术开发		√								
	人力资源										
	基础设施										
	价值商店									√	
	中介活动						√	√			
收益来源	用户交费			√	√		√	√		√	
	广告费						√	√	√		√
	降低成本	√	√	√	√	√				√	√

【阅读资料】来源：中国计算机报

就目前的电子商务企业而言，它们很少采用单一的电子商务模型，而是同时采用多种原模型相互组合，来构成自己独特的电子商务模式。例如，网络先驱亚马逊（Amazon.com）书店的电子商务模式，Amazon.com 最明显的也是其从 1994 年创办以来一直存在的模式——通过 Internet

渠道向全世界的广大顾客直接出售各种图书、CD 和音像制品。除了这个直接面向顾客的电子商务原模型以外，Amozon.com 还包括其他三种模型：虚拟社区、内容提供者和中介。Amozon.com 和 RemarQ.com 社区合作，为顾客提供发表书评、论坛等服务，这构成了它的虚拟社区原模型。Amozon.com 积极与其他相关企业进行联盟合作，它还向这些联盟企业提供内容服务，而其他企业则把 Amazon.com 的电子广告置于其网站上，然后通过顾客从其网站上的 Amozon.com 广告链接到 Amazon 上的销售额中提取佣金（佣金数额一般是顾客在 Amazon 上消费总额的 8%～15% 不等），实际上这就是内容提供者。最近，Amozon.com 还在其电子商务模式加入了两种中介模式：一个是能够搜索 Amazon 网站没有库存的产品的搜索引擎，另外一个是为各种产品提供的在线竞标服务。所以 Amazon.com 的电子商务模式可以说是直接面向顾客、虚拟社区、内容提供者和中介四种原模型的组合。世界上最大的商业天气服务网站 AccuWeather，这个网站的电子商务模式可以看成是内容提供者和直接面向顾客两种电子商务模型的组合。

3.3.3　电子商务模式确定

1. 确定电子商务模式的基本原则

在网络经济时代，电子商务商业模式的创新设计有可能改变市场竞争规则，使利润从过时的商业模式向能够为客户带来更大、更全面价值的电子商务商业模式转移。好的电子商务商业模式可以促进企业战略的实现，甚至电子商务商业模式直接决定企业的发展方向和命运。因此，电子商务商务模式的创新设计已成为决定企业赢利能力和未来持久发展的战略问题。知名电子商务企业都非常重视电子商务商业模式创新。eBay.com、Amazon.com、阿里巴巴等取得的成功很大程度上都与电子商务商业模式创新密不可分。

在考虑电子商务企业商业模式设计问题时，一般要注意三个原则：

（1）客户价值至上

构建电子商务模式的关键在于明确网站用户群体后，分析电子商务方式能给顾客或用户带来什么样的价值，然后采取相应的战略来实现这些价值并长期获利。找到顾客价值是构建一种商务模式的基础，构成顾客价值的结构可能是不同的，那么基于不同价值结构的商务模式必然有所不同。

（2）注重对企业战略目标及电子商务应用内外部环境的分析

电子商务商业模式的创新设计从根本上应服从于企业的战略目标。电子商务商业模式的创新设计是企业电子商务战略的重要方面。电子商务商业模式要充分考虑企业的外部市场环境和自身资源及能力，要能充分利用网络经济环境下的外部机会以及企业内部优势建立企业持久的业务模式竞争优势。

（3）防止重技术轻商务的倾向

要有电子商务也是商务的理念。国内很多企业在开展电子商务时，往往是重电子（技术），轻商务；重模仿，轻创新，忽视了电子商务模式的创新。

2. 确定电子商务模式的考虑因素

在设计企业电子商务商业模式具体内容时，要考虑如下要素。

（1）价值模式

根据企业战略分析，如何进行市场定位？如何为目标群体创造价值，是电子商务商业模式设计的核心内容。通过价值模式的设计，应明确企业定位于什么市场，为哪些客户创造什么样的差异化价值，这些价值可以通过哪些产品或服务来实行。价值模式更多地应该从用户角度去思考。企业只有为用户提供有价值的产品和服务，才能拥有足够的访问量和潜在客户，网站才能有存在和发展的必要。

（2）赢利模式

电子商务商业模式设计需要考虑赢利模式问题。虽然有些网站建设并不以取得收入为直接目的，而是为了降低成本、展示形象、提供信息或者改善客户服务，但也必须考虑网站建设的效益问题。对于希望电子商务项目建设获得直接收益的企业而言，必须考虑赢利模式的设计，应明确企业主要有哪些收入来源，可从哪些产品或服务取得收入，如广告费、订阅费、佣金、服务费、中介费、增值服务等。当然，在设计好赢利模式时，还需要考虑赢利的一些战略问题，如渠道冲突与互斥，赢利模式的可持续性等。

（3）定价模式

在网络经济环境下，为所提供的产品或服务进行定价会面临新的问题。可能的定价模式有：免费、固定价格、一对一议价、拍卖、逆向拍卖、实物交换等。到底采取哪一种？这是任何在线交易型电子商务模式必须考虑的问题。

（4）运营模式

网站为客户提供价值输出，必须考虑有哪些支持这些价值的活动，这些活动如何相关。执行这些活动需要什么样的组织结构和机制，需要企业拥有哪些资源和能力，这些资源和能力的来源与持久性如何，网站的运营管理需要成本，成本结构又如何，等等

3.3.4 电子商务模式评价

在进行网站定位，电子商务模式设计以后，还要就电子商务模式的可行性进行评估。通常可以通过以下几方面来评估一种电子商务模式。

1. 电子商务模式的经济可行性

一种好的电子商务模式必须由可行的赢利模式做支撑。因此必须就赢利模式的可行性进行评估，包括预期现金流、投资收益、收益可持续性、风险等。是否能进行正确的成本效益分析是影响电子商务模式能否成功的基本因素。例如，曾经有许多中小网站推行在线杂货店模式，但均以失败告终，根本原因就在于对成本效益分析不正确。很多在线杂货店忽视了一点，那就是杂货店的利润本来就很薄，而在线零售又需要新的技术、营销、服务、物流等成本。

实施电子商务的效益可能是多方面的，包括质量效益、时间效益、成本效益以及获竞争优势等，相对于成本而言有些效益是无形的并难以估算，这也给电子商务模式设计带来难度。

2. 商务模式的可复制性

由于网络经济下，电子商务模式的进入门槛相对较低，这给商务模式创新提出了巨大挑战。严格地说，任何商务模式都是可复制的，只是在网络经济下复制的难度更小，很难阻止竞争者进入，为自己的发展赢得时间。如果一种电子商务模式在赢利逻辑和成本效益分析上都是可行的，如果又能让竞争对手难以复制，那么取得成功的可能性会更大。

在这种背景下，通常有两种策略提高商务模式的复制难度。一是抓住时机，利用先行者优势、网络效应、转换成本等手段使得其模式难以被竞争对手复制；二是持续创新，提高商务模式创新的速度，永远比竞争对手先行一步。

3. 商务模式的持久性

一种商务模式只有能够长远获利才是有吸引力的，因此电子商务模式应该瞄准长期的目标，也就是说，电子商务模式应该具有一定的持久性。持久性主要指市场潜力足够大。作为一种电

子商务模式必须是针对一种长期存在的市场所开发出来的。如果针对的只是一种临时的需求和市场,那不能算是一种成功的电子商务模式。因此,必须就商务模式的持久性进行评估,分析市场潜力。

4. 商务模式的可发展性

电子商务模式在目前技术发展日新月异、竞争日趋激烈的时代要保持一定的持久性,与商务模式的可扩展是分不开的。这里所谓商务模式的可扩展,是指可利用现有商务模式所拥有的顾客基础、相关活动和能力、技术开发新的收入来源,也指商务模式的一些组成部分和连接环节是可以重新设计和改造以向客户提供更好的价值。

一种电子商务模式的成功取决于多个方面,在构建和设计某种电子商务模式后,除了以上所列举的因素,还要综合评价自身资源实力,电子商务市场环境,政策等多方面因素。

3.4 电子商务系统规划方法

目前最常用的电子商务系统规划方法有:企业系统规划法、战略集合转移法和关键成功要素法。

3.4.1 企业系统规划方法

企业系统规划(Bussiness Systems Planning, BSP)方法,是由 IBM 公司提出的指导企业信息系统规划的方法,它可以帮助企业做出电子商务信息系统的规划,来满足其近期和长期的电子商务信息需求。它主要是基于用信息支持企业运行的思想,如图 3-5 所示,其全过程是将企业目标转化成为信息系统战略,其步骤是自上而下进行规划、自下而上实施。BSP 方法通过自上而下地识别企业目标、企业过程和数据,然后对数据进行分析,自下上地设计电子商务系统。

BSP 方法通过分析企业的使命、目标和职能,来识别企业的流程;根据企业实体和企业流程来识别数据类,最后按照数据库分析与设计的原则对数据类进行归纳合并。BSP 方法强调,高层管理人员的支持和参与是规划成败的关键。

BSP 的主要目标是提供一个信息系统规划,用以支持企业短期的和长期的信息需要。实施 BSP 方法的前提是,在企业内部有改善计算机信息系统的要求,并且有为建立这一信息系统而建立总体战略的需要。因而,BSP 的基本概念与组织信息系统的长期目标有关。其具体目标可归纳如下:

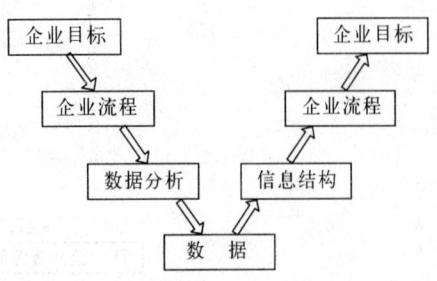

图 3-5 企业系统规划法的思路与步骤

① 为管理者提供一种形式化的、客观的方法,明确建立信息系统的优先顺序,而不考虑部门的狭隘利益,并避免主观性。通过 BSP 方法能确定出未来信息系统的总体结构,系统的子系统组成和开发子系统的先后顺序。

② 为具有较长生命周期系统的建设和投资提供保障。由于系统是基于业务活动过程的,因而不因机构变化而失效。通过 BSP 方法所得到的系统支持企业目标的实现,表达所有管理层次的要求,向企业提供一致性信息,对组织机构的变动具有适应性。

③ 为了以最高效率支持企业目标，BSP 提供数据处理资源的管理。

④ 增加责任人的信心，坚信收效高的、主要的信息系统能够被实施。

⑤ 通过提供响应用户需求和用户优先的系统，改善信息系统管理部门和用户之间的关系。

⑥ 应将数据作为一种企业资源加以确定，为使每个用户更有效地使用这些数据，要对这些数据进行统一规划、管理和控制。对数据进行统一规划、管理和控制，明确各子系统之间的数据交换关系，保证信息的一致性。

1. BSP 方法的原则

BSP 方法具有以下原则：

① 一个信息系统必须要支持企业的战略目标。

② 信息系统的战略必须要表达出企业各个层次的需求。对于任何企业而言，都同时存在 3 个层次的需求。分别是战略计划层、管理控制层、操作控制层。战略计划层负责制定组织的目标，并为实现这一目标制订计划、分配资源。管理控制层负责确认资源的获取及组织目标是否有效的使用这些资源。操作控制层保证高效地完成任务。

③ 一个信息系统应该向整个企业提供一致的信息。

④ 一个信息系统应该适应组织机构和管理体制的变化。

⑤ 一个信息系统战略规划，应该由总体信息系统结构中的子系统开始实现。BSP 对于大型信息系统而言是"自上而下"地系统规划，"自下而上"地分步实施。

2. BSP 方法的工作步骤

用企业系统规划法制订规划是一项系统工程，其具体步骤如图 3-6 所示。

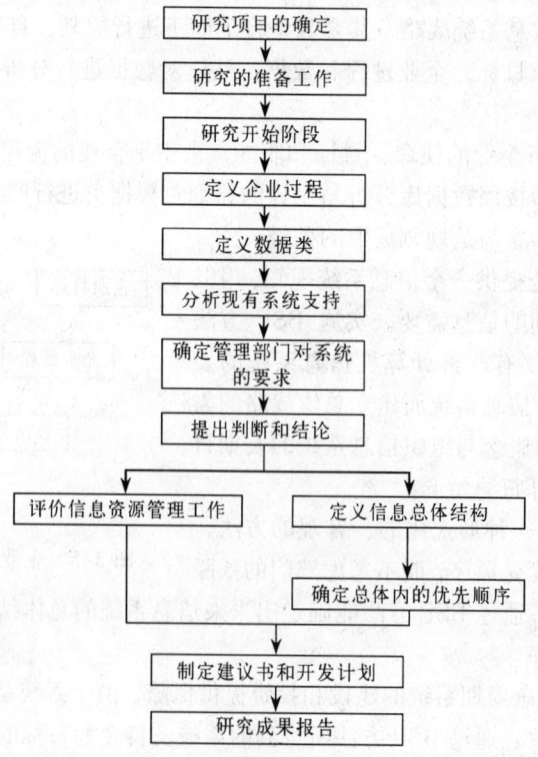

图 3-6　企业系统规划法的工作步骤

主要的工作步骤如下：

（1）准备工作

BSP 是一项系统工程，规划工作开展之前要做细致的准备。准备工作包括如下内容：

① 首先应成立一个规划小组。为保证高层领导的支持，推进规划工作顺利实施，可成立由最高领导牵头的委员会，下设一个项目规划组，并提出工作计划。

② 明确规划的方向和范围。

③ 制订 BSP 工作计划和进度表。

④ 制订调查日程表和调查提纲。

（2）调研

规划组成员通过查阅资料，深入各级管理层、各职能部门，了解企业的组织，有关的业务过程及存在的主要问题。

（3）定义业务过程（又称企业过程或管理功能组）

① 业务过程的内涵

业务过程指的是企业管理中必要且逻辑上相关的、为完成某种管理功能而形成的一组活动。这些活动是管理企业资源及完成业务过程所需要的。定义业务过程是系统规划方法的核心。企业过程是后续系统分析与设计活动的基础。企业过程最根本的作用是了解用信息系统来支持企业的需求和机会，这也是 BSP 研究的目的。因此，参与信息系统规划的每个成员都应全力投入识别、描述和理解企业过程，以保证 BSP 的成功。

② 定义业务过程的来源

根据在价值链逻辑上的相关性，企业的经营管理活动可归并为三大类：计划和控制、产品生产和服务、支持性资源。其中产品生产和服务是关键活动，在企业过程定义中起着核心的作用。计划和控制过程起着战略方向指导和控制的作用。支持性资源活动主要提供材料、资金、设备和人员四种基本类型的辅助资源，此外，还提供一些如市场、厂商及文字材料等辅助性资源。

这三大类基本活动构成了定义企业过程的来源。定义企业过程主要从这三大类基本活动出发，进行提取归并，如图 3-7 所示。

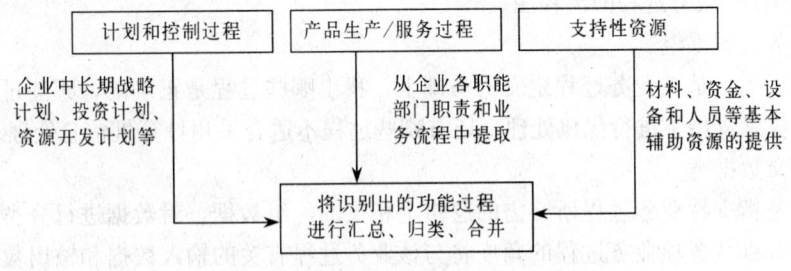

图 3-7　定义企业过程的基本来源

定义企业过程必须遵循以下基本原则：

- 所有的规划项目小组成员必须参与整个活动，且在活动前对期望的成果有一致的意见；
- 所有提供或调查的材料要记录、整理完好，以免在以后的决策和系统设计时误解或遗忘；成员必须建立和理解资源及资源生命周期的概念；
- 研究前收集的信息必须能对产品和资源进行说明和设计。

（4）定义业务过程的基本步骤

业务过程定义的步骤如图 3-8 所示。主要分为三个步骤：

① 过程识别；

② 对已识别的过程，按逻辑上的相关性进行分析和归并，并识别关键过程，过程修正；

③ 建立过程/部门矩阵（见表 3-3），为定义数据类提供依据。

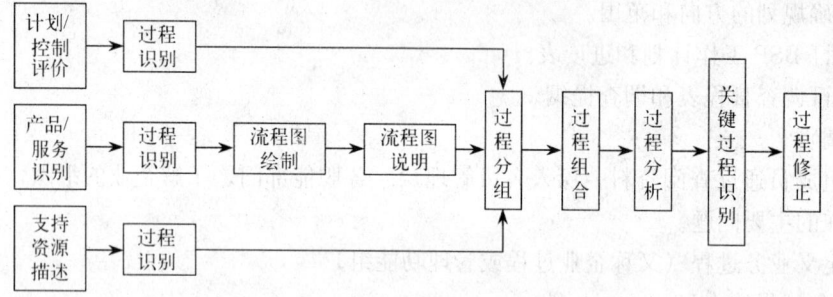

图 3-8 定义企业过程的步骤

表 3-3 过程/部门矩阵举例

过程/部门矩阵	市 场 部	生 产 部	仓 库	财 务 部
销售	★		☆	☆
原材料购买		☆	★	☆
生产	☆	★	☆	☆
财务报表处理	☆	☆	☆	★

注：★表示主要参与部门；☆表示部分参与部门。

企业过程定义是 BSP 方法成功的关键，定义完成后应通过如下文件形式对过程进行说明：

● 过程组列表；

● 每一个过程的简单说明；

● 关键过程表，即满足目标的关键业务过程；

● 产品生产/服务过程的流程图。

（5）业务过程重组

业务过程重组是在业务过程定义的基础上，找出哪些过程是正确的，哪些过程是低效的，需要在信息技术支持下进行优化处理，还有哪些过程不适合采用计算机信息处理，应当取消。

（6）定义数据类

数据类是指支持业务过程所必需的逻辑上相关的一组数据。对数据进行分类是按业务过程进行的，即分别从各项业务过程的角度将与该业务过程有关的输入数据和输出数据按逻辑相关性整理出来归纳成数据类。识别数据类的目的在于了解企业目前的数据状况和数据要求，为定义电子商务系统信息结构提供依据。

对企业的基本活动进行调查研究是定义数据类的基础。识别企业数据类的方法有两种。

① 企业实体法。所有与企业有关的可以独立考虑的事物都可定义为实体，如客户、产品、材料、现金、人员等。BSP 将数据分与实体生命周期阶段相联系的数据类型有：计划型、统计型、事务型、文档型。企业实体法首先要求识别出企业所有实体，其次再定义与该实体相联系

的所有数据类，进而构建数据/企业实体矩阵，如表3-4所示。

表3-4 数据/企业实体矩阵

类 型	人 员	客 户	设 备	材 料	产 品	现 金
计划型	人员计划	销售计划；客户发展计划	能力计划；设备采购计划	物料需求计划；生产调度	产品计划；开发计划	预算；筹资计划
统计型	误工率；人员构成	销售区域统计	设备利用率	物料耗费表	产品需求预测	财务统计
事务型	工资单	客户分布表	机台负荷表	物料需求单	产品成本	现金分类帐
文档型	人员招聘记录	客户联系方式	加工单	采购订货	订单	发票

② 企业过程法。另一种识别数据的方法是企业过程法。企业过程法是一种利用已识别的企业过程，分析与每一个过程相对应的输入与输出数据类型的方法。企业过程法可以用表格来表示每一个过程所利用的数据及对应的数据输出，如表3-5所示，也可用输入—处理—输出图来形象地表达，如图3-9所示。

表3-5 企业过程的数据输入与输出矩阵

企 业 过 程	产生的数据（输出）	使用的数据（输入）
财务计划	财务计划、融资计划、投资计划	现金总分类账、资产负债表、预算、债务成本
能力计划	能力计划表、投资计划	订单、材料清单、供应商、设备、机器负荷、待购材料、外协单、采购计划
生产调度	调度单	产品、零部件目录、材料清单、供应商、设备、机器负荷、定货单、待购材料
市场分析	销售预测、销售计划	订单、客户、销售历史、产品计划、能力计划
订单处理	发货单、发票、运输单	订单、客户、产成品库存、运输成本
业绩考核	业绩考核表、工资单	员工、加工单、销售计划、绩效分配表、奖金分配表

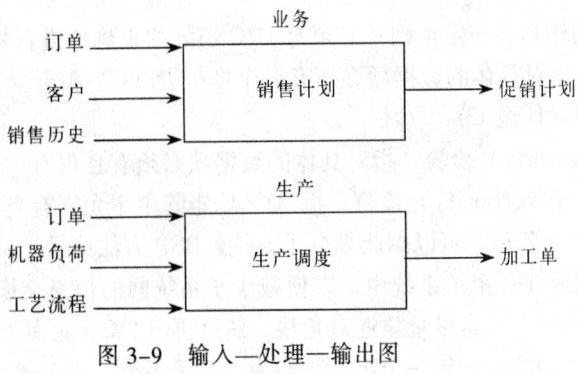

图3-9 输入—处理—输出图

实体法和企业过程法各有优缺点，可分别进行，然后互相参照，按逻辑上的相关性进行分析和归并，以减少数据的冗余，归纳出数据类。

（7）定义信息系统总体结构

定义信息系统总体结构的目的是刻画未来信息系统的框架和相应的数据类。其主要工作是划分子系统,具体实现可利用 U/C 矩阵。如表 3-6 所示,U 表示使用(use),C 表示产生(create)。

表 3-6 U/C 矩阵

功能	数据类	客户	订单	经营计划	财务计划	产品	成本	成品库存	物料库存	调度单	材料供应	零件规格	工艺流程	物料单	销售区域	机器负荷	员工
经营计划	经营计划		U	C	U		U										
	财务规划			U	C		U										U
	资产规模			U													
技术准备	产品预测	U				U									U		
	产品设计开发	U		U		C						C		C			
	产品工艺					U				U		U					
生产制造	库存控制							C	C	U	U						
	调度					U			U							U	
	生产能力计划									U				U		U	
	物料需求					U						C		U			
	工艺顺序									U	U			U		U	
销售	销售管理	C	U		U	U									U		
	市场分析	U	U		U	U									C		
	订单处理	U	C			U									U		
	发货	U	U			U		U									
财会	财务会计	U	U	U		U											U
	成本会计		U	U	U	U	C										
人事	人员计划																C
	人员招聘/考核																U

U/C 矩阵的构建具有一定规则,必须对 U/C 矩阵的正确性进行检验:

完备性检验:指对具体的数据项必须有一个产生者(C)和至少一个使用者(U),功能则必须由产生或使用(U 或 C)发生。

一致性(uniformity)检验:指对具体的数据项必须有且仅有一个产生者(C)。

无冗余性(non-verbosity)检验:指 U / C 矩阵中不允许有空行和空列。

正确构建 U/C 矩阵后,可以据此划分子系统。BSP 方法尽量把信息产生的企业过程和使用信息的企业过程划分在一个子系统中,以便减少子系统间的信息交换。为此可调整表中的行变量或列变量,使得"C"元素尽量靠近对角线,然后再以"C"元素为标准,在调整后的 U/C 矩阵中划分出一个个的方块, 每一个小方块即为一个子系统,划分子系统。

划分时应注意:沿对角线一个接一个地画,既不能重叠,又不能漏掉任何一个数据和功能;小方块的划分有一定主观性,但必须将所有的"C"元素都包含在小方块内,如表 3-7 所示。

　　划分子系统后，就可以确定子系统间的联系，如表 3-8 所示。所有数据的使用关系都被小方块分隔成了两类：一类在小方块以内；一类在小方块以外。在小方块以内所产生和使用的数据，则今后主要放在本系统中处理；在小方块以外的"U"，则表示了各子系统之间的数据联系，这些数据资源今后应考虑放在网络上供各子系统共享或通过网络来相互传递数据。

表 3-7　U/C 矩阵的子系统划分

功能 \ 数据类		经营计划	财务计划	产品	零件规格	物料单	物料库存	成品库存	调度单	机器负荷	材料供应	工艺流程	客户	销售区域	订单	成本	员工
经营计划	经营计划	C	U												U	U	
	财务规划	U	C												U		U
	资产规模		U														
技术准备	产品预测			U									U	U			
	产品设计开发	U		C	C	C							U				
	产品工艺			U	U	U	U										
生产制造	库存控制						C	C	U		U						
	调度					U		U	C	U	U						
	生产能力计划									C	U	U					
	物料需求					U		U									
	工艺顺序								U	U	U	C					
销售	销售管理		U	U				U					C	U	U		
	市场分析		U	U									U	C	U		
	订单处理		U	U				U					U	U	C		
	发货		U	U				U						U	U		
财会	财务会计	U	U	U									U		U		U
	成本会计														U	C	
人事	人员计划																C
	人员招聘/考核																U

（8）确定总体结构中的优先顺序

　　即对信息系统总体结构中的子系统按先后顺序排出开发计划。根据自身资源和重要性确定管理部门对电子商务系统的要求。在确定优先顺序时，必须考虑管理人员对电子商务系统的要求，特别是对中长期发展的看法。通过与他们交换看法，明确目标、问题、系统需求，据此确定优先顺序。

（9）完成 BSP 研究报告，提出建议书和开发计划。

表 3-8　U/C 矩阵的子系统划分及联系

功能	数据类	经营计划	财务计划	产品	零件规格	物料单	物料库存	成品库存	调度单	机器负荷	材料供应	工艺流程	客户	销售区域	订单	成本	员工
经营计划	经营计划	经营计划子系统													U	U	
	财务规划															U	U
	资产规模																
技术准备	产品预测			产品工艺子系统									U	U			
	产品设计开发	U												U			
	产品工艺						U										
生产制造	库存控制																
	调度			U			生产制造子系统										
	生产能力计划																
	物料需求			U		U											
	工艺顺序																
销售	销售管理			U	U			U						销售子系统			
	市场分析			U	U												
	订单处理				U			U									
	发货							U									
财会	财务会计	U	U	U				U					U				U
	成本会计	U	U													I	
人事	人员计划																
	人员招聘/考核																2

3.4.2　战略集合转换法

1. 战略集合转换法基本思想

战略集合转换法，由 William R.King 于 1978 年提出。它将组织的整个战略目标看成是一个"信息集合"，由使命、目标、战略与其他战略变量（如管理的习惯、改革的复杂性、重要的环境变量约束等）组成。战略集合转移法提供一种将信息系统战略规划与组织战略关联起来的方法，将组织战略转化成为信息系统战略。该方法的步骤是首先识别组织的战略集合，然后转化为信息系统战略，包括信息系统的目标、约束、组织及设计原则等，最后规划设计整个信息系统的结构，如图 3-10 所示。

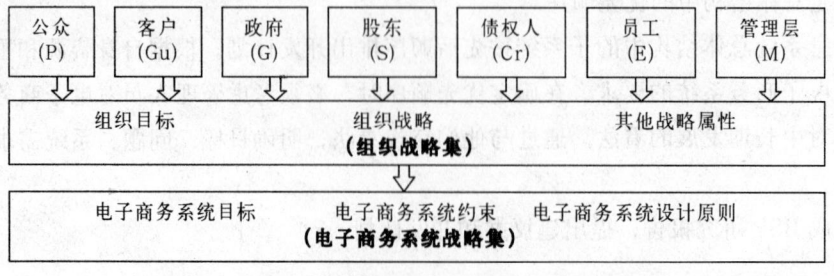

图 3-10　战略集合变换法示意图

2．战略集合转换法的实施步骤

战略集合转换法的实施主要有两个步骤：

第一步是识别组织的战略集，先考查一下该组织现有的中长期战略计划，如果没有，就要去构造这种战略集合。可以采用以下步骤：

① 描绘出组织的各类利益相关者，如股东、经理、雇员、供应商、顾客、债权人、政府代理人、地区社团及竞争者等。

② 识别每类人员的目标。

③ 识别每类人员使命及战略。

第二步是将组织战略集转化成信息系统战略集，信息系统战略集应包括系统目标、约束以及设计原则等。这个转化的过程包括对应组织战略集的每个元素识别对应的信息系统战略约束，然后提出整个信息系统的结构。最后，选出一个方案送总经理。

3．战略集合转换法举例

某企业根据各利益相关者的利益，确立了六个企业目标，根据这六个企业目标以及战略性的企业属性，确定企业的三个战略（见表 3-9）。如增加 10% 年收入的目标（O1）反映了股东（S）、债权人（Cr）、管理层（M）的利益。战略 S1 开展新的业务是根据目标 O1 和目标 O6，以及企业的战略属性 A1（管理水平高）而得出的。

表 3-9　企业战略集

企业的目标	企业的战略	战略性的企业属性
O1：每年增加收入 10%（S, Cr, M）	S1：开展新的业务（O1, O6）	A1：管理水平高（M）
O2：改善现金流动（G, S, Cr）	S2：改进信贷情况（O1, O2, O3）	A2：目前的经营状况不好提高了对改革的要求（S, M）
O3：维持顾客的好感（Gu）	S3：重新设计产品（O3, O4, O5）	A3：大部分管理人员有使用计算机的经验
O4：意识到对社会的义务（G, P）		A4：管理权力的高度分散
O5：生产高质安全的产品（Gu, G）		A5：企业对政府协调机构负有责任
O6：消除生产中的隐患（G,Cr）		

企业根据上述战略集，确定电子商务系统战略集，如表 3-10 所示，包括电子商务系统目标，电子商务系统约束以及电子商务系统设计原则。

如电子商务系统目标 MO1（改善会计速度）是企业 S2 战略的要求，但这一战略受到电子商务系统的约束，即缩减电子商务系统开发资金（C1），而这一约束体现了企业的第二项战略属性（A2）。所以得出电子商务系统设计的原则 D1：用模块设计法。

表 3-10　企业电子商务战略集

电子商务系统目标	电子商务系统约束	电子商务系统设计原则
MO1：改善会计速度（S2）	C1：缩减电子商务系统开发资金（A2）	D1：用模块设计法（C1）
MO2：提供产品缺陷的信息(S3)	C2：系统必须采用决策模型和管理技术（A1, A3）	D2：在每个完成阶段由模块设计提供的系统能独立使用（C1）
MO3：提供新的业务机会的信息（S1）	C3：系统要同时使用外界信息和内部信息（MO2, MO3, MO4）	D3：系统要面向不同类型的管理者（A4, C4）

续表

电子商务系统目标	电子商务系统约束	电子商务系统设计原则
MO4：提供对企业目标实现水平的估计信息（O）	C4：系统必须提供在不同聚合水平上的不同报告（A4）	D4：系统应当考虑使用者意识到的需要（A1,A3,A4）
MO5：及时和精确地提供对目前运行情况的信息（A2）	C5：系统要有能力产生除了管理信息以外的别的信息（MO6）	D5：系统应具有实时应答能力（MO7，O3）
MO6：产生协调机构要求报告		
MO7：产生必要的信息，支持对顾客质询的快速响应		

3.4.3 关键成功因素法

1．关键成功因素法的基本思想

关键成功因素法是以关键因素为依据来确定电子商务系统信息需求的一种总体规划的方法（见图 3–11）。在现行系统中，总存在着多个变量影响系统目标的实现，其中若干个因素是关键的和主要的（即成功变量）。通过对关键成功因素的识别，找出实现目标所需的关键信息集合，从而确定系统开发的优先次序。CSF 的基本思想在于分析找到影响组织成功的关键因素，围绕关键成功因素确定组织对于信息系统的需求，并根据信息系统的需求进行信息系统规划。

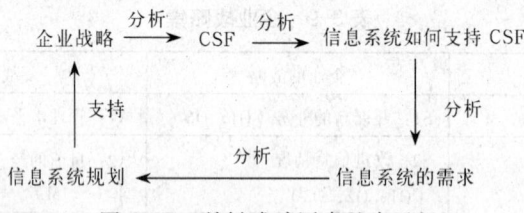

图 3–11　关键成功因素基本思想

2．关键成功因素的来源

关键成功因素指的是对企业成功起关键作用的因素。关键成功因素法就是通过分析找出使得企业成功的关键因素，然后再围绕这些关键因素来确定系统的需求，并进行规划。

关键成功因素的重要性置于企业其他所有目标、策略和目的之上，强调寻求管理决策阶层所需的信息层级，并指出管理者应特别注意的范围。若能掌握少数几项重要因素，便能确保相当的竞争力，它是一组能力的组合。如果企业想要持续成长，就必须对这些少数的关键领域加以管理，否则将无法达到预期的目标。即使同一个产业中的个别企业会存在不同的关键成功因素，关键成功因素有以下四个主要的来源。

（1）个别产业的结构

不同产业因产业本身特质及结构不同，而有不同的关键成功因素，此因素是决定于产业本身的经营特性，该产业内的每一公司都必须注意这些因素。

（2）竞争策略、产业中的地位及地理位置

企业的产业地位是由过去的历史与现在的竞争策略所决定，在产业中每一公司因其竞争地位的不同，而关键成功因素也会有所不同，对于由一两家大公司主导的产业而言，领导厂商的行动常为产业内小公司带来重大的问题，所以对小公司而言，大公司竞争者的策略，可能就是其生存竞争的关键成功因素。

（3）环境因素

企业因外在因素（总体环境）的变动，都会影响每个公司的关键成功因素。如在市场需求波动大时，存货控制可能会被高阶主管视为关键成功因素之一。

（4）暂时因素

大部分是由组织内特殊的理由而来，这些是在某一特定时期对组织的成功产生重大影响的活动领域。

3．关键成功因素的确认方法

（1）环境分析法

环境分析法重视外在环境的未来变化，对包括将要影响或正在影响产业/企业绩效的政治、经济、社会等外在环境的力量进行扫描，确定影响企业成功的关键成功因素。

（2）产业结构分析法

应用 Porter 所提出的产业结构五力分析架构，作为此项分析的基础。此架构由五个要素构成。每一个要素和要素间关系的评估可提供给分析者客观的数据，以确认及检验产业的关键成功因素。产业结构分析能提供一个影响企业成功因素的完整分类，同时也能以图形的方式直观找出产业结构要素及其间的主要关系。

（3）产业/企业专家法

向产业专家、企业专家或具有知识与经验的专家请教，除可获得专家累积的智慧外，还可获得客观数据中无法获得的信息。

（4）竞争分析法

分析公司在产业中应该如何竞争，以了解公司面临的竞争环境和态势，研究焦点的集中可以提供更详细的资料，且深度的分析能够有更好的验证性。

（5）产业领导厂商分析法

同行业领导厂商的行为模式，可当作产业关键成功因素重要的信息来源。因此对于领导厂商进行分析，有助于确认关键成功因素。

（6）企业本体分析法

企业本体分析法针对特定企业，对某些方面进行分析，如优劣势评估、资源组合及核心竞争力评估等。通过企业内部各职能领域的扫描，有助于把握关键成功因素的发展。

关键成功因素是在竞争中取胜的关键环节。可以通过判别矩阵的方法定性识别关键成功因素。其具体操作过程是采取集中讨论的形式对矩阵中每一个因素打分，一般采用两两比较的方法，如果 A 因素比 B 因素重要就打 2 分，同样重要就打 1 分，不重要就打 0 分，见表 3-11。在对矩阵所有格子打分后，横向加总，以次进行科学的权重分配。一般权重最高的因素就成为关键成功因素。下表为运用判别矩阵方法设计的行业关键成功因素分析表。

表 3-11　判别矩阵方法设计的关键成功因素分析表

得 分 矩 阵	权　　重
A 因素得分矩阵 =（1，1，2，0）	权重 = 0.25
B 因素得分矩阵 =（1，1，2，0）	权重 = 0.25
C 因素得分矩阵 =（0，0，1，0）	权重 = 0.0625
D 因素得分矩阵 =（2，2，2，1）	权重 = 0.4375（因素 D 为关键成功因素）

在识别关键成功因素后，可以用树枝因果图描述关键成功因素，如图 3-12 所示。

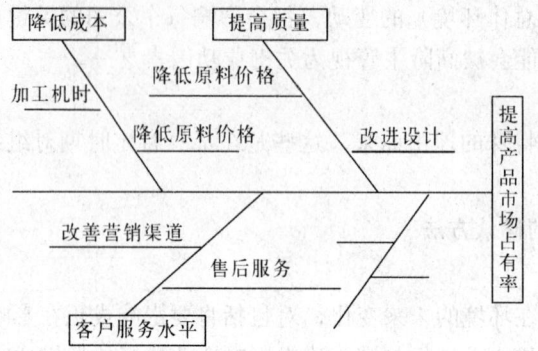

图 3-12　识别成功因素的树枝因果图

4．关键成功因素法的实施步骤

关键成功因素法主要包含以下几个步骤（见图 3-13）：

① 确定企业（或电子商务系统）的战略目标。

② 识别关键成功因素。首先分析所有的成功因素，主要是分析影响战略目标的各种因素和影响这些因素的子因素；然后在这些因子中确定关键成功因素。在评价这些因素中哪些因素是关键成功因素方面，有两种方法。

- 高层人员决策，主要由高层人员个人运用树枝因果图选择。
- 群体决策，可以用德尔斐法或其他方法把不同人设想的关键因素综合起来。

③ 明确各关键成功因素的性能指标和评估标准。制定关键成功因素的性能指标，根据这些性能指标对所有关键成功因素进行评价，来确定电子商务信息系统建设的优先级别。

④ 定义数据字典。

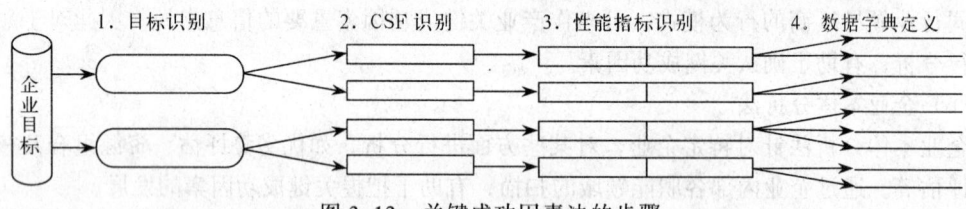

图 3-13　关键成功因素法的步骤

由此可见，关键成功因素就是要识别服务于企业目标的关键成功因素，这些关键成功要素所要求的性能指标、主要数据类及其相互关系。

5．关键成功因素法举例

如某企业是一家中小规模的品牌服装制造企业。它的企业目标是提高企业核心竞争力。用树枝图法识别了企业的关键成功因素，如图 3-14 所示，关键成功因素法步骤如图 3-15 所示。

针对识别的关键成功因素，企业规划了自己的信息系统需求：

① 开发客户关系管理（CRM）系统，加大营销力度，提高客户服务水平；

② 实施产品质量跟踪管理系统，提高产品质量。

③ 实施知识管理系统，凝聚企业服装设计经验。

④ 企业门户网站建设，提高网站推广力度，传播企业形象，展示产品设计成果。提高品牌影响力。

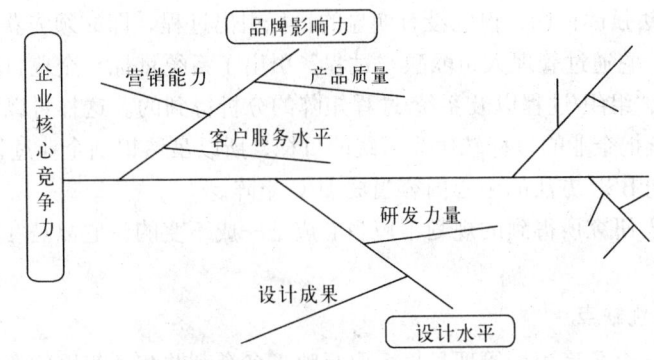

图 3-14　某品牌服装生产企业关键成功因素的树枝因果图

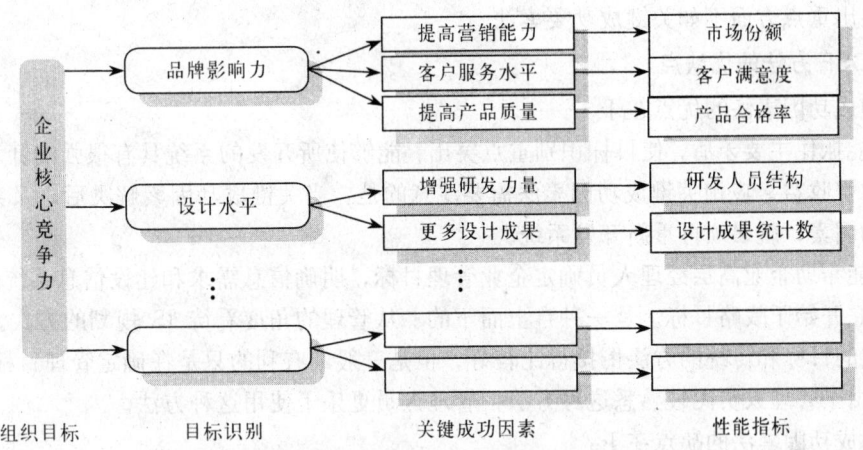

图 3-15　某品牌服装生产企业关键成功因素法步骤

3.4.4　SST 方法、CSF 方法、BSP 方法的比较

1. BSP 方法的优缺点

BSP 方法的优点在于创造一种环境和提出初步行动计划，使企业能依此对未来的系统和优先次序的改变做出反应，不至于造成设计的重大失误。缺点主要包括：

① BSP 方法的核心是识别企业过程，在识别过程阶段，由于过于注重局部，没有强调从全局上描述整个企业业务流程，不能保证功能的完整性和整体性。在定义数据类时，比较常用的是分析每一过程利用什么数据，产生什么数据，同样没有从全局上考虑整个数据流程，无法保证数据的一致性和数据流程的畅通性。

② BSP 在需求分析阶段带有一定的盲目性，例如在识别过程时，它要求尽可能地列出更多的过程，不管这些过程是否符合逻辑，大小是否一致，而这一点正是后面合并和调整过程阶段浪费时间的原因，列出的过程过多过于琐碎导致分析矩阵过大而难以对其进行分析，也因此增加了对企业问题的评价和子系统的划分的难度。

③ 由于信息系统开发时间长，在此期间企业某些生产方式和管理方式可能会发生变化，原有的信息系统计划没有充分考虑到这一点，导致在系统开发阶段又反复修改需求计划，浪费大量的人力物力。

④ 虽然 BSP 法强调目标，但它没有明显的目标引出过程，即必须先获取企业目标，才能得到信息系统目标。它通过管理人员酝酿"过程"引出了系统目标，企业目标到系统目标的转换是通过组织/系统、组织/过程以及系统/过程矩阵的分析得到的。这样可以定义出新的系统以支持企业过程，也就把企业的目标转化为系统的目标，所以虽然识别企业过程是 BSP 战略规划的中心，但绝不能把 BSP 方法的中心内容当成 U/C 矩阵。

总体而言，BSP 研究所得到的规划不应当看成是一成不变的，它只是在某一阶段对事物的最好认识。

2．SST 方法的优缺点

SST 方法从另一个角度识别管理目标，它反映了各个利益相关集团的要求，而且给出了按这种要求的分层，然后转化为信息系统目标的结构化方法。它能保证目标比较全面，疏漏较少，但它在突出重点方面不如关键成功要素法。

3．CSF 方法的优缺点

关键成功因素法的优点在于：

① 能抓住主要矛盾，使目标识别重点突出；能够使所开发的系统具有很强的针对性，能够较快地取得收益。应用关键成功因素法需要注意的是，当关键成功因素解决后，又会出现新的关键成功因素，就必须再重新开发系统。

② 能帮助企业高层经理人员确定企业管理目标，明确信息需求和建设信息系统的必要性。

③ 它开始于战略目标，是一种自上而下的、从管理的角度看待 IS 规划的方式。用这种方法所确定的目标和传统的方法衔接得比较好，但是一般最有利的只是在确定管理目标上。

④ 由于管理人员比较熟悉这种方法，管理人员更乐于使用这种方法。

关键成功因素法的缺点在于：

① 在方法实施中缺乏从目标识别到信息识别和系统实现的规范。

② 在底层信息系统需求分析时效率不高。CSF 方法能够直观地引导高级管理者纵观整个企业与信息技术之间的关系，这一方面是 CSF 方法的优点；但是，在进行较低层次的信息需求分析时，效率却不是很高。关键成功因素法在高层应用，一般效果好，因为每一个高层领导人员日常总在考虑什么是关键因素。对中层领导来说一般不大适合，因为中层领导所面临的决策大多数是结构化的，其自由度较小，对他们最好应用其他方法。

由此可见，上述三种方法各有优缺点。实践中，可以把这三种方法结合起来使用。先用 CSF 方法确定企业目标，然后用 SST 方法补充完善企业目标，并将这些目标转化为信息系统目标，用 BSP 方法校核两个目标，并确定信息系统结构，这样就补充了单一方法的不足。当然这也使得整个方法过于复杂，而削弱了单一方法的灵活性。

总体而言，信息系统战略规划没有一种十全十美的方法。由于战略规划本身的非结构性，最终方案的确定具有一定主观性。进行任何一个企业的规划均不应照搬以上方法，而应当具体情况具体分析，选择以上方法的可取的思想，灵活运用。但不管采取什么方法，通常而言，信息系统规划必须涵盖以下几个步骤（见图 3-16）：

步骤 1：规划基本问题的确定，对规划的方法、假设前提等进行定义。

步骤 2：初始输入信息的收集，包括企业的外部环境分析、企业的战略、目标、利益相关者等信息。

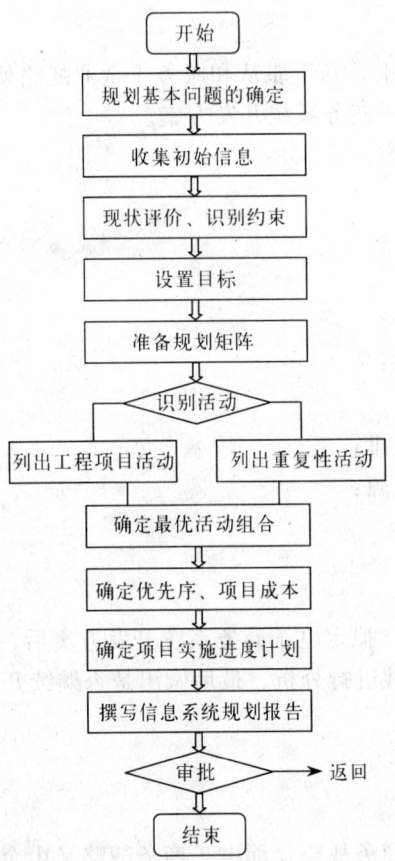

图 3-16　信息系统规划的一般步骤

步骤 3：企业现状评价及资源约束的识别，包括企业信息化水平，现存硬件状况、人员素质、技术水平的评价以及企业相关的人、财、物、时等资源约束。

步骤 4：目标设置，包括服务的质量、范围、政策、组织、人员等方面的目标。目标必须由企业高级管理人员和规划委员会共同制定，并能取得共识。它不仅包括信息系统规划的目标，还应包括整个企业的目标，这些目标也是日后评价信息系统规划质量和效果的重要衡量标准。

步骤 5：准备信息系统规划矩阵，确定信息系统规划内容之间的相互关系，确定各项内容以及实现的优先序。

步骤 6～9：识别规划矩阵所列出的各项活动；列出一次性工程项目类活动；列出重复性、经常性活动；选择最优活动的组合。

步骤 10～13：确定项目实施的优先序，估算项目的成本费用；编制项目的实施进度计划；项目组组织架构；撰写信息系统规划报告；提交规划委员会和高级管理者审批。

3.5　网站开发方案与可行性分析

经过对企业战略目标、企业发展远景、企业电子商务定位和商业模式的分析，我们已经对企业开展电子商务的目标和网站建设的主要目的有了明确的了解。下一步就要根据上述分析的结果来确定具体方案了。

3.5.1 网站开发方案

在初步调查和分析的基础上，基于服从和服务于企业战略使命和长期目标的要求，初步拟定了一个主要的和若干辅助电子商务系统开发方案。

开发方案主要包括以下内容：

① 系统开发背景描述；
② 企业需求描述；
③ 网站的目标及定位；
④ 商务模式描述；
⑤ 网站建设项目组织架构；
⑥ 网站的总体结构；
⑦ 网站实施计划，进度安排；
⑧ 投资方案，项目所需资源；
⑨ 人员培训及补充方案。

3.5.2 可行性分析

可行性分析是在初步调查、拟定电子商务系统开发方案后，运用技术经济理论与方法，对电子商务系统开发方案的可行性进行分析，最后做出是否继续开发的明确结论。

1．可行性分析内容

可行性分析包括三个方面：

（1）战略可行性分析

电子商务系统服从于电子商务战略，而电子商务战略又由企业整体战略所决定。所以电子商务系统可行性分析的一个重要方面在于对电子商务系统开发方案的战略可行性进行分析。进行电子商务战略分析，对于一般企业而言，重点在于评估电子商务战略与企业发展战略的一致性程度以及电子商务模式，而对于专门从事电子商务的企业而言，重点是评估确定的电子商务模式。

① 电子商务模式评估

评估电子商务模式，主要分析电子商务模式的经济可行性，赢利模式，商务模式的可复制性、持久、可发展性的等方面，还要综合评价自身资源实力，电子商务市场环境，政策等多方面因素。

② 战略一致性分析

对于企业电子商务，电子商务战略是企业经营战略的一部分，因此必须评价电子商务战略与企业的经营战略一致性的问题。需要分析的问题有：

- 企业电子商务战略与企业经营战略之间的配合性；
- 企业电子商务技术战略与技术环境之间的配合协调程度；
- 企业对电子商务投资力度的适宜度；
- 电子商务应用的组织成熟度。

（2）经济可行性分析

经济可行性分析是可行性分析的重要内容，它的主要目的是对开发电子商务系统的总成本与总效益进行分析，分析电子商务系统投资的收益。网站建设方案的经济可行性关键在于评估方案的成本与收益。

网站建设的投资成本主要包括：

① 项目前期准备工作；

② 项目的系统选型所需投资；

③ IT 硬件的投资；

④ IT 软件的投资；

⑤ IT 网络设备的投资；

⑥ IT 以及相关技术和管理培训的投资；

⑦ 项目咨询投资；

⑧ 项目系统测试投资，分析和风险分析；

⑨ 项目系统转换投资；

⑩ 项目系统安装投资；

⑪ 项目系统运行投资；

⑫ 项目系统管理投资；

⑬ 项目技术支持投资；

⑭ 项目内部维护投资。

以上项目有些是确定的，能够精确计算；有些成本是不确定的，只能进行估算，另外还要对风险进行评估。

电子商务系统的投资将会给企业带来诸多效益。效益分为有形效益和无形效益。有形效益往往直接与其成本相关。无形效益的通常具有隐含性和长期性，难以准确评估，给经济可行性评价带来困难。

① 有形效益。有形效益可以通过财务数据加以估算，包括：

• 库存成本降低；

• 工作人员减少；

• 超时工作减少；

• 通信费用减少；

• 废品率和返工率下降；

• 运输费用下降；

• 人力资源成本降低。

② 无形效益。无形效益包括：

• 客户交货速度提高；

• 管理成本降低；

• 客户服务质量提高；

• 更有效的控制；

• 信息更加及时；

• 提高核心竞争力；

• 组织效率得到提高；

• 人员素质得到提高；

• 成本控制得到改善；

- 预测更加准确；
- 资金周转率得到改善等。

在评估项目所耗费成本，带来效益的基础上，可借鉴 IT 投资效益分析的理论、原则和方法，进行评估。对 IT 项目投资中的效益进行分析时，财务价值评估办法是最常用、最基础的办法，主要的经济效果评价指标如净现值、投资收益率、投资回收期、内部收益率、效益成本比等。

(3) 技术可行性分析

技术可行性分析是要分析待建网站的功能、性能和和技术上的限制条件，确定在现有技术条件下是否有可能实现，所选用的技术方案是否具有一定的先进性。技术上的可行性可以从硬件，包括外围设备的性能要求，软件的性能要求，能源和环境条件，辅助设备和配件条件等几方面去考虑。

可行性分析是针对在网站初步规划所制定的总体方案，这时必须有一个经过各方基本认可的技术目标。从技术上分析这些目标是否能实现，并分析技术的先进性。在分析技术可行性时要考虑网站以下一些技术指标能否实行。

① 网站基本技术指标

网站是否有好的导航能力，网页是否有可读性，网页的下载速度如何，网站能否让客户达到其专门的使用目的。

② 网站的互动性

互动性的网站是网站以后发展的趋势，网站的交互有人对机，人对人两种，网站设计应提供足够的交互渠道。

③ 网站性能和其可扩展性

网站用户可能是一个以几何级数增长的群体，如何保证在网站高性能的前提下，不断满足越来越多用户的需求，将涉及网站内部结构的规划、设计、开展和系统维护。从网络实现的技术角度，网站的主要性能指标包括：响应时间，处理时间，用户平均等待时间，系统输出量。

网站系统开发要注意选择合适的技术，既不能采用先进但不成熟、不稳定的技术，也不能用过时的技术。为了保证所开发的系统有尽可能长的生命周期，在选用技术时一定要根据企业的实力，选择市场上比主流技术稍微超前一些，稳定可靠、性能价格比高的技术和设备。同时还要考虑到系统开发过程中，前期的系统分析设计工作本身会需要一段时间，这段时间中技术，包括设备的价格、可靠性等还会发生变化。

(4) 网站运营管理可行性分析

除了网站的建设费用外，网站的有效运营管理是一个长期的投入，也是产生效益的关键所在。因此必须对网站运营管理的可行性进行分析。为了保障电子商务活动的开展，并使企业获得网站建设利益，就要在规划阶段分析待建网站在管理及经营上的可能性，分析企业管理和经营电子商务的基础条件和环境条件。

- 企业及部门主管领导对网站的开发是否支持，所能提供的有效资源有多少；
- 与网站建设有直接关系的业务人员对网站开发的态度如何，配合情况如何；
- 现行的业务管理基础工作如何，现行业务系统的业务处理是否规范等；
- 企业信息化基础如何；
- 是否有在网上开展商务活动的经验；
- 是否能有专业的经营管理人员来运营网站；

- 是否建立了有序畅通的企业运营机制；
- 是否有完善的内容和服务运营体系；
- 是否有网站升级更新的经费支持；
- 是否能有基本的网站经营经费支撑。

2．可行性分析报告

可行性分析报告是开发人员对网站开发方案进行可行性分析后形成的结论。可行性分析报告采用书面的形式记录下来，作为论证和进一步开发的依据。网站建设可行性分析报告的撰写可参考如下格式。

（1）引言

① 概要

概要说明网站的名称、网站建设的背景、意义和目标。

② 网站简单介绍

网站的组织单位、网站定位、网站用户及该网站和其他系统或机构的关系与联系。

③ 项目组织与管理

- 项目组织结构图；
- 项目工程实施进度。

（2）系统建设的背景、必要性和意义

① 现行系统分析

对现行系统的初步调查分析结果，包括现行系统的组织结构、业务流程、工作负荷；现行系统的人员状况、运行费用；现行系统的计算机配置、使用效率和局限性；现行系统在上述各方面的出现问题和要求。

② 需求调查和分析

- 对电子商务系统的需求进行的汇总、分析和说明；
- 各种制约因素的汇总、分析和说明。

③ 需求预测

说明企业今后发展对电子商务系统可能产生的新要求，并对这些要求进行预测。

（3）可行性研究的前提

- 要求；
- 目标；
- 市场调研；
- 预测；
- 假定和约束。

（4）可行性分析

从战略、经济、技术、和经营管理四个方面进行可行性分析。

（5）系统的候选开发方案

- 提出一个主要方案和若干个辅助方案；
- 几种方案的比较研究对所有的候选方案从战略、经济、技术、和经营管理四个方面进行比较研究，分析比较各个方案的优缺点。

（6）建设性结论

根据以上的分析、比较，阐述结论。结论通常是可以按某方案立即开始建设，或条件成熟时再按某方案建设，或方案均不可行，停止建设。

本章小结

电子商务网站建设的第一步就是网站规划，也就是确定网站建设的蓝图。本章系统介绍了网站规划要解决的问题、网站规划的具体内容和方法、网站规划方案的可行性分析，最后提交网站规划方案和规划的可行性分析报告。重点要掌握网站规划的方法、步骤，网站规划报告、可行性分析报告的内容。

习题

1．如何进行电子商务网站定位？

2．什么是电子商务业务模式？

3．电子商务赢利模式有哪些？

4．怎样运用企业系统规划方法进行电子商务系统规划？

5．什么是系统规划的关键成功因素法？

6．电子商务系统规划的三种方法各有什么优缺点？

7．网站建设可行性评估主要包括哪些内容？

第4章 网站需求分析

通过本章的学习，读者可以：

① 了解网站需求分析的任务；

② 掌握需求分析的内容和方法；

③ 需求分析报告的内容及撰写方法；

④ 能够根据实例撰写"网站需求分析报告"。

引导案例

美国 Peapod 在线零售的经验

Peapod 利用在线媒体做食品销售服务。它成立于 1989 年，是一个在线杂货店的成员之一，已在旧金山、芝加哥、波士顿有几千个顾客。

Peapod 的成立基于这样的想法：人们不愿意去杂货店。Peapod 有一个在线数据库，存储超过 25 000 种食品和药品的信息，允许根据价格、营养成分、脂肪和热量有选择地采购食品。Peapod 拥有一支专业的销售人员队伍，负责提供特殊服务，交付订单中的货物。

1. 工作流程

Peapod 通过 PC 为消费者提供家中采购服务。消费者需要购买一个应用软件，通过计算机在线服务来访问 Peapod 的数据库。

使用 PC，消费者可以访问食品店和药店的所有商品。Peapod 的消费者可以在自己的虚拟商店里创建自己的食品通道。消费者可以根据食品分类、品名、商标，甚至根据给定的时间内销售的特定的商品来产生一个请求列表。用户可以选择商品目录的列表方式，例如，可以选择根据商标的英文字母排列来列出商品目录，或按每盎司、包装体积、单价、营养价值、最低成本等来排序。消费者也可以创建重复使用的采购单。Peapod 的后台办公室与为消费者采购超市中的主数据库相连，允许为消费者提供超市的库存水平和价格变动。

一旦消费者做出了一项选择，他们就可以给出特殊的采购指令，像"同样热量的代用品"、"只要红葡萄"，他们可以单击"注释"按钮来输入更多的信息，以便让 Peapod 公司中代顾客选购商品的人知道。在订购过程中的任何时间，消费者都可以统计已采购食品的数量，也可以通过访问"帮助"屏幕来获得立即的帮助。

在线订购非常简单，用户在 Peapod 的图标上双击鼠标，然后输入用户的 ID 和口令，验证身份正确后，用户就可以访问整个食品上和药店的所有商品。在真正购买一个商品之前，用户可以查看该商品的图像和营养成分组成。系统允许用户按各种方式对商品排序，如按价格、单价、总热量、脂肪、蛋白质、碳水化合物、胆固醇来排序。利用这些特性，Peapod 可以帮助用户找到满足特殊要求的食品。还有一些搜索特性来帮助确定某一种商品，如让用户根据商标或产品类型来寻找商品。

当用户完成采购后，他们单击 Done 按钮，订单就以电子方式发送到了 Peapod 公司。在关闭交易的过程中，用户需要选择送货的时间。用户也可以选择精确的送货时间，但需要付一点额外的小费。付费可以通过支票、现金，也可以通过 Peapod 的电子付款方式付款。

Peapod 85%～90%的订单是通过计算机传输的，其余的通过传真或电话。Peapod 对订单集中处理，然后传真给商店，商店打印出带有送货地址、行驶路线的订单。每一张订单由一个 Peapod 职员完成，这个职员根据订单寻找商店的通道，为采购的食品付款。然后，这张订单被带到超市中的保存处，在那里，合适的商品以冷藏或冷冻形式保管，直到分发员汇集到一组订单，把它们在规定的时间内带给消费者。在整个采购过程中，从订货、采购、保管、分发，都是根据个人服务定制的，成本较低。

如果消费者有问题，他（她）可以请求会员服务（Membership Services），一个服务代表将努力解决这个问题。Peapod 将每一个请求看成是一次学习机会，可以了解消费者的偏好，并确定公司能够做什么来改善服务水平和服务质量。例如：服务代表发现某些消费者收到了五袋葡萄柚而他们实际上只需要 5 个葡萄柚。作为答复，Peapod 公司开始请求消费者确认订单以避免发生订单错误。

Peapod 的会员除了须支付实际商品的价格之外，每个订单需额外支付 5 美元，再加上总价格的 5%。但消费者愿意付这些额外的费用来换取满意的服务。因为 Peapod 为消费者提供较低成本的采购活动，对消费者来说还是省钱，因为他们可以使用更多的赠券，做更好的比较购物，减少凭冲动采购的商品。据统计，在食品店采购的商品中，有 80%都是冲动购物（没有事先计划的购物），因此，减少冲动购物是非常重要的。另外，消费者可以节省时间做更多的事。只要他们愿意，他们可以在任何时候从家中或工作中采购。

2. Peapod 的商业模式

像其他的在线购物一样，Peapod 正在利用交互技术改变购买方式。由于人们生活节奏的加快和工作压力、竞争压力的增大，越来越多的家庭有比采购食品更重要、更有意义的事情要做，Peapod 正好把人们采购食品的时间省了下来。但如果没有良好的后勤保障，这些消费者将会回到商店里去，所以说，幕后的后勤保障是成功的关键。Peapod 必须保证所有的订单能够正确、及时地执行。

Peapod 如何与传统的零售业竞争呢？传统零售业从供应商那里赚钱，从供应商那里批发购进商品，然后卖给个人消费者，通过批量折扣和店中广告来赚钱。而 Peapod 是从她所服务的消费者那里赚钱。这是一个消费群，当确定了一个特殊消费者的特殊需要后，它就建立一个供应链，利用现有设施完成此项工作。

然而，现有的零售业有它自己的优点。一般来说，现有的食品零售商的非常重要的优势是采购者不愿意更换零售商店，因为他们对货架的位置很熟悉，不愿意花很多的时间重新学习一个新商店里几百种食品的货位。电子零售环境必须提供有效的优势来解决采购者的惯性，减少实验，保证持续的光顾。这就对 Peapod 提出了更高的要求。

Peapod 是零售店的竞争者吗？不全是。Peapod 的战略是与零售商建立伙伴关系而不是直接竞争。电子零售的许多信用来自零售商在个人市场上的信誉。随着这种新型的零售业的出现和发展，Peapod 拥有了足够的客户，Peapod 就会觉得到商场的货架上取食品的成本太高，为了避免这些费用，Peapod 应该有自己的仓库。Peapod 一旦这么做了，就会落入同样的步调，如有一个仓库，在真正需要某些商品之前，采购和保存这些食品。

Peapod 如何在与消费者的在线交互中获益呢？Peapod 发现与每一个消费者的交互都是很好的学习机会。在每一次采购交互的结果，它都会问消费者"对订单我们应该怎样做"？ Peapod 能得到 35%的反馈，Peapod 根据消费者的反馈来改进服务，如提供营养成分的信息、在半小时内送货、接受零星的需求、送酒精饮料等。Peapod 把送货看成是另一个学习机会，它会要求雇员找出当消费者不在家时消费者喜欢食品放在什么地方的细节，以便加强与消费者的关系。Peapod 对每一次送货都填写一张"交互记录单"，用以记录顾客的这些偏好以及服务的质量和送货时间。

我们先来看恺撒国际旅行社的网站（http://www.caissa.com.cn，见图 4-1）。

图 4-1　恺撒国际旅行社的网站

要建立企业的网站，首先要分析：

① 谁会登录网站？即网站的访问者是谁？

② 登录网站的目的是什么？网站应提供哪些功能？

③ 每一个业务的流程？

④ 在业务过程中，会访问哪些信息？留下什么信息？

⑤ 如何吸引更多的访问者？

⑥ 旅行社建立网站的目的是什么？

回答这些问题，就是我们这一章的目的。

4.1 网站需求分析概述

一个网站项目的确立建立在各种各样的需求之上，这种需求往往来自于客户的实际需求或者是出于公司自身发展的需要。由于用户对网站知识了解的程度存在很大的差异，作为网站建设者，对用户需求的理解程度，在很大程度上决定了网站开发项目的成败。因此如何更好地了解、分析、明确用户需求，并且能够准确、清晰地以文档的形式表达给参与项目开发的每个成员，保证开发过程按照满足用户需求为目的的正确的项目开发方向进行，是每个网站开发项目管理者需要面对的问题。

4.1.1 需求分析的主体

需求分析活动就是一个和客户交流，正确引导客户将自己的实际需求用较为适当的技术语言进行表达（或者由相关技术人员帮助表达）以明确项目目的的过程。这个过程中也同时包含对要建立的网站的基本功能和模块的确立和策划活动。所以项目小组每个成员、客户甚至是开发方的部门经理（根据项目大小而定）的参与是必要的。而项目的管理者在需求分析中的职责有如下几个方面：

① 负责组织相关开发人员与用户一起进行需求分析。

② 组织美术和技术骨干代表或者全部成员（与用户讨论）编写《网站功能描述书（初稿)》文档。

③ 组织相关人员对《网站功能描述书（初稿)》进行反复讨论和修改，确定《网站功能描述书》正式文档。

④ 如果用户有这方面的能力或者用户提出要求，项目管理者也可以指派项目成员参与，而由用户编写和确定《网站功能描述书》文档。

⑤ 如果项目比较大的话，最好能够有部门经理或者他授权的人员参与到《网站功能描述书》的确定过程中来。

4.1.2 需求分析的成果

在整个需求分析的过程中，按照一定规范的编写需求分析的相关文档不但可以帮助项目成员将需求分析结果更加明确化，也为以后开发过程中做到了现实文本形式的备忘，并且为将来的开发项目提供有益的借鉴和模范，成为公司在项目开发中积累的符合自身特点的经验财富。

需求分析中需要编写的文档主要是《网站功能描述书》，它基本上是整个需求分析活动的结果性文档，也是开发工程中项目成员主要可供参考的文档。为了更加清楚地描述《网站功能描述书》往往还需要编写《用户调查报告》和《市场调研报告》文档来辅助说明。各种文档有一定的规范和固定格式，以便增加其可阅读性和方便阅读者快速理解文档内容，相关规定将在本章后面讨论。

4.1.3 用户需求调查

在需求分析工作过程中，往往有很多不明确的用户需求，这个时候项目负责人需要调查用户的实际情况，明确用户需求。用户调查活动需要用户的充分配合，而且还有可能需要对调查对象进行必要的培训。所以调查的计划安排：时间、地点、参加人员、调查内容，都需要项目负责人和用户的共同认可。调查的形式可以是：发放需求调查表、开需求调查座谈会或者现场调研。调查的内容主要如下：

① 网站当前以及日后可能出现的功能需求。

② 客户对网站的性能（如访问速度）的要求和可靠性的要求。

③ 确定网站维护的要求。

④ 网站的实际运行环境。

⑤ 网站页面总体风格以及美工效果（必要的时候用户可以提供参考站点或者由公司向用户提供）。

⑥ 主页面和次级页面数量，是否需要多种语言版本等。

⑦ 内容管理及录入任务的分配。

⑧ 各种页面特殊效果及其数量（JavaScript、Flash 等）。

⑨ 项目完成时间及进度（可以根据合同）。

⑩ 明确项目完成后的维护责任。

调查结束以后，需要编写《用户调查报告》，《用户调查报告》的要点是：

① 调查概要说明：网站项目的名称、用户单位、参与调查人员、调查开始终止的时间、调查的工作安排。

② 调查内容说明：用户的基本情况；用户的主要业务；信息化建设现状；网站当前和将来潜在的功能需求、性能需求、可靠性需求、实际运行环境；用户对新网站的期望等。

③ 调查资料汇编：将调查得到的资料分类汇总（如调查问卷，会议记录等）。

4.1.4　网站市场调研

在开发网站时，可以借鉴已有同类网站的经验和教训，分析已有网站的优点和缺点，为网站的需求分析提供依据。这个工作可以通过市场调研来完成。

通过市场调研活动，清晰地分析相似网站的性能和运行情况。可以帮助项目负责人更加清楚地构造出自己开发的网站的大体架构和模样，在总结同类网站优势和缺点的同时项目开发人员博采众长，可以开发出更加优秀的网站。

但是由于实际中时间、经费、公司能力所限，市场调研覆盖的范围有一定的局限性，在调研市场同类网站的时候，应尽可能调研到所有比较出名和优秀的同类网站。应该了解同类网站的使用环境与用户的差异点、类似点，同类产品所定义的用户详细需求。市场调研的重点应该放在主要竞争对手的作品或类似网站作品的有关信息上。市场调研可以包括下列内容：

① 市场中同类网站作品的确定。

② 调研作品的使用范围和访问人群。

③ 调研产品的功能设计（主要模块构成，特色功能，性能情况等）。

④ 简单评价所调研的网站情况。

调研的目的是明确并且引导用户需求。对市场同类产品调研结束后，应该撰写《市场调研报告》主要包括以下要点：

① 调研概要说明：调研计划；网站项目名称、调研单位、参与调研、调研开始终止时间。

② 调研内容说明：调研的同类网站作品名称、网址、设计公司、网站相关说明、开发背景、主要适用访问对象、功能描述、评价等。

③ 可采用借鉴的调研网站的功能设计：功能描述、用户界面、性能需求、可采用的原因。

④ 不可采用借鉴的调研网站的功能设计：功能描述、用户界面、性能需求、不可采用的原因。

⑤ 分析同类网站作品和主要竞争对手产品的弱点和缺陷以及本公司产品在这些方面的优势。

⑥ 调研资料汇编：将调研得到的资料进行分类汇总。

4.1.5　需求分析报告（网站功能说明书）

网站需求分析阶段的成果是需求分析报告，又称网站功能说明书。

通过详细具体的用户调查和市场调研活动，借鉴其输出的《用户调查报告》和《市场调研报告》文档，项目负责人应该对整个需求分析活动进行认真的总结，将分析前期不明确的需求逐一明确化、清晰化，并输出一份详细清晰的总结性文档——《网站功能描述书》，作为日后项目开发过程中的依据。

《网站功能描述书》必须包含以下内容：

① 网站功能；
② 网站用户界面（初步）；
③ 网站运行的软硬件环境；
④ 网站系统性能定义；
⑤ 网站系统的软件和硬件接口；
⑥ 确定网站维护的要求；
⑦ 确定网站系统空间租赁要求；
⑧ 网站页面总体风格及美工效果；
⑨ 主页面及次页面大概数量；
⑩ 管理及内容录入任务分配；
⑪ 各种页面特殊效果及其数量；
⑫ 项目完成时间及进度（根据合同）；
⑬ 明确项目完成后的维护责任。

在网站项目的需求分析中主要是由项目负责人来确定对用户需求的理解程度，而用户调查和市场调研等需求分析活动的目的就是帮助项目负责人加深对用户需求的理解和对前期不明确的地方进行明确化，以便于日后在项目开发过程中作为开发成员的依据和借鉴。

4.2　网站的业务需求分析

贸易模式是从消费者和零售商两个角度建立的。从消费者来看，贸易活动指出了一个采购者在购买一个产品或服务时所发生的一系列的活动。理解这些步骤的顺序对开发电子商务软件是非常重要的。从零售商来说，贸易模式定义了订货管理的循环，它指出了组织内为了完成消费者的订单所采取的一切措施。

1. 消费者贸易模型的不同阶段

消费者的贸易活动可以归纳为三个阶段，即购买前的准备、购买、购买后的交互。这个过程可描述如下：

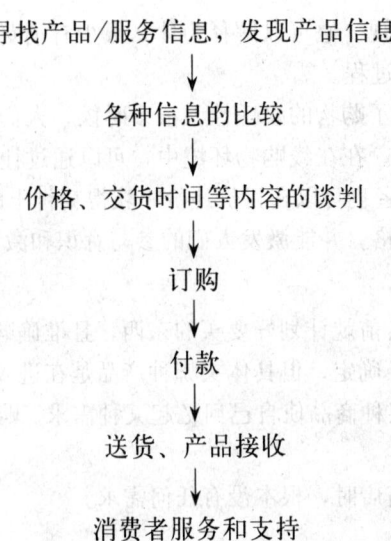

寻找产品/服务信息，发现产品信息

↓

各种信息的比较

↓

价格、交货时间等内容的谈判

↓

订购

↓

付款

↓

送货、产品接收

消费者服务和支持

（1）购买准备阶段

在大量的信息中搜索和发现能够满足消费者需要的一组产品，通过对其性能的比较，确定一个较小的产品范围。

（2）购买阶段

为了购买到最为合适的商品，特别关心商品的价格、能否供货、送货时间、电子付款机制等信息，并就这些问题与供应商谈判。

（3）购买后的交互阶段

包括消费者的服务和支持，包括消费者的抱怨、产品退货、产品缺点等。

在详细讨论每一个购买阶段的具体内容之前，让我们先来探讨在线市场空间中不同的消费者类型及其不同的购买行为。

2．消费者类型

一般来说，消费者可以分为三类：

① 冲动型的消费者：迅速地购买产品。

② 耐心型的消费者：作一些比较以后再购买产品。

③ 分析型的消费者：在决定购买某种产品之前做大量的调查研究工作。

了解消费者类型之后，我们就能够深入探究激励办法，推动各种类型的采购。消费者的行为对在线零售系统的开发有着深远的影响，这些行为可以用两个问题来说明：第一，为什么消费者要购买？第二，系统为消费者提供了什么？如果考虑了这两个问题，在线购物行为就是有价值的。

消费者的购买行为可分为两类，一是实用型的，购买某种商品是为了达到一个目标或完成一个任务。另一类是享受型的，购买某种商品只是因为喜欢或者好玩。了解实用型和享受型的购买行为，可以帮助我们深入考虑很多电子商务的消费行为的问题。而这些问题一般在设计和实现电子化的市场空间时很少考虑到。

实用行为常被描述成目的性的和理性的，也就是经过充分考虑和深思熟虑之后，通过有效的方法来购买一件商品。可以认为，在实用主义的行为中，购买不是主要的行动，而价值在于消费者收集各种信息，从中得到各种可能的想法和价格。一般来说，采购的实用方面已经在设计在线系统时得到了足够的重视。它可以解释为什么很少有消费者愿意浏览网上商店，因为他们认为这是一件无聊且费时的过程。

享乐主义的购买行为反映了购物的娱乐性。很多时候，人们逛商店只是为了一种享受而不仅仅是为了完成某种采购任务。在在线购物环境中，可以通过让消费者享受某种产品的益处而不必购买它而获得乐趣。消费者也可以在讨价还价中获得精神上的享受。有些人喜欢讨价还价，从中能发现一个真正便宜的价格，并能激发人们的参与意识和激情。

3．购买行为类型

① 周密计划型：在进商店前就计划好要买的东西，且准确购买计划好的商品。

② 一般计划型：需求已经确定，但具体买哪种产品是在进入商店后根据需求而确定的。

③ 回忆型：由于看到了某种商品使自己回忆起某种需求。购买者受商店中广告的影响，可以有准备地选择代用品。

④ 完全无计划型：在去商店时，根本没有任何需求。

4．购买前的准备工作

很多为 Web 设计的商业模式在准备购买和真正购买之间采取直接或一对一的对应关系。这些模型认为只是通过为某种产品建立一个吸引人的 Web 页面，就可以使人们去购买某种商品。这些模型的失败就在于没有意识到，电子零售也必须创造一个环境，支持消费者购买活动的每一个阶段，包括购买前的准备、（考虑、比较、讨价还价）购买实施（付款、收货）和售后服务。

（1）购买前的深思熟虑

每一个购买者，在买东西前都要经过一番考虑，考虑的内容随个人、商品和购物条件的不同而不同。购物的考虑时间是指从消费者考虑购买到真正购买的这段时间。在这期间，主要工作是收集信息，还包括可供选择产品的比较及讨价还价。

在考虑的过程中，消费者对那些为做出购买决定有重大影响的新信息非常敏感，且具有极强的观察力。例如：人们在购买汽车时，需要很长一段时间的考虑，搜集大量的信息，其中任何一种重要条件的变化，都可以加速或延缓购买决定的制定。

在设计和创造在线购物环境下，回答几个有关购物时考虑的问题是非常重要的。

① 购买者花多少时间来做出购买决定？不同产品所需的时间各不相同。

② 影响决策时间的因素有哪些？

③ 可以采用什么技术来缩短决策时间？

④ 什么样的购物环境能让消费者感到高兴，且愿意再次光临？

消费者的性格信息对缩短考虑时间也是非常有价值的，但是，由于一些技术的限制，如缺少敏感的触摸技术、差劲的用户界面、低质量的监视器、缺少三维的开发工具和开发购物软件的经验等，使得这个因素很难在在线环境中体现。

（2）购买前的比较和讨价还价

在很多情况下，在做出购买决定之前，比较各种产品的性能是非常必要的。在性能比较中，信息搜索可沿两个方向进行，一是消费者个人行为，获得一些与个人购买决策有关的数据或信息；二是组织行为，在外部环境中寻找新的供应商、新产品或新服务。

① 消费者个人的寻找过程：

大多数消费者，首先关心的是产品的价格比较。在很多市场上，消费者表现了一个健康的方面，就是相信价格是产品质量的体现。从这个意义上说，单纯的价格战是不必要的危险策略。例如：消费者对日常食品并不在意其价格，对价格的缓慢升高并不敏感。但价格的剧烈波动会导致消费者对价格的意识，减少零售商的能力，从而导致产品价格回升。因此，在设计在线的市场环境中，零售商不得不小心，不要卷入短期的价格大战中。

Internet 正在改变着价格比较的动力。《金融时报》曾报道过说：一个德国的外贸公司声称公司正在失去有利可图的市场，因为 Internet 使得人们更容易进行价格比较。Internet 在找到最便宜的商品或服务方面的价值会随着"智能代理"——一种能够大量减少人们搜索时间的软件的出现而越来越明显。一般来说，技术拥有管理挑战性，当它减少搜索成本时，它能够导致不稳定和加强价格竞争。在这种情况下，产品的定价应该依据其成本，而不是依据其对消费者的价值。

性能比较也是人们研究比较多的，特别是在经济领域。在这里，强调对性能比较的结果的理解上，而不是在比较过程的特点上。在在线市场中，结果可能与非在线市场得到的结果是一样的，但得到结果的过程是完全不同的。由于比较行为的特性没有被很好地理解，在开发消费者零售的界面时是非常关键的。

② 组织消费的搜查过程：

组织搜查的目的是平衡获得信息的成本和改善财政决策所带来的效益。这个搜索过程可以定义为：购买者从外部环境中获得信息的努力及所花费的时间。从第一次收集信息到认为决策所需信息全部收集到的过程。组织的搜索过程，部分是由市场特点及公司目前的购买条件决定的，所有这些方面表现在信息搜索时有一系列的需要。

随着市场条件的快速变化，人们所获得的信息也具有很强的时间性，信息的生命周期变得越来越短，也就是说，今天所获得的信息，到了明天可能就没有任何意义了。因此，对于购买者来说，及时获得信息就等于获得了机会和效益。从零售商来说，及时提供给消费者准确的信息也就赢得了市场。因此，在线购物必须提供及时的信息变化情况和快速的信息搜索能力。

5. 购买过程

消费者决定要购买一个商品之后，买卖双方必须通过一定方式，经过若干次的交互之后才能真正完成购买活动。商业交易是指买卖双方之间伴随着必要的支付行为的信息交换。可以通过银行完成现金付款，也可以通过信用卡认证来支付。

单一的商业模式并不适合每一个人，在线环境应有多种商业模式。一般来说，一个简单的商业协议需要下面的几个交互过程：

① 买方与卖方就购买产品问题进行接触。这个对话可以在线交互完成——Web、E-mail、电话等。

② 销售商报价。

③ 买方和卖方进行谈判（讨价还价）。

④ 如果满意，买方以双方同意的价格签署付款协定，将信息加密。

⑤ 卖方进入账务服务来验证加密后的付款细节。

⑥ 账务服务将付款细节解密，检查买方的余额及信用情况，扣除要转账的总金额（账务服务需要与买方银行联系）。

⑦ 账务服务给卖方开绿灯，提交货物，并发送一个标准化的信息来描述交互的细节。

⑧ 收到货物后，买方签署和发送收据，卖方账务服务完成交易。在账务服务的最后，买方收到一个交易单。

能够完成上述步骤的软件结构如图 4-2 所示，它具有创建和修改内容、采购界面、信用卡认证和付款等功能。这个软件框架，将创建和运作一个在线商场所需的工具同完成顾客支持和交易管理服务的功能全部结合在了一起。

```
订单完成和交货
付款确定和资金转移
交易认证
Web 服务
内容和产品服务
```

图 4-2   网上交易的软件结构

这个软件框架是微软公司（Microsoft）的贸易解决方案，在 Windows NT IIS (Internet Information Server) 环境下实现。微软公司的零售解决方案包括一个商用服务器、一个工作站及一系列能够进行灵活的仓库设计、产品显示、顾客简介及决策支持的工具。这个解决方案支持使用"安全电子交易协议"完成信用卡认证，并完成在供应商和消费者及消费者和供应商之间的信息传递。

6. 售后服务

售后服务对一个公司的收益平衡来说，是一个重要的因素。消费者购买商品以后，由于种种原因，可能需要退货、索赔等服务。由于服务需要付费，零售商需要考虑售后服务中的偿还、争执、退货、索赔、采购过程的失误、对管理成本的影响、破损和运输支出、消费者关系等因素。据统计，每次消费者退货或对采购产生质疑，至少要花费零售商 25~50 美元。如果一个消费者对在线访问有一个全部的交易记录，那么大部分的问题可以得到答案。然而，许多公司在设计交易过程时，只有一个方向的交易流，即只对消费者。这就意味着退赔和索赔必须沿着逆方向，因此可能会产生逻辑混乱及交易混乱，让顾客不满意。

由于信息的传播和信息的影响力，售后服务可以影响顾客的满意度和几年内公司的赢利。在大多数公司中，售后服务是一种没有任何市场行为的活动，有利于促使零售商进行内部产品开发，需要有一支质量保证队伍。一个有效的电子商务环境必须具有内部网络结构的信息传输，如会计活动和会计状态来完成售后的服务。

4.3   网站数据需求分析

电子商务网站是企业与消费者进行信息交流与沟通的纽带。对于企业来说，商务网站既是企业发布产品信息、推出服务内容的窗口；又是企业从消费者那里获取产品及服务反馈意见及消费需求的渠道。对于消费者来说，网站是获取企业产品与服务的详细资料的重要渠道，它可以从不同的企业网站中获取不同的供应厂商资料，做到货比多家；另外，消费者也可以将自己的另类消费要求（即个性化消费需求）及时地传递给生产厂商，引起厂商的重视，从而在厂家对商品设计、生产、包装、销售、维护和服务等经营策略制定中，考虑到消费者的利益。从信息传播效果来看，网络营销活动中的信息"推拉"互动效应，比传统媒体的营销效果更具优势，是未来营销理论和营销实务发展的方向。

网站是企业为合作伙伴、客户等提供的访问企业内部各种资源的平台。企业的客户通过这一平台，可以了解企业各档次产品的详细资料，并且获得企业提供的随时的咨询服务等。所以企业网站应视为企业电子商务系统的一个重要组成部分。企业要建立自己的电子商务网站，首先必须对自身的信息需求进行认真的分析和研究。

4.3.1　企业目标和战略计划

网络经济时代，各国的经济离不开与国际市场的信息、技术、资源和产品的交换。从这个意义上说，网络经济是跨国性的、全球性的经济，生产过程已经不再局限于一国范围内，而是形成"无国界的经济实体"。在企业集团之间，竞争与合作、交流与限制并存，从而形成错综复杂的局面，引起世界经济结构的重大变化。

网络经济使得企业生存和运行的环境发生了根本的变化，以制造业为例，制造企业的生存和运行面临全球性的市场、资源、技术和人员的竞争。开放的国际市场使得消费者更具有选择性，个性化、多样化的消费需求使得市场快速多变，不可捉摸，无法预测。客户化、小批量、多品种、快速交货的生产要求不断增加。各种新技术的涌现和应用更加剧了市场的快速变化。市场的动态多变性迫使制造企业改变策略，时间因素被提到首要地位。21 世纪制造行业的竞争将是柔性和响应速度的竞争，以适应全球市场的动态变化（见表 4-1）。制造企业的组织结构形式和生产经营模式也在发生变化，例如，某种先进的计算机的设计工作可能在美国硅谷进行，芯片在韩国生产，软件在印度编制，整机在泰国组装，营销在中国进行。显然这一系列的计划、技术、生产、运输、营销活动都离不开 Internet 的支持，都离不开基于网络的电子商务。再如，国际上著名的网络设备和网络集成商 CISCO 公司，其产品和业务覆盖面占全球网络设备和集成业务量的 60%，然而 CISCO 公司在全球范围内却没有一家属于它自己的制造工厂，其制造业务全部外包，公司本身仅关注网络产品的设计和开发及市场营销，其营销业务量的 80%以上是利用网络以电子商务形式实现的。

面对全球经济一体化的市场业务环境和技术环境，电子商务将是企业的经营和销售方式的最明智选择，即充分利用 20 世纪 90 年代中期迅速发展并得到普及的 Internet，努力实现企业各种商务活动的电子化和网络化，利用 Internet 在信息传播交流领域无与伦比的优越性，广泛开展各种以信息传播和交流为核心的商务活动，从而获得更多的、无限的商机。电子商务将成为世界各国经济发展战略计划中的一个重要组成部分。

表 4-1　企业运营环境的变化

项　目	传统经济时代	网络经济时代
消费者的可选择性	区域性	全球性
消费需求	物美价廉、满足基本生活要求	个性化、多样化
市场	相对稳定	快速多变、无法预测
生产需求	低成本、高质量	客户化、快速交货
生产方式	标准化、系列化、大批量	单件、小批量、多品种
技术与资源	相对集中	全球分布
竞争要素	性能价格化	柔性与响应速度

4.3.2 企业和商家的信息化需求

1. 信息需求

信息革命促使现代企业呈现集团化、多元化和动态联盟的发展趋势和特征： 企业的活动涉及多种经济领域； 企业的分布跨越不同的地域；企业的产品品种、系列日益多样化和个性化；为适应激烈的市场竞争，企业联盟的裂变和重组时刻在发生。因此具备上述各种现代企业特征企业的信息需求不再仅仅局限于企业内部。企业需要及时地了解它在各地的分公司的生产经营状况，同一企业的不同部门、不同地区的员工之间需要及时共享大量的企业信息，企业和用户之间以及企业与其合作伙伴之间也存在大量的信息交流。只有准确、及时地了解企业信息的需求，才能有效地组织管理这些信息，合理地选择合作伙伴，实现敏捷化制造。企业信息涉及有关产品设计、计划、生产资源、组织管理等类型的数据，不仅数据量大，数据类型和结构复杂，而且数据间存在复杂的语意联系，数据载体也是多媒体的。如此海量的、复杂的、异构的数据信息绝不可能再靠传统的方式、在封闭的范围内获得、交换和管理。基于 Internet/Intranet 的网络化环境可以为制造企业提供各种网络服务，以满足企业的信息需求。

仍以制造业为例，制造企业的信息需求主要包括以下几个方面：

① 产品信息。包括与产品制造有关的所有信息，如产品几何拓扑信息、加工要求信息、组成产品零件的材料和热处理信息、装配要求信息、产品检验信息、 产品功能信息、 产品制造成本和制造周期信息等。

② 工艺信息。包括产品制造过程中的各种加工方法及其应用范围、设计规范、用于新产品的加工工艺和设计可行性评价，提供各种加工手册、设计手册。

③ 企业服务信息。包括产品市场信息（产品基本价格、批量价格、价格的有效期和交货期）、企业生产能力信息（主要设备、特殊设备、大型设备）和企业产品开发能力信息。

2. 网络服务需求

对制造企业来说，网络应用服务的需求主要集中在以下几个方面：

① 希望上网发布企业信息，如企业介绍、产品介绍等。

② 可以从行业性的专业网站获得行业信息、行业动态等。

③ 能在网上了解有关的政策法规，为企业活动提供依据。

④ 能在网上跟踪行业技术信息，为企业开发适合市场需要的新产品服务。

⑤ 与用户进行网上信息的交流，及时反馈用户意见，组织网上用户的培训与产品使用问题的解决。

⑥ 与协作生产企业进行网上的信息交流和商务活动，提高工作效率等。

⑦ 开展网上的商务活动，如产品销售、产品的虚拟展示等。

⑧ 数字化产品模型共享，建立一个虚拟三维产品的"资料馆"，让各企业分享，减少巨大的重复性工作。

3. 电子商务网站的合作伙伴

企业开展电子商务活动的合作关系有两个层面上的伙伴关系，一个是基于 B2B 模式的企业之间的动态合作联盟，另一个是基于 B2C 模式的企业与客户之间的贸易伙伴关系。

（1）企业与企业间的电子商务合作伙伴关系

传统的企业大多采用大而全和小而全的封闭型生产模式，大多数企业资源浪费严重、效益低下，因此迫切需要用一种新型的生产组织形式来改造原有的形式。

在 Internet 出现以前，为了建立相互信任的合作关系，企业往往多次往返于待选合作伙伴之间进行考察、谈判、拟订契约等；建立合作关系后，为了协作设计和协同制造，企业又要在合作伙伴之间往返，以协调设计和制造关系，交易费用相当高。因此企业寻找合作伙伴一般受地域范围的限制。为了降低合作的交易费用，企业间的协作关系一般较为稳定，常以组建企业集团、互相参股、控股等方式强化合作关系。这样，企业的规模是大了，在"卖方市场"环境下是有利的。企业可以通过提高产品质量、扩大产品的生产批量和生产经营规模来降低单位产品的制造和管理费用，从而降低成本、提高企业的市场竞争力和经济效益。俗话说"船大难掉头"，即惯性大，对市场变化的反应能力差，产品品种变化慢，产品更新时间长，企业重组难。

网络环境下，企业的组织形态、经营模式和管理机制需要有全方位的创新，使之适应网络经济的要求。制造企业不再是孤立的个体，而是社会化大系统中的一个成员，并作为动态的生产环境中一个可以使用的个体资源，可以利用网络以企业集成（或企业联盟）的形式，通过合作与竞争，参与动态的系统重组。

参与这种企业集成的单元（可以是一个企业、企业的一个部门，如功能独立的车间、班组、一个生产子系统或职能部门，甚至一台或若干台制造设备）能够借助先进的计算机、网络通信工具就某项制造业务或服务采取迅速协调行动，彼此之间通过不同的增值链进行联系。从本质上说，每一种最终产品都对应着一条条增值链的集合。在计算机通信不发达、Internet 企业尚未成型时，增值链上各成员组织只能采用电话、电报、信件、传真、人员携带资料出差等具有种种缺陷（如容量小、速度慢、费用较高、查档不便）的联络方式，致使许多成员组织（特别是中小企业）因信道不畅而失去商机的情形时有发生。计算机通信时代的到来和 Internet 的崛起，尤其是电子商务活动的蓬勃发展，则为中小企业突破信息壁垒、参与组建跨行业、跨地域的增值链提供了机会。

增值链的竞争力直接体现为最终产品的竞争力，但增值链的竞争力实际上来自其各个构成环节——各成员组织（不仅仅是最终产品生产企业）竞争力的整合；Internet 的竞争力也只能来源于其各个成员组织竞争力的整合。

这种由增值链把各个具有相关利益的独立单元连接而成的联盟，形成一个增值伙伴网络，网络成员伙伴之间遵循共同的规则和标准，共享信息，共同响应市场，共同创造商机，相互协作，共同受益。

（2）企业与客户间的合作伙伴关系

企业与客户之间的商务往来活动表现在企业与它的直接客户（消费者）间的销售关系、企业与批发商的贸易合作关系、批发商与零售商之间的业务关系。

① 企业与直接客户间的销售关系。电子商务活动在网上的一个直接的表现形式是开办网上商店，即直接在网上推销他们的产品，开设店面，陈列商品，标出价格，说明服务；消费者在网上选择商品，提出要求，支付货款，快递送货或上门取货。这种销售关系的建立，首先要靠企业（或商家）在自己产品的品牌、质量及服务等方面作出许诺和兑现，以取得消费者的信任和依赖，使消费者的确享受到电子商务和网络消费所带来的实惠，如快速便捷、节省时间、价格优惠、服务周到，才能逐渐形成一条相互信赖的、长期的、固定的销售关系。

② 企业与批发商的贸易合作关系。企业与批发商之间是一种贸易合作伙伴关系。批发商在流通领域内为企业的产品或商品流通开辟了一条通道，而企业为批发商提供源源不断的货源，

企业与批发商之间以共同的利益为纽带，建立了一种相互依赖、互相依存的伙伴关系。在电子商务时代，这种贸易伙伴关系通过网络的联络，变得更密切，联系更快捷、信息更准确。

③ 批发商与零售商之间的业务关系。电子商务环境下，批发商与零售商之间的分销业务关系也会变得更为紧密，以批发商为中心的零售商在地域分布上构成一个个网络分销，与电子化的网络逻辑拓扑真正地融合在一起，货物清单、明细、价格、盈缺、结算等以电子数据交换的方式在网上快速传递，由电子商务所带来的经济效益和商业利润的增加是不言而喻的。

(3) 企业与银行的合作关系

当然，对于企业和商家来说，开展电子商务活动还离不开银行和金融部门网上业务的支持，通过网上银行实现电子票据交换、电子货币的支付、电子资金的转账等，从这个层面上来看，网络银行与企业、商家的关系，也是一种 B2C 的合作关系。 电子商务环境下的网上银行具有物理位置无关性的新属性，因而能够给电子商务带来更多的优势：

① 网上银行允许以很低的成本进行跨国的金融服务，如果没有法律的限制，只要网络银行可以通过 Internet 访问位于全球各地的 ATM 网络收取现金，客户就可以在全球的任何一个地方购买金融服务。

② 网络银行可以移动它们的物理位置而不会影响它与客户既有的关系。网络银行甚至可以将自己的营业场所一夜之间从一个地域转移到另一个地域。因此，网络银行与传统的商业银行相比，能够以不断变化的经济形式和管理需求做出更快速的反应。如根据需要，它们可以很容易将业务转移到成本低和要求低的地域。当然在现实生活中，不可能存在一个银行将它的营业场所一夜之间转移到别国的现象，但这种潜在的可能对于银行来讲具有法律和经济意义，因为物理位置的变化带来的信用危机常会改变银行与它的客户间的关系。

③ 网络银行淡化了传统银行与客户之间长期的紧密联系，因而改变了银行与客户之间的行为。在传统的商业银行中，一个客户一般是不会随便更换银行的，但如果客户能够以更低的成本与一家新银行建立业务关系，那么他们可能会经常改变所开户的银行。如果客户对某个网络银行不满意，他可以立即转移到其他的网络银行，从而获得最低的营销成本；所以网络银行也应通过各自的竞争来争取客户。

4.4　网站性能需求分析

在全面了解了用户的需求后，接下来就要根据所掌握的用户需求进行分析，为后面的正式系统设计提供技术基础，毕竟用户只知道需要什么功能，具体在网络系统设计中如何体现并不清楚。

用户对网络性能方面的要求主要体现在终端用户接入速率、响应时间、稳定性、可扩展性和并发用户支持等几个方面。这几个方面的要求看似比较简单，却关系到整个网络技术的选择、网络传输介质和网络设备的选择。

性能指网站具备的基本性能，包括对所需存储数据库中的数据的安全性能、时间特性和适应性。

一般来说，一个典型网络应用程序的性能目标有以下四个维度：

- 响应时间；
- 服务器吞吐量；

- 服务器资源利用率；
- 系统负载量。

4.4.1　接入速率需求分析

在局域网系统组建方面，终端用户的接入速率是一个综合指标，受到整个网络各方面性能的共同决定。如用户网卡、所连交换机端口速率，以及核心或者骨干层交换机端口速率，背板交换带宽、服务器网卡类型和速率、服务器硬件配置和传输介质类型等方面。如果局域网中用了中间结点路由器连接，则还关系到路由器的整体性能。在此仅从技术方面进行介绍，因为实际上网络设备的主要性能还是受到所选用的网络技术决定的。

总的来说，用户接入速率保证需要考虑：网卡接口速率、交换机接口速率配置和传输介质类型 3 个方面。

1.　局域网接口速率配置

目前网卡和交换机接口速率基本上有 10/100Mbit/s、100Mbit/s、10/100/1 000Mbit/s 和 1 000Mbit/s 这 4 种。采用双绞线 RJ-45 接口的通常是自适应类型的，如 10/100Mbit/s 和 10/100/1000Mbit/s，而采用光纤传输介质的通常是固定速率的，如 100Mbit/s 和 1000Mbit/s。不过，目前采用 100Mbit/s 速率的光纤接口比较少见，因为现在已完全可以通过普通的双绞线接口来实现了。工作站用户机上通常只须配置 10/100Mbit/s 接口网卡即可，而服务器上通常是采用支持 1000Mbit/s 速率的接口，而且有多种选择。如有双绞线的 1000Base-T 和 1000Base-CX 双绞线 RJ-45 接口。也可采用 1000Base-SX 和 1000Base-LX 单/多模光纤接口。

在局域网中，目前基本上都是用 IEEE 802.3 标准的以太网技术，在这其中传统的 10Mbit/s 以太网和 FDDI 光纤数据网技术目前基本上已淘汰，ATM 网络技术也由于其性价比与双绞线以太网相比不具任何优势，所以在局域网中也已基本不用。所以在为企业设计局域网系统之时就不要再把这些技术作为主要的列选范畴。当然根据用户现有网络资源也可适当考虑在局部使用以上局域网技术。如用户原来网络中有这部分的设备，也可尽可能地安排使用，可以给那些接入性能要求不高的用户使用，通常是那些上了年纪的行政部门员工使用，他们基本上用来进行一些简单的文字处理。如网络中需要进行较长距离的互联，则也可考虑使用同轴电缆的 10Base-2 和 10Base-5 技术，因为它们单段网线的最长长度均比双绞线的长（粗同轴电缆单段可达 500m，细同轴电缆单段可达 180m，而单段双绞线长度只有 100m）。

目前终端用户的接入速率通常是支持快速以太网（IEEE 802.3u）标准的 10/100Mbit/s 自适应类型，对于一些应用较为复杂的终端用户，如视频教学用户需要从网络上进行大型多媒体动画演示的用户，可以采用千兆以太网（IEEE 802.3z）标准的 1000Mbit/s 接入速率。万兆以太网和 7 类双绞线目前在局域网的应用仍比较少，主要应用于广域网连接中，如 SDH 网络。它具有 5 种不同的光纤网络接口规范，对应于不同波段的光纤介质。为了确保用户链路接入性能没有性能瓶颈通常是按图 2-2 所示接口速率按网络结构层进行标准配置。同样，可以利用各种接口会聚技术，如 Cisco 的 FEC 和 GEC，聚合多条链路以得到一个非常高带宽（最高 8Gbit/s）的链路。

2.　传输介质选择

在确定了接口速率后，接下来就要选择适当的传输介质了。传输速率决定了传输介质的类型。如通常 100 Mbit/s 以下选择的是 5 类或超 5 类双绞线。虽然也可双选择光纤，但就目前的

5 类（超 5 类）双绞线技术来说，百兆网络采用除了可以延长传输距离外，其他方面的优势并不明显。而 6 类、超 6 类双绞线则主要用于千兆以太网中，当然此时如果采用光纤作为传输介质，传输性能会好许多，不仅是传输距离。而光纤作为传输性能最好的传输介质，目前主要用于千兆或以上网络（如万兆以太网和其他诸如 GPON、GEPON 等光纤接入网络）中。

至于同轴电缆，目前比较少用，除了一些传输性能要求较低的广域网，或者因特网接入系统（如 HFC 网络）中。在局域网中主要用于相互访问不是很频繁，访问带宽要求比较低的局域网互联。因为它的传输速率比较低（最高仅为 16 Mbit/s），传输距离虽然比双绞的 100m 长，但较光纤的 10 km（目前最长可达 70 km 以上）来说，还是要短得多。

从以上的分析可以得出，在一般的局域网系统中，通常都是采用 5 类/超 5 类（百兆速率）、6 类/超 6 类（千兆速率）进行连接的。对于一些关键应用系统，如网络存储系统、文件服务器等可以采用性能更佳的光纤进行连接。对于互连访问不是很频繁、应用比较简单的局域网互联，可以采用总线进行互连；对于互连访问比较频繁、应用比较复杂的局域网互联通常采用光纤进行。

3. 广域网接入速率配置

对于广域网连接，如果是需要利用公共网络系统，如 PSTN、HFC、电力网须只需用相应公用网络的传输介质（PSTN 的双绞电话铜线、HFC 的同轴电缆+光纤、电力网的电线）即可。而如果是采用专线连接，则通常是采取光纤进行的。

4.4.2 响应时间需求分析

一般地，一个交易过程（例如一个请求，完成一个查询）可能由几个客户请求和服务器响应组成，从客户发出请求（信息包层或交易层）至收到最后一个响应的时间就是整体的响应时间。

在大量的处理环境中，超过 3s 以上的响应时间将会严重影响工作效率。然而最终用户的感受不仅仅是绝对时间问题，他们对于响应时间的期望是参照以往的经验，而这种期望是相对于他们使用该应用的基准性能。如果使用该应用的当前感受和以往的经验有很大的差别，抱怨以及需要支持的电话就会成倍地增加。

1. 影响响应时间的因素

应用响应时间的问题随着基于服务器应用的大量增加而迅速增多。确定造成应用延迟的原因成为很困难的任务。网络系统中各部分应用的响应时间受多方面影响，既有软、硬件配置方面的影响，又有网络结构、网络类型、网络连接方式方面的影响。一般来说，普通用户对响应时间的关注度并不是很高，因为一般的网络系统都可以满足一般网络应用的响应时间要求。除非特殊应用，如数据库系统、MIS 系统、视频点播系统、IP 电话、远程教学等。响应时间还与网络传输介质制作是否标准、网络介质类型、网络传输介质长度、接口速率、交换机的背板带宽、路由器的数据转发能力等有关。总体来说，网络、服务器和应用都对整体响应时间有影响。

（1）网络

网络对整体响应时间的影响是通过不同机制完成的。在广域网中，所选择的协议（例如帧中继、ATM、EIGRP 或 OSPF）会很大程度地影响数据在网络中传输的延迟时间。这些时间包括处理的时延（主机接收到数据包并获得各种信息）、排队时延（当出现了其他的信息包时）、传送或连续传输时延（传输帧中的第一位和最后一位的时间）、传输时延（一个数据位通过链路的时间，取决于物理的介质和距离）。包的损坏和丢失也会降低信息的质量或增加额外的时延，因为需要重新传输。地面传输的企业网络，等待和传输时延是网络时延的主要问题。对于卫星网络，传输时延（加上访问协议）是主要问题。

（2）服务器

服务器时延的影响有服务器本身和应用设计两个方面。服务器本身的性能包括处理器的速度，存储和 I/O 性能，硬盘驱动速度以及其他设置。应用设计包括服务器架构和所采用的算法。

（3）应用

应用时延受几个独立的因素影响，例如应用设计（例如通话的稳定性），交易的大小，选择的协议（例如 UDP 或 TCP），以及网络的结构。完成一个确定的交易时，一个应用所需要的往返次数越少，它受到网络结构的影响也越小。然而，由于需要重新传输，所以往返的次数本身可能取决于网络结构。

通常局域网的响应时间较短（一般为 $1 \sim 2ms$），因为传输距离较短，协议单一、基本无须路由、网络接口带宽；广域网通的响应时间较长（通常是 $60 \sim 1000ms$），因为传输距离远、经过的路由结点多、协议复杂，专业的响应时间数据得出还要依靠专业的测试方法。

2. 响应时间分析方法

基于监测的类型（被动和主动）以及监测位置（服务器端或客户端）的不同，分析响应时间有几种不同的方法。不同方法的选择会影响维护费用、响应时间测量精确和效率以及部署实施的复杂性。不同方法都有其优缺点，市场上有不同的厂商支持不同的方法。

（1）服务器端和客户端监测方法

服务器端的监测方法是部署在服务器上（一个代理），或靠近它的地方（一个设备）。因为这种方法不需要安装在客户端，从而大大减少了部署和管理的费用。因为安装在服务器或服务器附近，其可以提供不受限制的，对所有和服务器阵列进行交易的监测。由于在最近的位置，也可以提供最精确的服务器时延统计。服务器端的代理是安装在被监测的服务器上，所以应该小心确保他不会影响服务器的工作。服务器端的设备可以是在线型或旁路型（接口盒设备）。在线设备是类似于路由器一样让数据通过的设备，其对应用的服务可能是额外的故障源；而接口盒不会因为它们本身的故障而造成额外的影响。

客户端的监测方法是部署在感兴趣的客户端上。它们可以提供非常精确的端至端的时延测量，但是却很难隔离是网络还是服务器时延问题。常见的两个客户端的方法是定期地"ping"服务器或者设置 TCP 连接在网络中的往返时间，并假设在整个对话过程中是恒定不变的。第一种方法可能不是很准确，因为网络设备在处理 ICMP pings 的时候随应用包不同（路由、等待、丢弃、服务）而不同。这两种方法都取决于采样标准，而这些采样不一定能反映网络的实际情况。

（2）被动和主动监测法

被动监测法是接入一个非侵入（不会给网络增加负载）设备来观测实际的应用流量。在被监测对象上无须安装任何代理软件，对系统资源占用极少，因此不会影响现有操作系统的工作状况。一般是对包解码（最低是传输层，并可能直至应用层），或者是使用 ARM API 来识别应用交易的开始和结尾。由于分析的数据是最终用户的实际活动状态，所以这种方法很明确地测量了最终用户的活动状态。被动式监测的工具可以是在客户端或是服务器端。服务器端的被动式监测具有对所有时间，所有用户，所有交易的监测能力。

被动式监测方法的一个限制是它不能用来检测服务，因为从来就没有通信是按照固定计划进行的，所以它不能百分之百精确地确定是否有连接失败，也许用户只是暂停请求。然而它能够使用相关的历史记录信息来得到合理的结论——假设用户没有正常连接上网时，失败就不会发生。

主动的监测执行可从专门的作业点（POP）预先录制的业务交易获取最终用户的实际体验，是在客户端"模仿"用户正常安装时的一种方法，从而更准确地衡量最终用户的体验。主动监测可以提供基于计划的重新模拟交易的能力。这种计划模式可以使它进行 7×24h 的网络连通性测试，而不是用户日常工作的模式。

主动式监测按照预选设定的模式执行，这些模式包括每一种要监测应用的处理过程，而且这些模式力求接近用户的真实情况。另外，不断地重复进行会对网络设备的缓存提出要求。总的来说，主动监测非常适用于从最终用户的角度来管理应用服务水平。主动监测并不依赖真实的用户传输量，因而它能够提前检测问题，并为企业留下足够的时间解决问题。

4.4.3 吞吐性能需求分析

在新系统交付使用时，我们经常会问这样一个问题，那就是新系统是否达到了预期的性能（如 10Mbit/s、100Mbit/s、1 000Mbit/s）？而对于一个正在使用的网络，如果它的性能比正常情况慢了许多，如何来查找网络中的瓶颈？在企业要增加某种应用时，如何知道现有带宽是否满足要求？

对于这些问题，有一些网络管理者使用 ping 命令等类似的方式进行验证，但经常会发现 ping 报告结果很好，而性能依旧很差。因为仅靠发送 ICMP 包进行测试有很多局限性：

① ping 是 ICMP（Internet Control Message Protocol.，因特网控制消息协议）报文，这种单一形式的数据与网络中真实的流量有很大差异；

② ICMP 工作方式虽然可以定制尺寸，但是报文的逐一发送和确认（每隔 1s 发送 1 个 ICMP 报文），不能形成易于评估的高速流量；

③ ICMP 会报告可达性和网络环回时间，不易计算反映链路上下行传输能力的吞吐量。

要解决上述问题，服务商或企业网管理者需要测试网络吞吐量。而且吞吐量测试常常须跨越局域网、广域网或 VPN 网络。负责网络安装、维护和故障诊断的网络工程师、网络管理员、提供高速光链路以太网至用户的电信部门的工程师都会在工作中使用吞吐量和加压测试来检查链路的性能。

网络中的数据是由一个个数据包组成的，交换机、路由器、防火墙等设备对每个数据包的处理要耗费资源。吞吐量理论上是指在没有帧丢失的情况下，设备能够接受的最大速率。其测试方法是：在测试中以一定速率发送一定数量的帧，并计算待测设备传输的帧，如果发送的帧与接收的帧数量相等，那么就将发送速率提高并重新测试；如果接收帧少于发送帧则降低发送速率重新测试，直至得出最终结果。吞吐量测试结果以 bit/s 或 B/s 表示。

通过吞吐量测试可以解决下列问题：

测试端对端广域网或局域网间的吞吐量。

测试跨越广域网连接的 IP 性能，并用于对照服务等级协议（SLA），将目前使用的广域网链路的能力和承诺的信息速率（CIR）进行比较。

在安装 VPN 时进行基准测试和拥塞测试。

测试网络设备不同配置下的性能，从而优化和评估相关设置。

在网络故障诊断过程中，帮助判断网络的问题是局域网的问题还是广域网的问题，从而快速定位故障。

在增加网络的设备、站点、应用时检测其对广域网链路的影响。

吞吐量测试需要在链路两端进行，网络工程师通过选择两点来确定被测链路，仪表的近端在一边，远端在另一边，确定测试参数后进行测试。

通过我们的网络吞吐量测试，可以在一定程度上评估网络设备之间的实际传输速率以及交换机、路由器等设备的转发能力。当然，网络的实际传输速率同网络设备的性能、链路的质量、终端设备的数量、网络应用系统等因素都有很大关系。这种测试同样适用于广域网点到点之间的传输性能测试。如果你所在公司同各分公司的网络是通过 DDN、Frame Relay 等线路连接，而你急需了解该链路的实际传输性能，那么这项测试同样可以为你提供满意的答案。

吞吐量和报文转发率是关系路由器、防火墙等设备应用的主要指标，一般采用 FDT（Full Duplex Throughput，全双工传输）包来衡量，指 64B 数据包的全双工吞吐量，该指标既包括吞吐量指标也涵盖了报文转发率指标。

随着 Internet 的日益普及，内部网用户访问 Internet 的需求在不断增加，一些企业也需要对外提供诸如 WWW 页面浏览、FTP 文件传输、DNS 域名解析等服务，这些因素会导致网络流量的急剧增加，而路由器、防火墙作为内、外网之间的唯一数据通道，如果吞吐量太小，就会成为网络瓶颈，给整个网络的传输效率带来负面影响。因此，考查路由器、防火墙的吞吐能力有助于更好地评价其性能表现。这也是测量路由器、防火墙性能的重要指标。

吞吐量的大小主要由路由器、防火墙内网卡及程序算法的效率决定，尤其是程序算法，会使路由器、防火墙系统进行大量运算，通信性能大打折扣。因此，大多数号称 100M bit/s 的路由器、防火墙，由于其算法依靠软件实现，通信量远远没有达到 100M bit/s，实际可能只有 10~20 Mbit/s。纯硬件路由器、防火墙，由于采用硬件进行运算，因此吞吐量可以达到线性 90~95 Mbit/s，可以算是真正的 100 Mbit/s 的路由器和防火墙了。对于中小型企业来讲，选择吞吐量为百兆级的路由器、防火墙即可满足需要，而对于电信、金融、保险等行业公司和大企业就需要采用吞吐量千兆级的路由器、防火墙产品。

4.4.4　可用性能需求分析

可用性这个性能指标有些模糊，很难有一个确切、具体的数值来描述。通常是通过系统的稳定性、可靠性、无故障工作时间和故障恢复难易程度来体现的。

1．可用性概念

可用性是 Internet 站点涉及的一个概念，包括可靠性、故障恢复和故障时间等几个方面。最常用的可用性计量标准之一就是"9"的个数。这一数字可以转换为某一系统可正常工作的时间百分比。例如，一个运行时间百分比为 99.999 的系统可以说成其可用性为 5 个"9"。表 4-2 给出了"9"的个数和时间之间的对应关系

表 4-2　"9"的个数和时间之间的对应关系

可接受的运行时间百分比/%	每天的停机时间	每月的停机时间	每年的停机时间
95	72 min	36 h	18.26 d
99	14.4 min	7 h	3.65 d
99.9	86.4 s	43 min	3.77 h
99.99	8.64 s	4 min	52.6 min
99.999	0.86 s	26 s	5.26 min

从上表可以看出，可接受的运行时间为 99.9%的系统平均每天只有 86.40s 或每月只有 43min 是不可运行的。要获得更多个"9"的可用性，必须要对系统部署、软件和解决方案实施的管理加以改进。要预测一个系统何时甚至是隔多久会发生故障是非常困难的，因此要获得更好的可靠性，一个关键的规划方法是要缩短故障的恢复时间。如果您的系统可以在 86.4s 之内从故障中恢复过来，那么系统即使每天发生一次故障，仍然能够达到 3 个"9"的可用性。

上述的可用性概念是作为运行时间的函数分析的，与此相反是将可用性作为成功交易的函数来分析可用性这个概念。换句话说，如果某一个 Web 站点每天处理 100 000 个请求，那么 99.9%的可用性就意味着每天有 100 个请求是失败的。如果你将此作为衡量可用性的标准，那么在业务规划中对可用性的要求就可能会发生变化。例如，在一天之内一个 Web 站点的通信量是在改变的。在凌晨两点的时候，你的站点每小时的访问次数可能还不到 100。如果您的站点在这期间发生故障，那么此时发生的失败请求数量大约要比下午 5 点时少 4 倍，那个时候是一天中的峰值时刻，每小时的访问次数为 400 次或更多。

网络系统的可用性同样是由许多方面共同决定的，如网络设备自身的稳定性，网络系统软件和应用系统软件的稳定性、网络设备的吞吐能力（相当于接收/发送能力）、应用系统的可用性等方面。因为吞吐性能在上节已有详细分析，下面仅就网络系统的稳定性和应用系统的可用性两方面进行介绍。

2. 网络系统的稳定性

网络系统的稳定性主要是指设备在长期工作下的热稳定性和数据转发能力。设备的热稳定性一般只能由品牌来作保证，因为它关系到其中所用的元器件。一般好的品牌产品选用的元器件质量都比较好，制造工艺也比较先进，热稳定性自然就好。而一些杂牌的设备产品采用质量较差的元器件组装、生产，也没有先进的制造工艺，生产出来的产品很可能不符合国际、国家，或者行业标准，热稳定性要大打折扣。这一点我们可以通过观察身边的网络设备来发现。如有些 ADSL Modem 稍微用久一些，连接速率就会大幅下降，甚至无法继续使用，而关机让它降温后又可恢复好的连接性能。而一些好的品牌的设备就很少有这种问题出现。

在网络系统中，与稳定性有关的设备主要有网卡、交换机、路由器、防火墙等，在使用时最好把这些设备安装在通风条件比较好的机房中（一般条件比较好的企业网络机房都装空调）。经常感知一下这些设备的温度，特别是核心、骨干层交换机和边界路由器，因为这些设备的数据流量比较大，长时间处于高负荷状态，容易升温。

至于网络设备的数据吞吐能力就与具体设备的档次有关了。当然我们不可能一味追求高吞吐能力的设备，这样的投资成本会非常高的。我们在选择设备时一定选择吞吐能力适合对应网络规模、网络应用水平和发展水平的设备。像网卡的吞吐能力是受网卡芯片型号、接口带宽、接口类型等因素共同决定的，而交换机的吞吐能力是由交换机芯片型号、相应接口带宽、背板带宽和接口类型等因素共同决定的；路由器吞吐能力主要受路由器处理器型号、接口带宽、路由表大小、支持的路由协议和接口等因素共同决定的。

稳定性的要求根据不同网络规模、不同应用水平和不同用户都有不同的需求，如有的大型网络系统要求 7×24h 不间断运行，而有些中小型企业网络系统则没有这个要求。有关网络设备的具体选购方法将在本书的第 7 章具体介绍，在此不再赘述。

3. 应用系统的可用性

关于可用性的测试和评估，在国外现在已经形成了一个新的专业，称为可用性工程

(usability engineering)。由于是一个专业，因此就有专门的人员来从事这项工作，并发展出一整套的方法和技术来进行可用性的测试和评估。一个软件可用性的测试和评估应该遵循以下原则。

最具有权威性的可用性测试和评估不应该是专业技术人员，而应该是产品的用户。因为无论这些专业技术人员的水平有多高，无论他们使用的方法和技术有多先进，最后起决定作用的还是用户对产品的满意程度。因此，对软件可用性的测试和评估，主要应由用户来完成。软件的可用性测试和评估是一个过程，这个过程早在产品的初样阶段就开始了。因此一个软件在设计时反复征求用户意见的过程应与可用性测试和评估过程结合起来进行。当然，在设计阶段反复征求意见的过程是后来可用性测试的基础，不能取代真正的可用性测试。但是如果没有设计阶段反复征求意见的过程，仅靠用户最后对产品的一两次评估，是不能全面反映出软件的可用性的。

软件的可用性测试必须是在用户的实际工作任务和操作环境中进行。可用性测试和评估不能靠发几张调查表，让用户填写完后，经过简单的统计分析就下结论。可用性测试必须是用户在实际操作以后，根据其完成任务的结果，进行客观的分析和评估。

要选择有广泛代表性的用户。因为对软件可用性的一条重要要求就是系统应该适合绝大多数人使用，并让绝大多数人都感到满意。因此参加测试的人必须具有代表性，应能代表最广大的用户。

4. 提高可用性的技术

表 4-3 所列的技术可以用来提供高系统的可用性，并且介绍了它们能够应用于哪些故障点上。在你的部署中遇到的单点故障越少，这种部署就更加具有高可用性。

表 4-3　提高可用性的一些方法

高可用性技术	网　络	服务器	磁　盘	应用程序	数据库
多块网络接口卡	√				
多个 Internet 服务提供商	√				
地理上分散的数据中心	√	√	√	√	√
不间断电源（UPS）	√	√	√	√	√
双电源	√	√			
双路由器	√				
数据备份		√	√		√
RAID 磁盘阵列			√		
磁盘镜像			√		
双磁盘控制器			√		
负载均衡的冗余服务			√		
数据复制		√			√

4.4.5　并发用户数需求分析

并发用户数需求是整个用户性能需求的重要方面，通常是针对具体的服务器和应用系统，如域控制器、Web 服务器、FTP 服务器、E-mail 服务器、数据库系统、MIS 管理系统、ERP 系统等，并发用户数支持的多少决定了相应系统的可用性和可扩展性。所支持的并发用户数多少是通过一些专门的工具软件进行测试的，测试过程就是模拟大量用户同时向某系统发出访问请求，并进行一些具体操作，以此来为相应系统加压。但是不同的应用系统所用的测试工具不同。

并发性能测试的过程是一个负载测试和压力测试的过程，即逐渐增加负载，直到系统的瓶颈或者不能接收的性能点，通过综合分析交易执行指标和资源监控指标来确定系统并发性能的过程。负载测试（Load Testing）是确定在各种工作负载下系统的性能，目标是测试当负载逐渐增加时，系统组成部分的相应输出项，例如通过量、响应时间、CPU 负载、内存使用等来决定系统的性能。负载测试是一个分析软件应用程序和支撑架构、模拟真实环境的使用，从而来确定能够接收的性能过程。压力测试（Stress Testing）是通过确定一个系统的瓶颈或者不能接收的性能点，来获得系统能提供的最大服务级别的测试。

并发性能测试的目的主要体现在 3 个方面：以真实的业务为依据，选择有代表性的、关键的业务操作设计测试案例，以评价系统的当前性能；当扩展应用程序的功能或者新的应用程序将要被部署时，负载测试会帮助确定系统是否还能够处理期望的用户负载，以预测系统的未来性能；通过模拟成百上千个用户，重复执行和运行测试，可以确认性能瓶颈并优化和调整应用，目的在于寻找到瓶颈问题。

一家企业组织力量或委托软件公司代为开发一套应用系统，在生产环境中实际使用时，用户往往会产生疑问，这套系统能不能承受大量的并发用户同时访问？这类问题最常见于采用联机事务处理（OLTP）方式的数据库应用、Web 浏览和视频点播等系统。这种问题的解决要借助科学的软件测试手段和先进的测试工具。

在测试方案运行中，如果出现了大于 3 个用户的业务操作失败，或出现了服务器 shutdown（死机）的情况，则说明在当前环境下，系统承受不了当前并发用户的负载压力，那么最大并发用户数就是前一个没有出现这种现象的并发用户数。如果测得的最大并发用户数到达了性能要求，且各服务器资源情况良好，业务操作响应时间也达到了用户要求，那么就可以了。否则，再根据各服务器的资源情况和业务操作响应时间进一步分析原因所在。

除了专业软件测试方法外，还有一个比较粗略的计算方法，那就是根据服务器的处理器性能进行估算。一个系统的 CPU 容量是用处理器数量乘 CPU 的频率定额得到的。因此，对一台安装了两个 2GHz 处理器的计算机来说，它的 CPU 容量= 2×2 000MHz = 4 000P4EM。

P4EM 是 Pentium 4 等价兆赫的意思，一个用于测定处理器工作的单位。例如，1 500 P4EM 是由一个 1 500MHz 的 Pentium 4 处理器（1.5GHz）提供的。带有两个 1 500 MHz Pentium 4 处理器的计算机最大将能够提供 3000 P4EM。这些数值适用于不带超线程的 CPU。

工作载荷下的系统目标 CPU 容量通常是由 IT 部门决定的。如果没有这方面的标准可循，那么你应比照着平均的长期载荷对峰值载荷进行分析，据此决定这一目标值，确保 CPU 在 100% 容量以下运行。假设一台安装了两个 2GHz 处理器的计算机在 85% 的容量下运行，那么应该按照如下方式计算其目标CPU 容量目标CPU 容量 = 4 000 P4EM 的CPU 容量×0.85=3 400 P4EM

为了根据目标 CPU 容量和总用户成本计算 Web 服务器的目标用户容量，在前表中找到每位并发用户 Web CPU 的总成本（0.55000）。然后将这一成本分成目标 CPU 容量，计算公式如下：

目标用户容量 = 目标 CPU 容量/每个用户 Web CPU 总成本（基础 Web P4EM）=3 400/0.5500 = 6 182，这就是该系统在 85%CPU 容量工作情况下可支持的最大并发用户数。

以上每个用户 Web CPU 总成本是根据表 4-4 得出的。

表 4-4　每并发用户 Web CPU 成本

操　作	基础 Web	企业 Web	SQL Server
匿名浏览	0.10528	0.10095	0.0178
匿名目录搜索	0.07309	0.07309	0.0714
匿名内容搜索	0.14638	0.10365	0.0173
匿名企业页面	0.14638	0.04581	0.0051
匿名主页	0.05257	0.04792	0.014
浏览	0.03937	0.04876	0.0056
目录搜索	0.01791	0.01791	0.0595
内容搜索	0.01903	0.01817	0.0038
企业页面	0.00741	0.00863	0.0419
主页	0.02064	0.02434	0.0028
注册新用户	0.02359	0.02672	0.0141
总计	0.55	0.5195	0.2514

4.4.6　可扩展性需求分析

　　网络系统的可扩展性需求决定了新设计的网络系统适应用户企业未来发展的能力，也决定了网络系统对用户投资的保护能力。试想一个花了几十万构建的网络系统，使用不到一年，因为公司用户量的小幅增加，或者增加改变了一些应用功能模块就无法适应了，需要重新淘汰一部分原有设备或者应用系统，甚至需要全面改变原有网络系统的拓扑结构，其损失之大是一般企业都无法承受的，也是不允许的。

　　网络系统的可扩展性能到底需要多高并不是凭空设想的，而是要根据具体用户网络规模的发展速度（根据最近一年的发展情况和对未来发展的预计估算）、关键应用特点。网络系统的可扩展性需求保证主要是为了适应网络用户的增加、网络性能需求的提高、网络应用功能的增加或改变等方面。

　　网络系统的可扩展性最终体现在网络拓扑结构、网络设备，特别是硬件服务器的选型，以及网络应用系统的配置等方面。下面分别进行简单分析。

1. 网络拓扑结构的扩展性需求分析

　　在网络拓扑结构方面，所选择的拓扑结构（具体的网络拓扑结构选择方法将在本书第 3 章介绍）是方便扩展的，要能满足用户网络规模发展需求。在网络拓扑结构中，网络扩展需求全面体现在网络拓扑结构的三层（通常为三层，那就是核心层（或称"骨干层"）、会聚层和边缘层）。一般的网络规模扩展主要是关键结点和终端结点的增加，如服务器、各层交换机和终端用户的增加。这就要求在拓扑结构中的核心层（骨干层）交换机上要留有一定量（具体量的确定要根据相应用户的发展速度而定）的冗余高速端口，以备新增加的服务器、会聚层交换机等关键结点的连接。通常是少数关键结点的增加可直接在原结构中的核心交换机上冗余的端口上连接，如果需要增加的关键结点比较多，则可以通过增加核心层交换机，或者会聚层交换机集中连接。而在会聚层，也应留有一定量的高速端口，以备新增加的边缘层交换机，或终端用户的连接。少数的终端用户增加也应可以直接使用边缘层交换机上冗余端口连接，如果增加的终端用户比较多，则可使用会聚层的高速冗余端口，新增一个边缘交换机集中连接这些新增的终端用户。

2．交换机的扩展性需求分析

交换机端口的冗余可通过实际冗余和模块化扩展两种方式来实现。实际冗余是对于固定端口配置的交换机而言，而模块化结构交换机的端口可扩展能力要远好于固定端口配置的交换机，当然价格也贵许多。具体原结构中各层所应冗余的端口数是多少，则要视具体的网络规模和发展情况而定。

可扩展性需求在网络设备选型方面的要求主要体现在端口类型和速率配置上，特别是核心（骨干层）和会聚层交换机。如原来网络比较小，但企业网络规模发展比较快，此时在选择核心、会聚层交换机时就要注意评估一下是否要选择支持光纤的千兆交换机，尽管目前可能用不上，但可能在很短的几年后就要用到高性能的光纤连接，如与服务器、数据存储系统等的连接。当然双绞线千兆的支持是必不可少的，而且还要评估一下需要多少个这样的端口，要冗余多少个双绞线和光纤端口。如果在网络系统设计时没有充分考虑，则当用户规模，或者应用需求提高，需要使用光纤设备时，则原来所选择的核心和会聚层交换机都不适用，需要重新购买了，原来的交换机只能作为边缘层交换机使用了，浪费了用户的投资。

3．WLAN 网络的扩展性需求分析

与交换机类似的设备就是 WLAN 网络中的无线接入点（AP），它同样有连接性能问题。因为目前来说，WLAN 设备的连接性能还较低，所以通常来说，设备所支持的 WLAN 标准决定了设备的用户支持数。如 IEEE 802.11g 接入点设备通常只支持 20 个用户同时连接，即使可以连接再多的用户也没有多大意义，因为这样用户分得的带宽就会大大下降，不能满足用户的应用。在 WLAN 网络的可扩展性方面，要注意的是频道的分配了，因为总的可用频道有限（15个），所以在网络系统设计之初应尽可能预留一些频道给将来扩展，不要全部占用。

4．服务器系统的扩展性需求分析

网络设备的可扩展性需求的另一个重要方面就是硬件服务器的组件配置了。现在国内外几大主要服务器厂商，如 IBM、HP、联想、浪潮、曙光等都有类似的"按需扩展"理念，为客户提供灵活的扩展方案。因为一般的服务器价格非常贵（入门级的价格通常在 2 万以内，工作组的价格通常在 5 万以内，部门级的价格通常在 8 万元以内，企业级的价格通常在 12 万元以上），如果因为扩展性不好，在短时间内遭到淘汰，则是一种极大的投资浪费。服务器的可扩展性主要体现在支持的 CPU 数、内存容量、磁盘架数、I/O 接口数和服务器有群集能力等几个方面。部门级以下的服务器通常都是采用 SMP（Symmetrical Multi-Processing，对称多处理器）来支持处理器扩展的，目前最高的 SPP 处理器数为 8 个，超过 8 个的通常是采取 MPP（Massively Parallel Processor，大规模并行处理器）和 NUMA（Non-Uniform Memory Access，非一致内存访问）处理器并行扩展技术来实现的。小企业应选择支持至少 2 路，或者以上的 SMP 对称系统，中型企业则应选择至少 4 路，或以上的对称系统，而大型企业应选择 8 路，或以上的 NUMA系统。

内存容量通常要看服务器中每根内存插槽可以支持的内存容量，以及内存插槽数。一般每根内存插槽所支持的内存容量为 1GB，所配置的内存插槽数一般最少为 4 条，最好有 8 条或以上，以备扩展。所支持最大内存容量也要视不同的网络规模和应用而定，小型普通企业服务器系统应支持至少 4GB 内存，中型普通企业服务器系统应支持至少 8GB 内存，而大型普通企业服务器系统应至少支持 12GB 内存。对于应用较复杂的企业，其所支持的最大内存容量须在相应级别上进行适当的增加。

在磁盘扩展性方面，通常取决于所提供的磁盘架（其实也就是磁盘接口数），当然在一定程度上也决定了相应服务器系统所能提供的最大磁盘容量。通常小型企业应选择至少能支持 5 个磁盘架的服务器系统，中型企业则应选择 8 个以上的磁盘架的服务器系统，而大型企业则需要选择具有 12 个以上的磁盘架服务器系统。

I/O 接口的扩展性是指 PCI、PCI-X、PCI-E 等扩展插槽数，这方面的需求一般不会因企业网络规模改变而有大的改变，因为这些扩展插槽主要应用于像网卡、磁盘阵列卡，或者是 SCSI（也可能是 IDE、SATA）控制卡、内置 Modem 等设备。通常应预留两个以上的冗余 I/O 插槽，扩展插槽类型要视服务器系统所采用的 I/O 设备接口类型而定。

以上服务器组件的扩展，在需求较低的情况下可以完全通过在原系统中冗余来保证，但是如果扩展性需求较高，原有系统就很难保证了，毕竟服务器的机箱空间有限，再加上外接太多扩展设备，机箱的温度会有显著上升，给服务器系统带来不稳定性。于是，像 IBM 这样的顶级服务器厂商就提供了远程 I/O 连接的方案，把需要扩展的 I/O 设备安装在服务器机箱外面（称为"Remote I/O"），并通过一条电缆与服务器主板连接。这样一方面扩展性大大增强，另一方面也不会因增加的 I/O 设备给服务器机箱系统带来温升，造成系统的不稳定性。

5．广域网系统的可扩展性需求分析

以上是针对局域网系统进行介绍的，在广域网中同样存在可扩展性方面的需求，如 WAN 连接线路、WAN 连接方式，以及支持的用户数和业务类型等方面。一方面体现在像路由器之类的网络边界设备的 WAN 端口数和所支持的 WAN 网络接口类型上，另一方面体现在所选择的广域网连接方式所能提供的网络带宽是否可以满足用户数的不断增加，是否支持当前和未来可能需要的业务类型。如分组交换网、帧中继、DDN 专线的速率通常是在 2M bit/s 以内，通常只适用于小型用户的普通电话类业务，不适用于大中型企业用户实时的多媒体业务和大容量的数据传输。而 ATM 的传输速率可达 622M bit/s，全面支持几乎所有接入网类型和业务，但成本较贵，并且对以太网业务的支持不是很好。

6．应用系统的可扩展性需求分析

在网络应用系统功能配置上一方面要全面满足当前及可预见的未来一段时间内的应用需求，另一方面要能方便地进行功能扩展，可灵活地增、减功能模块。

4.5　网站安全需求分析

4.5.1　网站安全需求分析介绍

目前网站可能受到的攻击包括黑客入侵，内部信息泄露，不良信息进入内网等方式。因此采取的网络安全措施应一方面要保证业务与办公系统和网络的稳定运行，另一方面要保护运行在内部网上的敏感数据与信息的安全，归结起来，应充分保证以下几点：

① 网络可用性：网络是业务系统的载体，安全隔离系统必须保证内部网络的持续有效的运行，防止对内部网络设施的入侵和攻击，防止通过消耗带宽等方式破坏网络的可用性；

② 业务系统的可用性：运行企业内部专网的各主机、数据库、应用服务器系统的安全运行同样十分关键，网络安全体系必须保证这些系统不会遭受来自网络的非法访问、恶意入侵和破坏；

③ 数据机密性：对于企业内部网络，保密数据的泄密将直接带来企业以及国家利益的损失。网络安全系统应保证内网机密信息在存储与传输时的保密性。

④ 访问的可控性：对关键网络、系统和数据的访问必须得到有效的控制，这要求系统能够可靠确认访问者的身份，谨慎授权，并对任何访问进行跟踪记录。

⑤ 网络操作的可管理性：对于网络安全系统应具备审记和日志功能，对相关重要操作提供可靠而方便的可管理和维护功能。

基于上述需求，并且充分考虑将来规划后网络的可行性和可扩展性以及可管理性，本着"少花钱多办事"的原则，规划后的网络安全隔离系统应该具备如下的特征：

① 保证内网与外网任一时刻保持物理隔离，但同时能够根据业务需要与外部网络之间满足可控的多种形式的信息和数据交换；

② 安全隔离系统整体本身具有充分的抗攻击和防病毒能力；

③ 安全隔离系统具备多层面的完备的审计设施，身份验证机制，且具有管理集中等特点。

4.5.2 网站安全现状分析

目前，利用攻击软件，攻击者不需要对网络协议有深入的理解，即可完成诸如更换 Web 网站主页、盗取管理员密码、破坏整个网站数据等攻击。而这些攻击过程中产生的网络层数据，和正常数据没有什么区别。

很多用户认为，在网络中不断部署防火墙、入侵检测系统（IDS）、入侵防御系统（IPS）等设备，可以提高网络的安全性。但是为何基于应用的攻击事件仍然不断发生?其根本的原因在于传统的网络安全设备对于应用层的攻击防范，作用十分有限。目前大多防火墙都是工作在网络层，通过对网络层的数据过滤（基于 TCP/IP 报文头部的 ACL）实现访问控制的功能；通过状态防火墙保证内部网络不会被外部网络非法接入。所有的处理都是在网络层，而应用层攻击的特征在网络层次上是无法检测出来的。IDS、IPS 通过使用深包检测的技术检查网络数据中的应用层流量，与攻击特征库进行匹配，从而识别出已知的网络攻击，达到对应用层攻击的防护。但是对于未知攻击和将来才会出现的攻击，以及通过灵活编码和报文分割来实现的应用层攻击，IDS 和 IPS 不能有效防护。

4.5.3 主要网站安全问题及其危害

常见的 Web 攻击分为两类：一是利用 Web 服务器的漏洞进行攻击，如 CGI 缓冲区溢出，目录遍历漏洞利用等攻击；二是利用网页自身的安全漏洞进行攻击，如 SQL 注入，跨站脚本攻击等。

常见的针对 Web 应用的攻击有：

缓冲区溢出——攻击者利用超出缓冲区大小的请求和构造的二进制代码让服务器执行溢出堆栈中的恶意指令。

Cookie 假冒——精心修改 Cookie 数据进行用户假冒。

认证逃避——攻击者利用不安全的证书和身份管理。

非法输入——在动态网页的输入中使用各种非法数据，获取服务器敏感数据。

强制访问——访问未授权的网页。

隐藏变量篡改——对网页中的隐藏变量进行修改，欺骗服务器程序

拒绝服务攻击——构造大量的非法请求，使 Web 服务器不能响应正常用户的访问。

跨站脚本攻击——提交非法脚本，其他用户浏览时盗取用户账号等信息。

SQL 注入——构造 SQL 代码让服务器执行，获取敏感数据。

下面列举简单的两个攻击手段进行说明。

SQL 注入：

对于和后台数据库产生交互的网页，如果没有对用户输入数据的合法性进行全面的判断，就会使应用程序存在安全隐患。用户可以在提交正常数据的 URL 或者表单输入框中提交一段精心构造的数据库查询代码，使后台应用执行攻击者的 SQL 代码，攻击者根据程序返回的结果，获得某些他想知道的敏感数据，如管理员密码，保密商业资料等。

跨站脚本攻击：

由于网页可以包含由服务器生成的、并且由客户机浏览器解释的文本和 HTML 标记。如果不可信的内容被引入到动态页面中，则无论是网站还是客户机都没有足够的信息识别这种情况并采取保护措施。攻击者如果知道某一网站上的应用程序接收跨站点脚本的提交，他就可以在网上上提交能够完成攻击的脚本，如 JavaScript、VBScript、ActiveX、HTML 或 Flash 等内容，普通用户一旦点击了网页上这些攻击者提交的脚本，那么就会在用户客户机上执行，完成从截获账户、更改用户设置、窃取和篡改 Cookie 到虚假广告在内的种种攻击行为。

随着攻击向应用层发展，传统网络安全设备不能有效解决目前的安全威胁，网络中的应用部署面临的安全问题必须通过一种全新设计的安全防火墙——应用防火墙来解决。应用防火墙通过执行应用会话内部的请求来处理应用层。应用防火墙专门保护 Web 应用通信流和所有相关的应用资源免受利用 Web 协议发动的攻击。应用防火墙可以阻止将应用行为用于恶意目的的浏览器和 HTTP 攻击。这些攻击包括利用特殊字符或通配符修改数据的数据攻击，设法得到命令串或逻辑语句的逻辑内容攻击，以及以账户、文件或主机为主要目标的目标攻击。

本章小结

本章从业务需求和技术需求两个层面介绍了网站需求分析的内容和步骤。从业务角度，网站的功能要满足企业和访问者的需求；从技术角度，网站要符合访问者对性能指标的要求。重点是企业网站的业务需求和数据需求的分析并掌握数据需求的分析方法和步骤。

习题

1. 试以企业为例，分析建立网站的业务目的和需求。
2. 网站的性能指标有哪些？
3. 作为用户，哪些因素决定了其上网体验的好坏？
4. 需求分析报告有哪些内容？

第5章 网站设计

通过本章的学习，达到：

① 明确网站设计的内容；

② 掌握网站设计的方法；

③ 能够根据实际需要确定 WWW 服务器的方案；

④ 能够根据业务需要设计合理的数据库；

⑤ 掌握网页结构设计的内容、原则和方法；

⑥ 能够根据具体案例设计网站的前台、后台应用系统。

📡 引导案例

大学生二手书信息发布平台

大学里面最多和最宝贵的东西也许就是教材了，但是很多用过的教材都被同学当成了垃圾扔在了宿舍的角落里了。

我们学校现在有好多人在卖旧书，但是大部分是通过在学校食堂前的展板发布信息，通过这种方式传播消息有一定的局限性，有很多需要旧书的同学可能根本看不到这条信息。

既然大家都想卖掉旧书，也有人想买旧书，又不愿意费太多的周折，所以我们提供了这个"大学生信息发布平台系统"，学生可以在宿舍利用自己上网聊天，或者玩游戏的空闲时间就可以把自己想卖的旧书信息发布出去，也可以浏览自己想买的旧书。这种一举多得的事情，相信大家一定会喜欢！希望它能够给大家带来方便，也算为环保事业做出一份贡献！

1. 系统首页

图 5-1 所示为学生根据上述需求设计的网站首页。

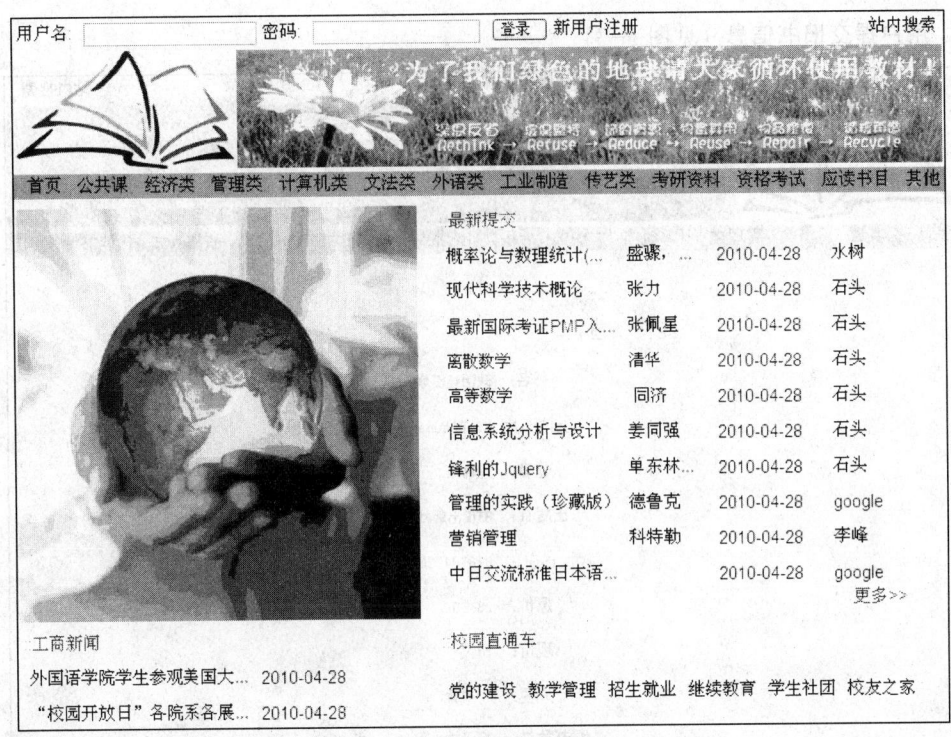

图 5-1　二手书信息发布平台首页

2．用户注册（见图 5-2）

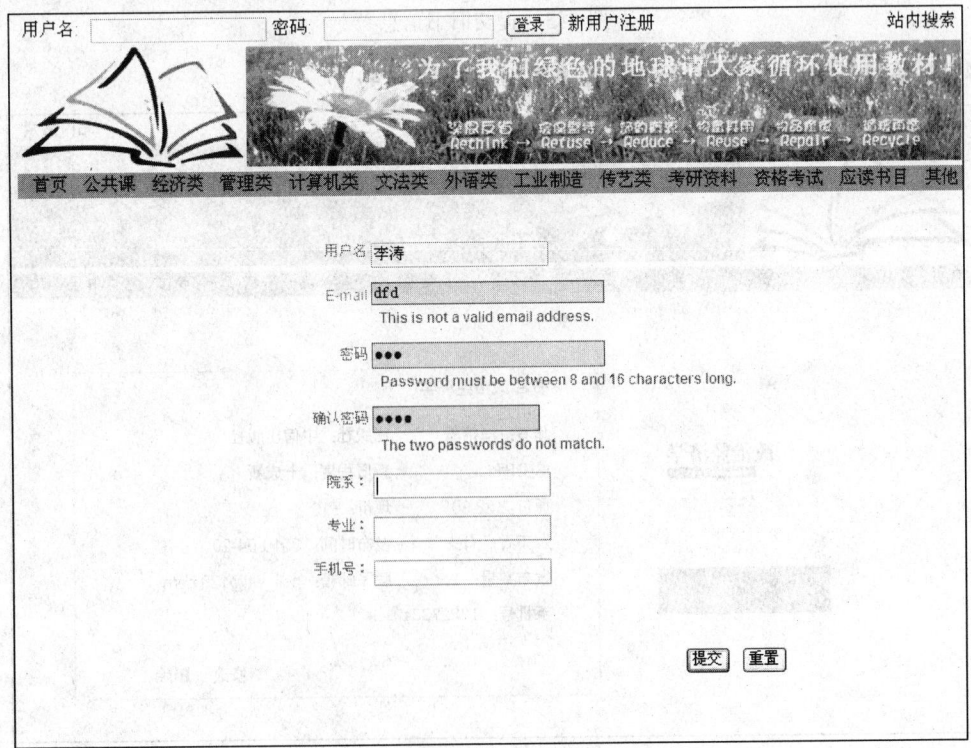

图 5-2　注册页面

3. 用户提交旧书信息（见图 5-3）

图 5-3　提交旧书信息

4. 显示旧书信息（用户自己提交旧书界面，见图 5-4）

图 5-4　提交后的旧书信息

5. 显示旧书信息（用户浏览旧书界面，见图 5-5）

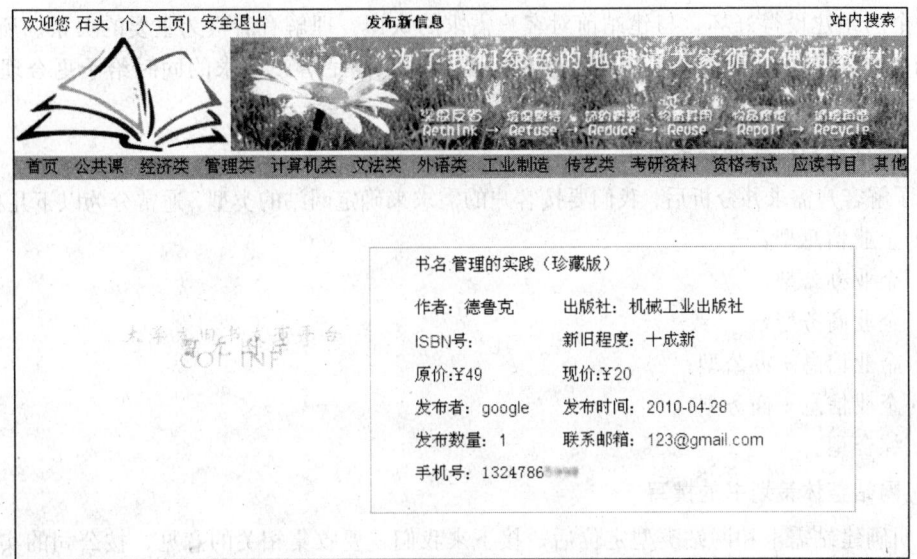

图 5-5　查询得到的信息显示界面

6. 更多提交信息（见图 5-6）

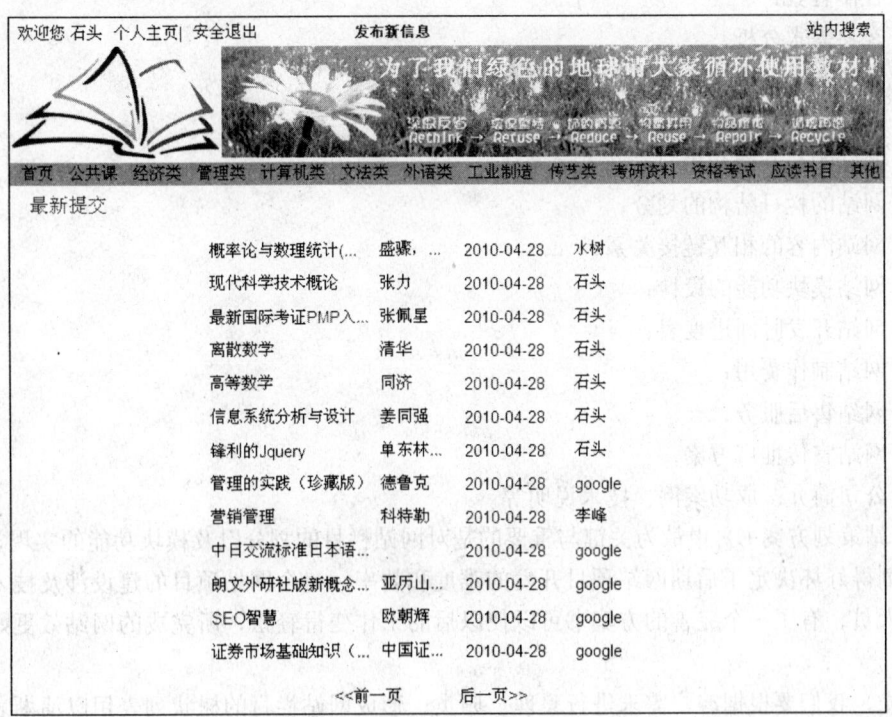

图 5-6　注册用户可以提交更多信息

　　这个二手书信息发布平台是学生的课程设计成果。创意很好，但功能还很不完善。那么，怎样的网站才算是"好"的网站呢？这就是网站设计要解决的问题。

　　要完成一个网站项目的整体设计任务，网站设计者应主要具备以下三种基本职能：

1. 对客户需求信息的认识与掌握

一个网站建设得好坏，与建站前对客户需求的认识、理解有着极为重要的关系。所以第一步我们所要做的工作就是对客户的需求加以消化并在满足客户需求的同时给予更合理的需求建议。

2. 确认客户所建网站的类型

在了解客户需求并分析后，我们要按客户的需求来确定网站的类型，通常分为以下几种类型：

① 企业信息型；

② 企业办公型；

③ 企业商务型；

④ 企业信息+办公型；

⑤ 企业信息+商务型；

⑥ 综合型。

3. 网站整体策划书的撰写

在明确建站需求和网站类型定位后，接下来我们就要收集相关的意见，按公司的实际情况与公司技术开发部门结合，如何根据需求出色地撰写出《网站策划方案书》成为关键的一步。

《网站策划方案书》一般包含以下内容：

① 合作背景；

② 客户需求分析；

③ 网站开发使用软件环境、硬件环境情况；

④ 网站美术设计说明；

⑤ 网站的交互性和用户友好界面设计；

⑥ 网站的栏目结构的划分；

⑦ 网站内容的相互链接关系；

⑧ 网站模块功能的设计；

⑨ 网站开发时间进度表；

⑩ 网站制作费用；

⑪ 网站售后服务；

⑫ 网站宣传推广方案；

⑬ 公司简介、成功案例、技术说明等。

《网站策划方案书》中最为关键与重要的是对网站栏目的划分以及模块功能的实现，此部分内容策划得好坏决定了后期网站项目开发的难度和效率。一个网站项目的建设涉及技术人员、美工等人员，有了一个完善的方案书可以使以后的工作变得轻松，所完成的网站效更好，维护简单。

首先，我们要根据客户需求进行整理、归类，形成网站栏目的树状列表用以清渐表达站点结构，栏目的规划要求写得详细、具体。然后我们以同样的方法，对二级栏目下的子栏目进行归类，并逐一确定每个二级分栏目的主页面需要放哪些具体的东西，二级栏目下面的每个小栏目需要放哪些内容，让客户及网站开发人员能够很清楚地了解本栏目的每个细节和栏目模块功能。具体有以下几项：

① 栏目概述，其中包括栏目定位，栏目目的，服务对象，子栏目设置，首页内容，分页内容！这一部分起到一个索引的作用，让用户看起来能对栏目有一个大概的整体把握和了解。

② 栏目详情，栏目详情就是把每一个子栏目的具体情况描述一下，其中包括到各个子栏目的名称，栏目的目的。（要去把子栏目的目的写清楚，在实际开发过程中可与美工人员或技术人员详细沟通）

③ 相关栏目，这一项是用以说明本栏目和其他栏目之间的结合，沟通，之所以要有这一项是想通过各个栏目之间的联系，来加强网站的整体性。

④ 实施网站开发中与相关开发人员的交流协调：在各个栏目模块功能确定的情况下，网站策划人员需要做的工作就是让页面设计人员（或美工人员）根据《网站建设方案书》中栏目的划分来设计网站的页面，在这里要注意，网站策划人员应该把需要特殊处理的地方和页面设计人员（或美工人员）讲明！在设计网站页面时页面设计人员（或美工人员）一定要根据方案书中把每个栏目的具体位置和网站的整体风格确定下来，为了让网站有整体感，应该在网页中放置一些贯穿性的元素，最终要拿出至少二种不风格的方案，每种方案应该考虑到客户企业的整体形象，与客户企业的精神（或 VI）相结合。

网站页面设计完成下一步就是实现，由页面设计人员（或美工人员）负责实现网页，并制作成模版，交由技术开发人员进行模块功能的实现。

网站页面的设计和模块功能的开发应该是同时进行的，这如何统筹安排就是网站策划人员一个比较重要的工作任务。在上面所讲述的过程进行的同时，网站的技术开发人员应该正是处于开发程序的阶段，如果实现的这个过程中出现什么问题技术开发应和页面设计人员（或美工人员）及时结合，以免程序开发完成后发现问题要进行大规模的返工。

⑤ 网站初步完成前的整合测试：接下来，当两边的工作都完成以后，就是整合。网站策划人员要统筹协调测试人员进行内部测试，测试完成，没有问题以后就可以交付客户啦！

⑥ 网站项目开发完成后的宣传推广：有些客户要去在完成网站项目建设后进行一系列的宣传推广，这时网站策划人员可以根据自己能力（或与市场策划人员和组）制定一系列网站宣传推广工作并加以实施。

5.1　WWW 服务器的选择

建立企业网站的第一个设计是服务器。WWW 服务器的两个关键是 WWW 服务器硬件 WWW 服务器软件。

对于要实施电子商务的企业来说，关键的问题就是决定是否自营主机，也就是是否自己管理 WWW 服务器。企业网站服务器的管理选择可以有三种途径：虚拟主机、服务器托管、自营主机。

5.1.1　服务器托管

服务器托管是指为了提高网站的访问速度，将您的服务器及相关设备托管到具有完善机房设施、高品质网络环境、丰富带宽资源和运营经验以及可对用户的网络和设备进行实时监控的网络数据中心内，以此使系统达到安全、可靠、稳定、高效运行的目的。托管的服务器由客户自己进行维护，或者由其他的授权人进行远程维护。

使用这种业务时，托管的服务器可以实现不间断高速接入 INTERNET 的需求，并且可以获取一个固定的 IP 地址，用于开展互联网业务或其他业务。

托管主机提供的基本服务就是网站 Web 服务和 FTP 服务。在通过 ISA Server 发布这些服务之前要做相应的配置，即把 IIS 服务和 FTP 服务工作的 TCP/IP 地址改为"内部网卡"绑定的地址。

具体操作：在"管理工具"中运行"Internet 信息服务管理器"，单击"网站"展开当前主机提供的站点服务，右击每一个 Web 站点，选择"属性"命令，在"网站"选项卡"网络标识"的"IP 地址"字段后，选择"内部网卡"的地址。

数据中心可以为客户的关键服务器提供机柜及带宽出租服务，使服务器可维持每星期 7 天、全天 24 小时无休止服务。当您有意建设自己的 Web、E-mail、FTP、SQL 服务器，而网站应用很复杂或访问率很高时，可以选择自己购买服务器，进行整机托管。

服务器托管的优势体现在：

① 节约成本：企业不必租用昂贵的线路，可以共享或独享数据中心高速带宽。

② 人员：由中心专业技术人员全天候咨询维护，省去了对维护人员的支出。完善的电力、空调、监控等设备保证企业服务器的正常运转，节省了大量建设机房的费用。用户根据需要，灵活选择数据中心提供的线路、端口以及增值服务。无须受虚拟主机服务的功能限制，可以根据实际需要灵活配置服务器，以达到充分应用的目的。

③ 稳定性：不会因为共享主机，而引起的主机负载过重，导致服务器性能下降或瘫痪。在独立主机的环境下，可以对自己的行为和程序严密把关、精密测试，将服务器的稳定性提升到最高。

④ 安全性：共享主机时，对于不同的用户会有不同的权限，这就存在安全隐患。在独立主机的环境下，可以自己设置主机权限，自由选择防火墙和防病毒设施。

⑤ 独享性：共享主机就是共享资源，因此服务器响应速度和连接速度都较独立主机慢。独立主机可以自己选择足够的网络带宽等资源及服务器的档次，从而保证主机响应和网络的高速性。

⑥ 直接将用户的主机连接到互联网的骨干上。

⑦ 通过外包托管服务降低开销。

⑧ 集中精力在核心商业目标上，而不是将时间和金钱消耗在复杂的主机和连接问题上。

5.1.2 虚拟主机

虚拟主机又称"网站空间"，即把一台运行在互联网上的服务器划分成多个具有一定大小的硬盘空间，每个空间都给予相应的 FTP 权限和 Web 访问权限，以用于网站发布。

虚拟主机的优势是低成本高利用率，是中小企业提高企业竞争力的重要手段。适用于个人网站或中小型网站。

5.1.3 自营主机

自营主机就是企业自己管理 WWW 服务器。

如是自营主机，要说明原因，并要说明选择何种服务器，了解其价格（包括服务器硬件和软件的价格）。

【案例分析】万网（http://www.net.cn，见图 5-7）

万网（http://www.net.cn）提供的服务器如图 5-7~图 5-9 所示。

图 5-7　万网的主机服务

1. 什么是专享主机

专享主机是在强大的互联网服务器集群上，利用虚拟化及集中存储等技术构建的主机租用产品，每个专享主机都是一台虚拟独立的服务器，具有完整的服务器功能，并且比同配置的物理服务器更灵活，具有更安全更稳定的性能。

专享主机的优势是具有完整的物理服务器功能，同时具有高性价比、高安全性、高灵活性。适用于业务快速成长的商业运营公司以及需要各地分支机构共享内部资源筹建信息化服务平台的大中型行业门户网站。

2. 什么是独享主机

独享主机是客户拥有整台服务器的软硬件资源，可以自行配置或通过主机管理工具实现 WEB、MAIL、FTP 等多种网络服务。由于整台服务器只有一个用户使用，在服务器硬件资源以及带宽资源上都得到了极大的保障。

独享主机的优势是稳定安全、独享带宽、可绑定多个 IP 地址、可单独设置防火墙，可扩展硬件等，适用于中高端用户。

图 5-8　虚拟主机服务

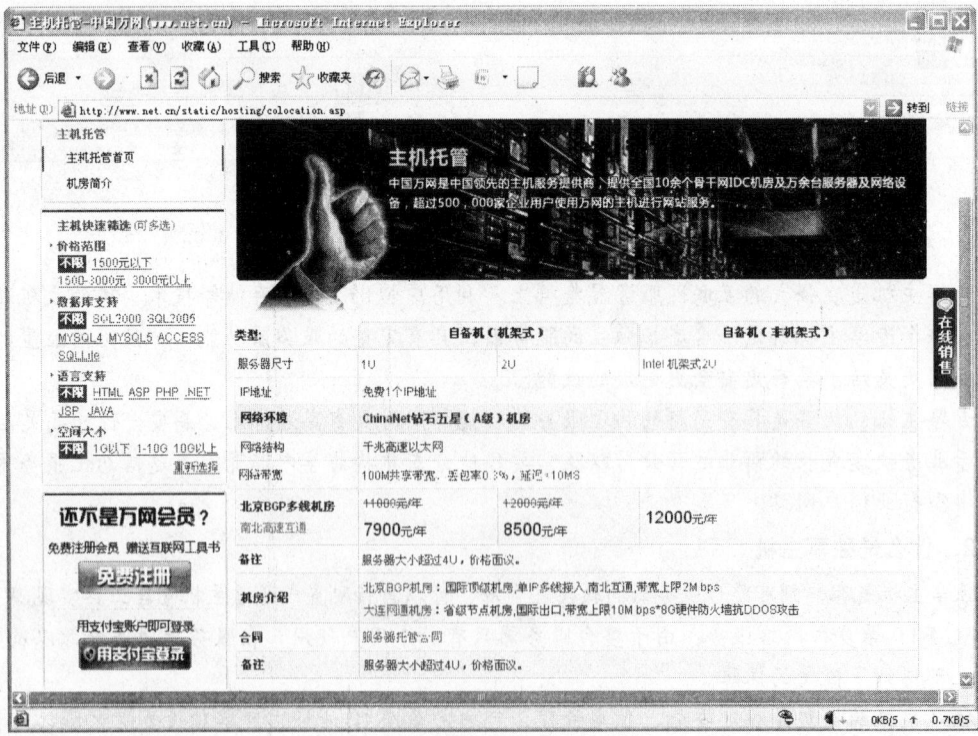

图 5-9　主机托管服务

5.1.4　三种方式的比较

在确定选择哪种 WWW 服务器方式时，要考虑的因素有：

① 网站的可访问性和带宽。如果网站的业务量很大，同时接待很多访问者，这个网站的带宽就应很大。

② 企业自身的技术力量和技术水平。

③ 对业务数据的保密、控制要求。

如果你的网站资源超过 5GB，建议你租用服务器。租用服务器一年后赠送产权，以后每年只要交托管的费用。这个成本比自己购买服务器再托管省了一年的托管费用。

服务器托管是机房代理维护，可以减少客户负担，但价格相对高一点。

自营主机需要自己维护，如果机房离自己近就无关紧要，如果远那就麻烦了。

考虑成本和安全性，一般建议购买虚拟主机，现在虚拟主机都可以随时升级，不用担心空间不够用。

等到网站发展了，也可再租用服务器。

5.2　信息架构的设计

网站信息架构设计任务是解决：一个网站根据用户需求应该提供哪些功能和信息，这些功能和信息如何组织，应该有哪些网页，这些网页应该如何组织，如何引导用户方便、快速地检索到需要的信息。

5.2.1　电子商务网站信息架构的设计思路

① 调查访问者及企业的信息需求。

② 确定网站的功能。

③ 一般将网站功能分为两类：信息浏览类、商务交易类。

④ 根据访问者的信息需求组织网站信息资源，确定网站信息的组织方式。

⑤ 根据网站信息的组织方式和典型的信息流模型，一个一个地确定网站信息浏览类功能模块的信息结点系列，即信息架构的逻辑分析。

⑥ 根据网站典型的业务处理模型或者通过系统分析获取的特殊的业务处理模型，一个一个确定网站商务交易类功能模块的信息结点系列，即信息架构的逻辑分析。

在构建网站信息架构时，要注意：

① 突出"以人为本"；

② 注重信息表达。

信息组织规则可以用于指导信息建筑师完成"化复杂为明晰"和"使信息可理解"这一任务，这些规则包括：

规则 1：人们容易理解与自己已经理解的事物相关的新事物。

规则 2：信息表达的标准是清晰，而不是美观。

规则 3：确定哪些信息值得保留以及真正想了解哪些信息。

规则 4：大多数信息是没有用的，要敢于放弃无用的信息。

5.2.2 人的三种基本信息需求

1. 用户信息需求

用户信息需求有三种基本的形式（见图 5-10）：

① 定题查询（know-item seeking）；

② 探索性查询（exploratory seeking）；

③ 广泛性查询（exhaustive seeking）。

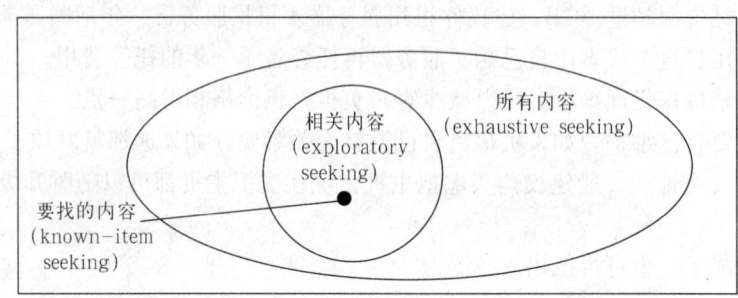

图 5-10 用户的信息需求

2. 用户信息查询行为

用户信息查询行为也有三种基本形式：

① 搜索（searching），如在搜索引擎中输入检索式。

② 浏览（browsing），如通过鼠标点击从一个链接到另一个链接来查看信息。

③ 询问（asking），即在网络上向其他人求助，如通过 E-mail、聊天系统等向他人提问。

.5.2.3 网站信息组织设计

网站信息组织的任务是根据用户的信息需求，确定网站信息如何组织。

信息组织是指用科学的方法，将处于无序状态的信息，按照一定的原则和方法，使其成为有序状态的过程，也称为信息序化或信息整序。

信息组织逻辑定义了网站信息分类项的共同特征，从而影响到网站内容的逻辑分组。

信息组织逻辑分为精确和模糊两大类。在目前的网络信息的组织活动中，分类组织法、主题组织法等传统的文献信息组织方法仍被沿用并得到一定的发展。

1. 分类组织法

分类是根据对象的属性或特征，将对象集合成类，并按照其相互关系予以系统组织。分类是人类认识事物、区分事物、组织事物的基本方法。 目前用分类方法组织网络信息主要有两种方式：一是采用自创的分类体系，二是采用传统的分类法。

传统分类组织法的优势是：

① 以学科分类限定检索范围，可以提高检准率。

② 其等级结构可以提供检索词的上下文，方便用户进行网络查询，当检索目的不明确或检索词不确定时，分类浏览方式效率更高。

③ 以知识分类为基础，以符号为标识，可作为不同语言之间的转换中介。

④ 非文本信息在网络信息资源中所占的比例日渐增大，其内容特征难以用文字表达，分类组织法的聚类功能及号码标识为之提供了一条解决途径。

2．主题组织法

主题法是指以文献中论及的事物或概念为标引对象，直接用语词做这种对象的标识，按字顺序列组织文献，并用参照系统显示概念之间相互关系的一种索引方法或文献处理方法。

主题法在网络信息组织中的使用主要表现为两种形式：一是使用现有词表；二是关键词法。

3．分类主题一体化

所谓分类主题一体化，是指分类系统与主题系统实现完全兼容，既能充分发挥各自特有的功能，又能互相配合，发挥最佳的整体效应。

4．其他信息组织法

（1）地点（Location）

对于与不同地理位置有关的信息，选择地点来组织架构是最自然不过的了。例如："新浪"天气预报频道的页面（见图 5-11）就使用了位置顺序法。

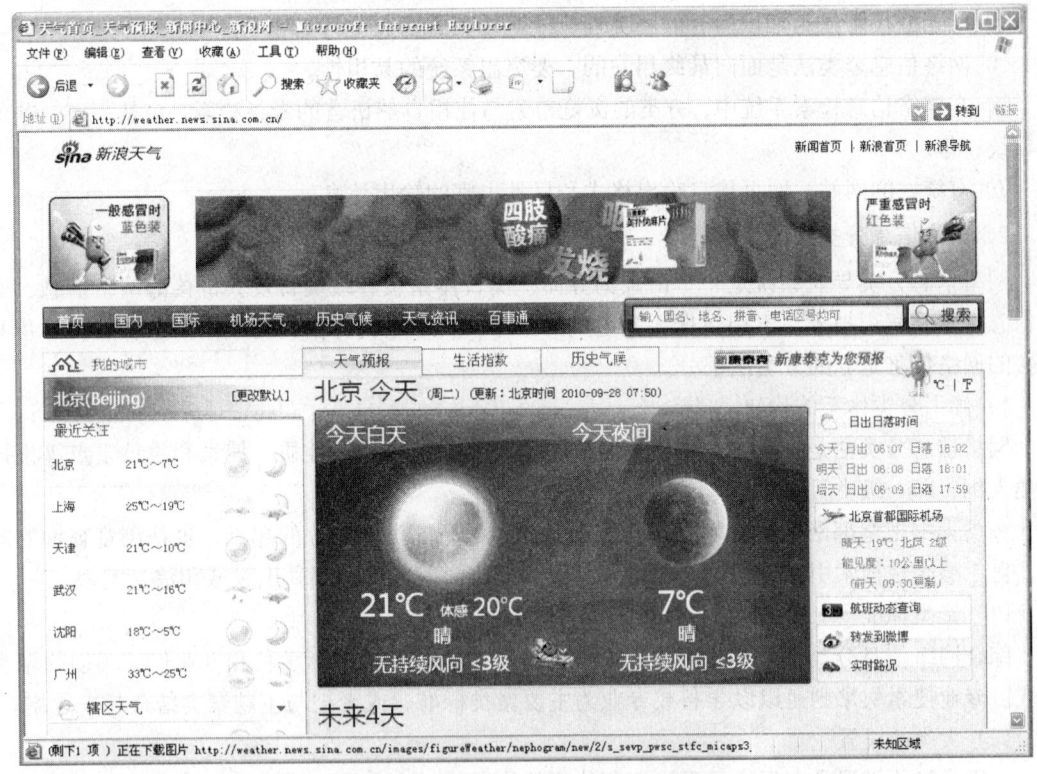

图 5-11　"新浪"天气预报频道的页面

（2）字母顺序（Alphabet）

这种方法是按照字母顺序、数字顺序或者两者的结合来组织信息。它适用大规模信息的组织。

如字典、书目或电话黄页等。

（3）时间（Time）

对那些具有固定周期的事件，例如各种会议，以时间作为组织原则十分适用。

时间组织法还用于展会、博物馆、历史纪录、企业年度记录等场合。

（4）层次（Hierarchy）

这种模式是按照重要性从小到大、从便宜到昂贵、从不重要到重要来组织项目的。在打算为某些信息赋予价值或意义，或者打算利用它来研究某一产业或公司时，可以使用这种模式。

可根据主次、重要性、属性和来源等因素将事物分层排列。

（5）合成方案

合成方案即以上几种形式的混合，分开展示在页面上。

依照不同组织方法的比较，可以了解到更多的信息。

5.2.4　网络分类法

1. 网络分类法的功能

① 满足对 Internet 上各种类型信息、各个知识领域信息组织的需要。

② 具有科学、实用、满足各类用户浏览查询的动态分类体系。

③ 能充分揭示信息知识内容的相关性，能对搜索的信息进行必要的控制和过滤。

④ 网络信息分类法是面向最终用户的，要突出系统的易用性。

⑤ 在网络信息检索系统中，分类的浏览检索与使用自然语言的专指检索，应是不可分割的完整统一体。

⑥ 有统一的网站、网页信息输出格式和尽量丰富的输出信息。

2. 网络信息分类法的编制

网络信息分类导航系统是一个由查询界面、类目体系、各级类目及其链接的网络信息、网络信息搜索及标引技术、索引数据库等组成的整体，其中查询界面、类目体系、各级类目及其链接的网络信息是它的分类法部分。

1）知识分类体系的构建

网络信息分类法是面向一切网络信息的，首先要根据网站的性质、搜索和收录重点等设计分类大纲，即一级类目。

分类大纲把全部网络信息划分为几个大范畴，是全部类图划分的起点，也是浏览查询的起点。对于综合性搜索引擎或网站来说，分类大纲应该涵盖人类全部知识领域和信息类型。

（1）聚类标准

综合网络信息分类法聚类的主要标准应当是"主题和专题"，学科和专业作为辅助的聚类标准。专业搜索引擎则可以以学科或专业为主要聚类标准，或者把与主题聚类结合起来运用。

（2）大类的设置

一级类目的设置是向用户展现知识范畴的整体框架，大类的数量通常以 10～20 个为宜。

一级类目的设置，除了社会科学、科学技术、经济、教育等与学科分类共同的知识领域外，还应把网络信息丰富、用户查询和利用率很高的主题或专题有选择地列为一级类，不管是传统分类法还是网络分类法，大类的设置都要有较高的稳定性。

通常，一、二级类目构成网络信息分类法知识组织的核心框架，这是一个较稳定的体系。

（3）分类体系展开的层次

网络分类体系展开的层次决定着分类导航系统、知识地图的详略程度，层次越多越深，知识被组织得越细密，每一个类目下信息的相关性就越高，分类体系的层次基本都控制在 3～6 级之间。

（4）类目的种类

由于网络分类导航系统是由"分类法—分类目录—网络信息"构成

（5）类目的名称

类名是类目内涵外延的概括和缩影，要使用户通过类名就基本了解本类的内容范围，就要做到类名的准确、通用和精练。

尽量使用网络信息本身和用户查询最常用的术语确定类名。常用的缩略语也可以作为类名。

（6）多分类体系的运用

为了便于用户查询，网络分类法可以在主要分类体系之外使用其他的划分标准建立次要分类体系，这种多分类体系可以称之为"主-次分类体系"。

引导案例

网易的信息分类体系

（1）网易主分计算机类体系（各网站信息）

娱乐休闲、计算机网络、经济金融、医疗健康、文学作品、艺术分类、生活资讯、体育竞技、教育学习、情感绿洲、政法军事、少儿乐园、社会文化、新闻出版、旅游自然、科学技术、公司企业、个人主页。

（2）网易次分类体系（网易网站信息）

新闻、体育、财经、计算机、游戏、影视、音乐、女性、生活、房产、职业、旅游、科技、健康、文化、教育。

2）类目的划分与设置

（1）分类标准及使用次序

从总体上来说，网络分类法以"事物"为主要的聚类标准，但在不同的知识领域，不同的划分层次，则应该根据知识内容的特征和用户检索需求特征进行具体地分析。

学科、专业、体裁、时间、形态等都可能成为分类标准。

划分选取标准，应是事物主要特征和用户查询时最可能使用的特征。

（2）类目的均衡性

类图划分要照顾到类目设置的均衡性，同一级各个类目包的信息不应相差太悬殊。

引导案例

中文雅虎的"艺术与人文"大类下的划分（括号为收录的网站数）

表演艺术（298）、设计艺术（415）、视觉艺术（955）、文化与团体（12）、艺术家（40）、艺术史（5）、参考资料（24）、工艺品（37）、人文（2245）。

（3）突出重点类目

网络分类法一个很重要的特点，就是要根据多数用户查询需要，把信息量大、点击率高的知识范畴突出列类，而不考虑它在科学分类体系所处的层次如何。

（4）类目设置的规律性

当某些形式性类目如果再按知识的内容进一步细分，当尽量采用分类法已经建立起来的体系。

3）类目交叉关系的处理

（1）纵向等级关系的处理。从大类到各级类目均可以设置必要的平行体系，按不同的属性分别集中相关的信息，同一信息分别在不同的体系中展现。

（2）横向相关关系的处理

采用直接设置"交叉类目"，把与本类相关的知识在此交叉列类，而无须使用传统的"类目参照"揭示，这也是按主题或专题聚类的体现，有利于用户在浏览中发现新的信息需求。

4）类目与信息的排列

① 类目与信息排列的意义。同位类的排列体现着分类体系的系统性、逻辑性和规范性，有助于用户进行判断和选择。

② 类目与信息的排列原则和方法。一个类下的子类或信息的排列，要向用户提供最便于浏览的次序、最便于判断需求的次序，类目的排列与网站信息的排列有不同的要求。在一个类目下如果既有子类又有网站信息，两者应分别排列。

③ 类目的排列主要有"内容相关"和"形式相关"的排列次序：

- 内容相关，就是根据类目之间内容相关的程度予以排列，反映事物之间内在联系的次序，是最有利于用户按知识内容浏览的次序；
- 逻辑相关，就是按照某种内在的逻辑次序排列，如年代的次序、过程的次序等；
- 形式相关，就是把某些形式性类目集中排列，以与内容性类目相区分。

④ 如果一个类目下是用几个分类标准进行划分的，那么首先应当把同一分类标准划分的子类集中排列。

5）网站信息的排列

类目之下的网站信息与子类有很大区别：

① 一是网站信息是类目划分的终点，是类目包含的实际信息；

② 二是网站信息数量大，有时达到数百上千之多；

③ 三是网站信息是动态性高，远不如类目稳定；

④ 四是各级类目主要靠人工编列，类目下的网站信息有人工编列的，多数是靠程序自动排列的。

根据类目下网站信息的这些特点，通常采用以下方法排列：

① 按重要程度排；

② 按点击率排；

③ 按字顺排，是目前广为采用的方法，但浏览的引导性不如前两种排列法。

6）用户界面

（1）界面的视觉效果要好

用户界面首先要清新、朴实、大方，类目排列整齐。疏密得当，类名与注释用不同字体或颜色相区分，周围的辅助栏要分隔清晰，给用户一个良好的视觉感受，忌缤纷杂乱的感觉。

（2）不同类目区分排列

一个类目下如果包含不同性质的子类，宜用一定的版面形式相分隔（如空行、横线等），使用户明确感到类目性质不同。

【例如】音响器材：

- 贸易公司、按地区分类、国外音响公司。

- 麦克风、音响工程、收音机、汽车音响。
- 横线之上是地区、机构性质的类目，横线之下是具体产品的类目，清楚醒目。

（3）划分的子类与网站信息分别排列

一个类目下如果既有划分出来的下位类也有该类包括的网站信息，应当分别排列，或辅之以必要的文字加以说明。

【例如】

网站分类→政法军事→军事与国防。

从属子分类共 16 类。

武器与军备（189）、军事文学（48）、中国军事（29）、世界军事（27），本级登录网站共 46 个。

5.2.5　网站信息组织的实现方式

信息组织方式定义了网站内容项和逻辑分组之间的关系类型，也是提供给用户的主导航途径，主要包括树形层次结构、超文本链接和关系数据库模型三种方式。

1. 数据库组织方式

数据库组织方式，即将所有获得的信息资源按照固定的记录格式存储组织，用户通过关键词及其组配查询就可以找到所需要的信息线索，再通过信息线索连接到相应的网络信息资源。数据库方式是对大量规范化数据进行组织管理的技术

特点：

① 有很高的数据处理效率；

② 能降低网络数据传输的负载。

③ 对信息处理也更加规范化。

④ 以数据库技术为基础，可建立大量的信息系统，形成整套系统分析、设计与实施的方法，为人们建立网络信息系统提供现成的经验和模式。

不足：

① 对非结构化信息的处理困难较大。

② 不能提供数据信息之间的知识关联；

③ 无法有效处理结构日益复杂的信息单元；

④ 缺乏直观性和人机交互性。

2. 超链接方式

超链接方式是把不定长的基本信息单元存放在结点上，这些基本信息单元可以是单个字、句子、章节、文献，甚至是图像、音乐或录像。

优点：

① 打破了顺序线性存取信息的局限，采用非线性组织方式，能提供非顺序性浏览功能，比传统的组织方式更符合人脑发散性的思维方式；

② 链路的网状层次联系允许用户以其认为有意义的方式，直接快速地检索到所需要的目标信息；

③ 结点中的内容可多可少，结构可以任意伸缩，具有良好的包容性和可扩充性；

④ 信息的表达形式具有多样性。

3．主页方式

一个网站往往采用主页方式通过各种频道栏目，根据网站定位的用户对象、需求的动态、一次信息等进行全面的编辑、翻译、报道，集中组织信息、提供信息服务。

另外，目录式分类搜索引擎、学科门户也部分地采用主页的方式组织信息，它们都利用主页作为界面与信息用户进行交互。

4．文件方式

文件方式采用主题组织法的思想，以文件名标识信息内容，用文件夹组织信息资源，并通过网络共享实现信息传播，是成熟的文件操作技术与网络传输技术相结合的产物。

① 随着网络信息资源利用的不断普及和信息量的不断增多，以文件为单位共享和传输信息就会使网络负载越来越大。

② 不能有效组织结构化信息。

③ 随着以文件形式保存和管理的信息资源的迅速增多，文件本身也需要作为对象来进行管理。

因此，文件只能是网络信息资源管理的辅助形式，或者作为信息单位成为其他信息组织方式的管理对象。

5．WEBSOM

WEBSOM 是一种基于 SOM（Self-organizing Map）算法的全文本信息组织与检索方法。

【案例分析】某旅游网站的信息组织

本网站将严格按照各种信息的逻辑关系，将信息组织并分类，即方便用户的在线浏览与查找，又方便用户对各类信息进行性价比较。

网站的信息分为以下几大方面：

① 关于我们：是关于本网站的基本情况介绍。

② 网站论坛规定：会员在论坛上发表言论时的注意事项及要求。

③ 会员管理办法：会员注意事项，会员升级规定，组织会员旅游注意事项，会员特别服务规定。

④ 各种旅游信息。

a. 境内各旅游景点信息分类：

● 按地区，如阳光海南，走进川藏。

● 按意义分，如红色旅游，情侣游。

● 按知名度分，如：全国旅游景点 TOP 10，全国秀丽山河 TOP 10。

b. 旅行社信息：按其名称的拼音的首字母排列。

c. 旅游路线信息：按旅行社和相关旅游景点分类。

d. 旅游小常识：第一、按季节分；第二、按旅游景点分；第三、按年龄或特殊人群分。

5.3　网站功能设计

网站功能应包括前台功能和后台功能，可分别设计。

功能设计除了要满足企业和用户的特殊功能需求外，还要包含此类商务网站的典型功能。

B2C 的电子零售系统的基本需求、B2B 电子商务的基本需求和企业信息门户的基本需求可参考第 4 章中的电子商务需求。

图 5-12、图 5-13 分别表示一个典型的企业网站的前、后台功能。

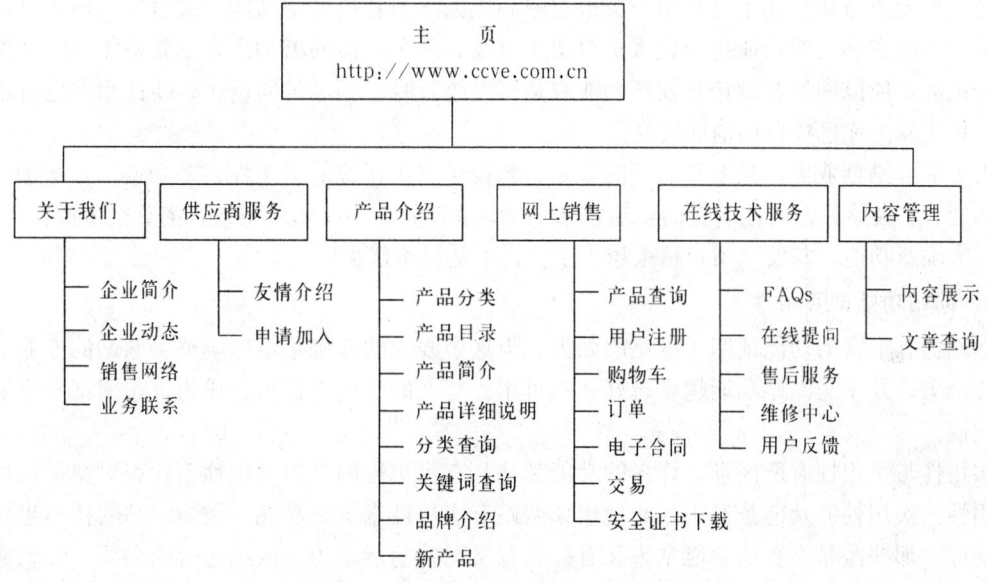

图 5-12 网站的前台用户系统结构图

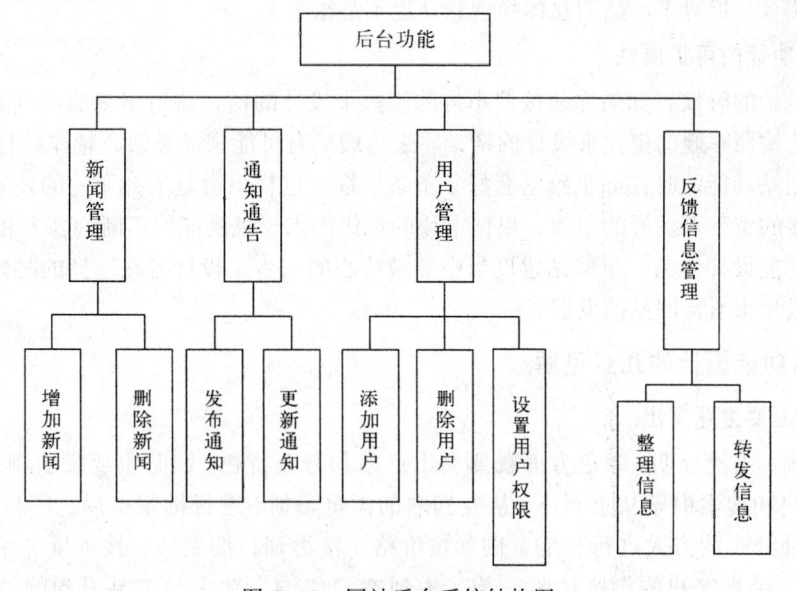

图 5-13 网站后台系统结构图

5.3.1 网站功能设计的原则

网站的功能设计在网站的建设当中起到的作用是相当重要的，是整个网站策划中最为核心的一步。设计出新颖强大的功能，对于网站的建设和推广营销来说是一个关键的环节。

1. 网站功能的可用性

网站设计出一个新的功能的确是一件让人感到兴奋的事情。但如若设计出来的新功能是从前用户从未接触过的话，要用户再来适应这项功能确实也是件比较棘手的事情。但如果这个新功能确实是用户迫切需要的，那么用户要从原来的使用习惯上过渡到这个新功能上并不困难。如果网站的功能只有少数几个人会用的话，或者说看起来很强大，实际用起来很烦琐，用户会肯定会觉得无所适从。几乎没有用户会很有耐心地去学习和摸索新功能。接着他们便不再访问网站了。再漂亮强大的功能也会让人觉得望尘莫及。一个功能的增加或者更新是需要一个循序渐进的过程，所以网站在设计开发新功能或是网站改版时，要尽量简单化，要让用户感觉不到变化，但实际上你已经在悄悄地转变。

太多的网站创业者，只看新功能的好处，忽视了整个系统的可用性，要知道，每增加一个新的功能，它会给目前其他所有的功能带来不便，降低整个系统的可用性。花费很多钱和时间，做了一大堆新功能，却发现用户越来越少了，岂不是得不偿失？

2．网站功能的实用性

网站拥有丰富的功能证明了网站的强大，但这个强大的基础是不影响整个网站的专业形象和核心形象。并不是网站功能越多越好，不可用、复杂的功能设计只会成为影响网站整体形象的拖油瓶。

实用性与可用性有所区别。许多的功能都是具有可用性的，但可用性不代表对整个网站具有实用性。实用性的功能是对于用户使用该网站有实质性意义的功能，是为网站的核心思想服务的功能。那些滥竽充数的功能拿来又有什么意义呢？功能是为了网站运营的需要，如果网站的功能与网站核心服务之间没有多大关系，即使这样的功能获得了较多的使用者，并为网站带来了一定的流量，但对于网站的总体经营意义也不是很大。

3．网站功能的可扩展性

在建造船泊的时候，如果你是按照小舟的模式来设计的话，建造出来的船只能在小河上行驶；如果你是按照军舰的模式来设计的话，将来这艘船有可能乘风破浪，越洋航行！

在设计网站功能的时候如果给它套好了条条框框，这样只会是看死了它的发展。在设计的时候为其发展的留下可扩展的空间，根据市场的变化需求寻求功能的不断的强大和完善。

网站的功能设计作为一个网站建设当中最最核心的一步，设计者在选择的时候要慎重，更要以长远的眼光来看待网站的发展。

5.3.2　网站功能设计的几点见解

1．主页面要主题突出

条理清晰，主次分明，颜色方面既要突出产品和行业特色，同时也要吸引浏览者的注意，还要根据客户和搜索引擎从上到下，从左到右的浏览习惯，进行排版布局。对于复杂的产品，建议采取多种分类的方式进行导购，例如按价格，按类别，按品牌，按重量等多种导航方式供客户选择，提高客户的浏览体验，为了方便客户咨询，在客户容易看到的地方加上在线咨询。

2．客户浏览路径

据权威网站分析统计，客户浏览网站每多一个步骤就要减少大概 20%的流量，所以当一个浏览者进入一个网站时，当他想找某样商品时，3 个动作能完成的，绝不能安排 4 个动作，所以电子商务网站的访问路径设计非常重要，大家都有逛商场或者进一个陌生的飞机场的体验，当你想找某一样商品或找出入口时，应该能体会得到导航的重要性和楼梯、走廊、过道等设置的重要性，一个好的商场设计会让消费者开心而来，满意而归，其实我们电子商务网站也是一样的。所以我们网站自己的员工要不断切身体验，不断改进不足，提高客户的浏览体验，这样才能留住客户，提高订单量。

3．内容交叉

当一个客户浏览一个网页后，看完了自己想要的东西后，他可能会关闭窗口，离开网站，如果我们在每个页面都增加一些相关的信息，这样可以提高客户的黏度，例如：相关商品（或者浏览该产品的用户还浏览的商品）、产品知识、销售排行、本周促销等。

4．购买流程设计

很多企业在开始设计网站的时候会把网站想得很全，想得很多，但是实际实施起来却不是那么回事，考虑得越多，越复杂，流程设计，会员注册信息等越多，客户会觉得越麻烦，结果可能放弃购物，所以做购买流程设计时，要把该减的东西都减掉，或者通过多步实现，第一步越简单越好，当注册完第一步填写完购物所必需的信息后就可以购物了，至于其他的信息，可以根据不同客户的实际需要来不断补充、完善。另外，要提供多种消费者方便的购买方式，比如电话订购、QQ 在线咨询购买、E-mail 订购（把字段和格式都给客户设计好，直接填写就可以了）。

5．产品标题图片描述

产品标题要体现该产品的优点，重点，言简意赅，因为标题不能太长，图片要清晰，拍图片时多角度拍摄，然后选一张最好的，既要体现产品的优势，又要看得清，描述很重要，要把客户关心的，核心的信息按照从重到轻的顺序，自上而下排列，尽可能多地把产品信息，如何购买，支付，物流等信息显示出来。建议描述图文并茂，因为大多数人喜欢看图片，不喜欢看问题。

6．网站帮助系统

把它放在第一位，要让客户随时都有帮助可查，任何时候都知道操作。只有有了好的用户体验，才有回头率，才有了口碑营销。只有把用户摆在第一位的网站，才是一个成功的网站。

7．在线客服系统

在线客户系统是有效提高客户转化率的工具，当用户在浏览你网页的时候能够及时和企业的客服人员沟通，用户体验大大增加，客户转化率也随之提高。

8．网站访问统计

对于一个网络营销形网站，没有这些统计数据，就无从得知用户的来路，无法知道广告的投放效果。很多第三方软件提供这一功能，如 CNZZ、Yahoo Tongji、Google Analysis 等。

9．在线订单系统

用户在浏览完了你的网页信息，如果有购买意向，最方便的就是点点鼠标，就希望你能看到他的信息，并且第一时间处理他的订单。如果没有这个系统，用户就只能通过打电话来解决，很多用户嫌麻烦而放弃订购你的产品。

10．文章管理系统

文章系统用来发布企业信息，行业信息，产品信息等，这无疑大大提升了企业网站的内容。更加能适合用户的阅读，对搜索引擎来说也是一个最好的优化方式。

5.4 网站结构设计

网站的结构可以分为网站的物理结构和逻辑链接结构。

网站的物理结构是指网站文件的物理存储结构，也就是网站文件在服务器上存储的方式。

逻辑链接结构是网站在运行时抽象出来的拓扑结构，它建立在网站物理结构之上而又跨越物理结构。

5.4.1 网站的物理结构

网站的物理结构体现为网站在服务器上的目录结构。

网站的物理结构不应十分复杂，层次也不应太多，应该根据网站文件的功能、地位和大致的逻辑结构来建立树状的目录结构。例如主页的 HTML 文件一般直接放于服务器虚拟路径的根上，与之相关联的资源（如图片、声音等）作为一个一级目录，其他的一级页面构成一个一级目录，而在一级页面的目录里又有与之相关的资源和上级页面构成二级目录，类似地再往下分为三级目录等。

设计网站物理结构时，应注意：

① 不要将所有文件都存放在根目录下。

a. 文件管理混乱。你常常搞不清哪些文件需要编辑和更新，哪些无用的文件可以删除，哪些是相关联的文件。

b. 上传速度慢。服务器一般都会为根目录建立一个文件索引。当你将所有文件都放在根目录下，那么即使你只上传更新一个文件，服务器也需要将所有文件再检索一遍，建立新的索引文件。很明显，文件量越大，等待的时间也将越长。

② 按栏目内容建立子目录。

③ 所有程序一般都存放在特定目录。

④ 所有需要下载的内容也最好放在一个目录下。

⑤ 在每个主目录下建立独立的 images 目录。

⑥ 目录的层次不要太深。目录的层次建议不要超过 3 层。

⑦ 全局的资源应该放在根目录下的 Global 目录中。

⑧ 根据栏目规划和功能来设计目录结构。

⑨ 每个目录下都建立独立的 images 子目录。

⑩ 目录的层次不宜太多。

⑪ 最好不要使用中文目录名。

⑫ 将可执行文件与不可执行文件分开放置。

⑬ 数据库文件单独放置。

引导案例

一个网上商城的目录结构如表 5-1~表 5-6 所示。

表 5-1　根　目　录

页面名称	全 路 径	说　明
index.jsp	/index.jsp	首页
user	/user	用户管理文件夹
ware	/ware	商品文件夹
buy	/buy	购物文件夹
about	/about	关于商城的相关信息的文件夹
help	/help	商城帮助文件夹
images	/images	图片文件夹
include	/include	被包含的头文件和脚注文件文件夹
js	/js	存放 JavaScript 脚本文件的文件
css	/css	存放样式表的文件夹

表 5-2　用 户 管 理

文件夹名称	全 路 径	说　明
index.jsp	/user/index.jsp	注册协议页面
logon.jsp	/user/register.jsp	登录页面
register.jsp	/user/register.jsp	注册页面
modify.jsp	/user/modify.jsp	修改用户信息页面
forget.jsp	/user/forget.jsp	忘记密码页面
manage.jsp	/user/manage.jsp	管理用户页面
succeed.jsp	/user/succeed.jsp	用户注册成功
details.jsp	/user/details.jsp	填写用户详细信息
amenddetails.jsp	/user/amenddetails.jsp	修改用户详细信息
consignee.jsp	/user/consignee.jsp	填写收货人信息
amendconsignee.jsp	/user/amendconsignee.jsp	修改收费人信息
amendpsword.jsp	/user/amendpsword.jsp	修改密码
forget1.jsp	/user/forget1.jsp	取（加）密码第一步
forget2.jsp	/user/forget2.jsp	取（加）密码第二步
sendpsword.jsp	/user/sendpsword.jsp	发送密码成功
addscord.jsp	/user/addscord.jsp	增加用户积分页

表 5-3　商 品 部 分

页 面 名 称	全 路 径	说　明
index.jsp	/ware/index.jsp	产品专柜首页，也是数码专柜首页
machine.jsp	/ware/machine.jsp	整机专柜首页
sort.jsp	/ware/sort.jsp	更多页面

页 面 名 称	全 路 径	说 明
detail.jsp	/ware/detail.jsp	商品详细信息页面
add.jsp	/ware/add.jsp	添加商品页面，只有管理员才有权限
modify.jsp	/ware/modify.jsp	修改商品页面，只有管理员才有权限
manageclass.jsp	/ware/manageclass.jsp	管理商品专柜类别页面，只有管理员才有权限
search.jsp	/ware/search.jsp	搜索产品页面
advanced.jsp	/ware/advanced.jsp	商级搜索
createhotsort.jsp	/ware/createhotsort.jsp	生成商品热卖排行页面
head.jsp	/ware/head.jsp	
foot.jsp	/ware/foot.jsp	

表 5-4 购 物 部 分

页 面 名 称	全 路 径	说 明
index.jsp	/buy/index.jsp	购物车首页
balance.jsp	/buy/balance.jsp	结算中心
recept.jsp	/buy/recept.jsp	填写接受人页面
orderform.jsp	/buy/orderform.jsp	确认订单页面
mgform.jsp	/buy/mgform.jsp	若订单为被处理，则用户可以修改订单，否则，只有编辑可以使用。编辑可以将订单状态修改为已处理
sort.jsp	/buy/sort.jsp	用户查看订单页面
head.jsp	/buy/head.jsp	
foot.jsp	/buy/foot.jsp	

表 5-5 其 他 页 面

页 面 名 称	全 路 径	说 明
index.jps	/help/index.jsp	帮助首页，也是常见问题页面
aftersell.jsp	/help/aftersell.jsp	售后条款
pay.jsp	/help/pay.jsp	付款方式
send.jsp	/help/send.jsp	如何配送
demo.jsp	/help/demo.jsp	演示如何购物和送货
service.jsp	/help/service.jsp	找客服

表 5-6 关于部分页面

页 面 名 称	全 路 径	说 明
discount.jsp	/about/discount.jsp	优惠政策
leagueterm.jsp	/about/leagueterm.jsp	加盟条件
league.jsp	/about/league.jsp	马上加盟
flow.jsp	/about/flow.jsp	订单流程
serviceterm.jsp	/about/serviceterm.jsp	配送条款

续表

页 面 名 称	全 路 径	说　明
payment.jsp	/about/payment.jsp	支付方式
aftersell.jsp	/about/aftersell.jsp	售后条款
quality.jsp	/about/quality.jsp	双重质保
indemnity.jsp	/about/indemnity.jsp	先行赔付
oos.jsp	/about/oos.jsp	缺货登记
pourout.jsp	/about/pourout.jsp	在线投拆
touch.jsp	/about/touch.jsp	联系我们

5.4.2　网站的逻辑连接结构

网站的链接结构是指页面之间相互链接的拓扑结构，它建立在目录结构基础之上，但可以跨越目录结构。形象地说，每个页面都是一个固定点，链接则是在两个固定点之间的连线，一个点可以和一个点连接，也可以和多个点连接。更重要的是，这些点并不是分布在一个平面上，而是存在于一个立体的空间中。

建立网站的链接结构两种基本方式：

1．树状链接结构（一对一）

类似 DOS 的目录结构，首页链接指向一级页面，一级页面链接指向二级页面。立体结构看起来就像蒲公英。这样的链接结构浏览时，一级级进入，一级级退出。优点是条理清晰，访问者明确知道自己在什么位置，不容易"迷路"。缺点是浏览效率低，一个栏目下的子页面到另一个栏目下的子页面，必须绕经首页。

2．星状链接结构（一对多）

类似网络服务器的链接，每个页面相互之间都建立了链接。这种链接结构的优点是浏览方便，随时可以到达自己喜欢的页面。缺点是链接太多，页面之间的层次结构不清晰，容易使访问者"迷路"，搞不清自己所在的位置，也不能确定自己已经浏览过的内容。

5.4.3　页面流程设计

页面流程相对于结构设计来说，是一个动态的概念。网站结构是一个静态的概念，它反映的是网站的静态布局，而页面流程反映了访问者在浏览网站时的访问经历，设计者为访问者设计这些浏览经历的工作就是页面流程的设计。

页面流程是用来反映访问者浏览网站经历的，它的特点是以访问者角度去观察网站的构造。页面流程是局部、具体地设计网站的阶段，而网站结构设计是对网站全局性的定位。页面流程是动态地观察网站，而网站结构是静态的策划，网页流程是基于网站结构的。

网站功能确定了网站页面，因此在设计页面流程时应该先将网站页面按照功能组别以及功能调用关系进行划分。

第一步应该对网站的功能进行细分，划分网站功能模块。

1．网站功能模块划分

网站的功能模块是指完成一个独立功能的一个或多个网页，所谓的独立功能，就是指这部分的功能可以完成一定的任务而不需要其他功能模块的支持，也就是说只需要功能模块中的页面来完成而没有必要运行其他的页面。

功能模块与页面之间的区别与联系：

一个页面可以帮助完成几种功能，它可以存在于几个不同的功能模块中，可以把它比喻为功能模块中的组成部分，一个功能模块可以包含一个或多个页面，它是页面的载体，页面的功能最终是为它所在的功能模块服务。注意：这里所讲的页面是指利用 ASP 等编写的动态页面，而不是指一般的静态 Html 页面，它们的内容是可以根据传入参数的不同而不同的。

网站的功能模块划分的三种方法：

（1）按流程划分功能模块

这种划分方法是根据用户访问网站的过程来划分网站的功能模块的。

这种划分法以用户的访问足迹为线索，每一个功能模块就像线索上的结点。

一般来说，以用户登录服务为主题的用户社区类型网站，就大多采取这类划分法。

我们以一个提供免费邮箱服务的网站为例，根据用户访问的流程来示范划分的过程：

① 当用户登录到提供免费邮箱服务网站的首页（首页服务功能模块）时，会见到一个登录框，如果用户初次申请，不能在登录框中输入密码进行登录，就必须申请新账号而进入申请功能模块。

② 如果用户已经在该网站申请到了合法 ID，就可以在登录框中填入用户名与数据，进入登录功能模块。

③ 用户登录后，就进入了自己的信箱，进入了信箱文件夹列表功能模块，列出了收件箱、发件箱、回收站等文件夹。

④ 假设用户想收邮件，将会单击收件箱链接进入收件箱中，从而进入另一个功能模块——信件列表。收到新信件，用户当然想阅读一下，这时单击信件，查看信件的内容，又进入了另外一个叫显示信件内容的功能模块。

⑤ 阅读完后，用户要回信，它们在原来信件的显示页面上写上自己恢复的内容，就可以按"回信"按钮而调用信件回复的功能模块。

⑥ 同样原理，如果用户进入其他文件夹进行其他操作，同样可以划分其他分支流程的功能模块。

按用户访问流程这种划分功能模块的方法，能清晰地反映用户访问网站的整个过程，设计者能很好地体会到用户在访问过程中的感受，从而把网站设计的更体贴，更符合用户的习惯。

但是这种划分方法指从用户角度来设计，如果用户访问过程中，分支流程太多，整个网站的设计就会显得凌乱，甚至造成功能模块的重复，而浪费了网络资源。此时就应该考虑采用另外的分类方法。

（2）按网站的目录结构划分

这种划分方法从网站的目录结构，也就是按网站的内容分类来确定功能模块的分类。按这种划分法设计的网站，把网站向访问者提供的功能分类，一般都是每种功能分成一个功能模块。如果一个网站的交互性不高，那么这种网站用按目录结构的分法是最合适不过的。

（3）按流程与按目录结构相结合的方法

基于 ASP 一类技术的交互网站，很多情况下不同操作会调用相同的页面（只是入口参数不同）。两种方法结合起来才是真正有前途的方法。这种结合应该是互相渗透的，而不是互相排斥的，可以在按流程划分的功能模块中按目录分类，又可以在按目录分类的大功能模块中按流程来分类。

大型的商业网站必然提供多种多样的服务，例如以提供免费邮箱以及其他各方面信息服务的 21 世纪网站（www.21cn.com），就分成"新闻"、"娱乐"、"财经"、"旅游"、"计算机"、"广告服务"、"邮箱登录"等很多种大功能模块，在这些功能模块中，又可以嵌套另外的划分方法。比如在"邮箱服务"的功能中就是按流程分类的，这个分类过程在上面已经详细讲过，而在登录邮箱之后选择各个文件夹选项操作这个过程，又是按目录结构来划分的。

那么在具体功能分块中应如何选择这两种分法以及把它们集合起来呢？首先看网站提供多少种不同类的服务，每种服务可以把它分成一个大类，归到一个目录中，在每种交互性的服务中，再看服务提供的过程是怎样实现的，按实现的步骤来再细分，在细分后，再根据需要进行不同的划分。当然，这里划分方法的运用是灵活的，要按照实际情况作决定。

2．网站页面功能分配

划分好了功能模块之后，可以进一步把功能细分到网站页面上，通过页面来实现每个模块的功能。

网站页面功能分配可以看成是一种函数调用，基于目录分类的网页，在一个功能中，每个页面都是并列的，而基于流程分类的网页，就要按照功能调用的顺序，把页面按次序的显示出来。

（1）基于流程的页面功能分配

大部分具有交互性的网站功能，都包括一个流程。我们来分析一下注册流程（见图 5-14）。

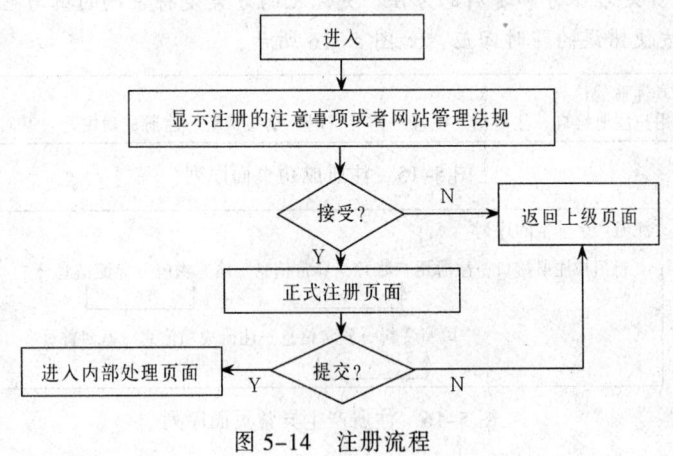

图 5-14　注册流程

（2）按类分配页面

另外一类分配页面功能的方法就是纯粹的按类分配。在每一个功能模块中按类划分子功能模块，然后再在其中把功能细分，直到所有的功能都被分到每一个页面中。

这种分类方法主要用来划分网站中的大功能模块，把各不相同的功能分到不同目录之下，或用在实现起来比较简单的个人网页中。

📡 引导案例

"H营销网"的页面划分

网站分为前台公众访问以及后台网站管理部分，两个部分是相互独立的，所以分别对这两部分进行介绍。

划分网站公众页面：

页面的划分主要以功能为单位。一组联系紧密的或功能相关的页面组构成了一个功能。

为了实现网站目标中确定的功能，首先要定义好功能的使用过程、方式、界面等因素。

确定公众部分的目标

（1）用户注册：

● 新用户的注册；

● 已经注册用户的身份识别。

（2）新闻浏览。

（3）发表评论。

（4）社区讨论。

新用户注册（见图5-15）：

① 网站显眼的地方提供访问者进入新用户注册功能的接口 。

② 由新用户填写自己的注册账号。

③ 填写密码等相关资料。

④ 根据登录的结果返回访问者信息并回到首页。

⑤ 采用了分开处理账号和资料的方法。更优化的方案是将密码的填写也作为独立的一步划分出来，以方便错误的即时回应，如图5-16所示。

> 成功注册的序列：
> 新用户注册接口→注册用户账号→填写密码→填写资料→注册成功住处→返回首页

图 5-15   注册成功页面序列

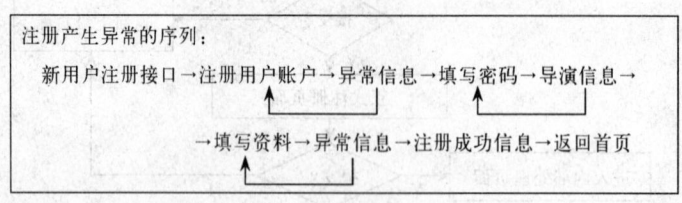

图 5-16   注册产生异常页面序列

划分的页面组结果：

① 新用户注册接口（一个嵌入在首页和导航系统中的链接）；

② 注册用户账号页面 ApplyName.asp（页面上给出注册规则的提示）；

③ 账号合法性检查页面 CheckName.asp（操作性页面，含有账号非法时的异常信息）；

④ 填写用户密码页面 FillPassword.asp（页面上给出注册规则的提示）；

⑤ 密码合法性检查页面 CheckPassword.asp（操作性页面，含有密码非法异常信息）；

⑥ 填写个人资料页面 Register.asp）；

⑦ 资料合法性检查及注册账号插入数据库页面 userUpdate.asp（操作性页面，含有资料非法的异常信息以及注册成功信息，提供返回首页的链接，见图 5-17 和图 5-18 所示）。

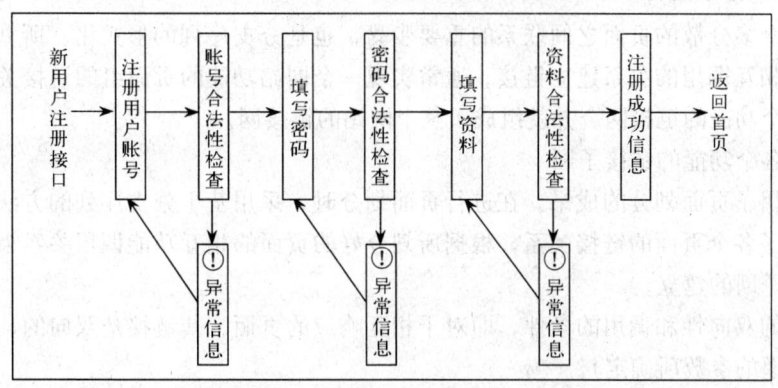

图 5-17 用户注册的分支序列

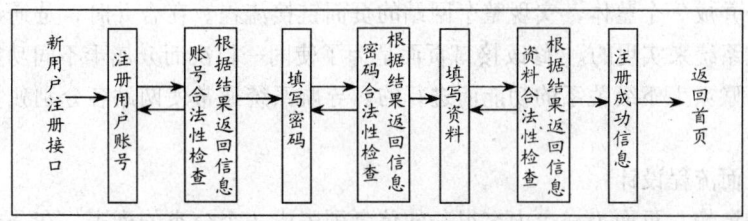

图 5-18 整理后的用户注册分支序列

注意：没有增设显示服务器操作结果的操作性页面（即在注册资料都通过后并完全成功地存入数据库时返回成功信息；由于网络信息传送失败、服务器忙、页面超时等原因导致没有把数据存入数据库时返回错误信息）是为了简化本例的设计过程，在实际应用中这诸多方面都是应该仔细考虑的。

对于这样的页面组，访问者无论进行了什么操作，网站都可以作出正确的页面回应了。

新闻浏览的分支序列如图 5-19 所示。

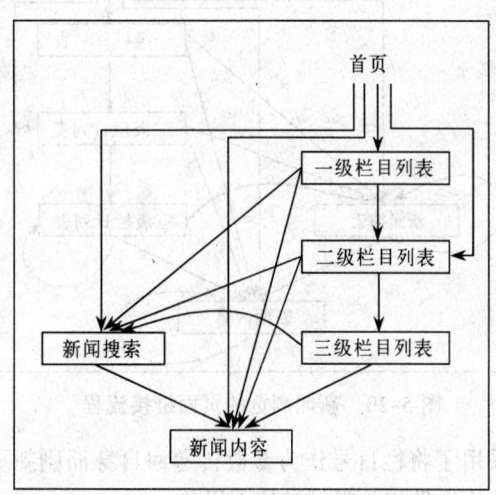

图 5-19 新闻浏览的分支序列

5.4.4 网站的链接结构设计

1. 建立页面连接流程

这是描述众多分散的页面之间联系的重要步骤，也是分支序列的形式化。所划分的页面之间应该根据其相互调用的关系建立链接。通常实现一个网站功能的页面组的链接关系构成一个链接网，而各个功能的链接网合并就组成了整个网站的链接网。

（1）建立各个功能的链接子网

它主要沿用了页面划分的成果。在进行页面划分时，采用基于分支序列的方法，在很大程度上已经反映了各个页面的链接关系，根据所划分好的页面的相互功能调用关系来建立链接关系，实现链接子网的建立。

注意调用的双向性和调用的条件，即对于相互响应的页面，其链接是双向的，并且是有条件的（根据传递的参数所确定）。

（2）建立网站整体链接网

将各子网合并成一个整体，实现整个网站的页面链接流程。在合并时，是通过修改接口页面或者通过导航系统来实现的。修改接口页面是为了使同一层次而分属于不同功能的页面建立联系，或者为了联系上下级关系的功能而进行的。导航系统通常使网站各分别独立的功能实现横向联系。

（3）公众页面流程设计

页面的自我链接：页面为一个内容很长的信息列表或一个分类的列表，在一个屏幕内不能将信息显示完毕时；或者需要显示的内容是经过分类的，一页应该只显示一个类别的时候。这种情况在需要进行列表的时候出现最多。通常都采用由服务器处理参数来实现动态刷新的 Html 效果。在我们的商业网站例子中，有几个页面是需要进行自我链接的：如新闻三级栏目列表、新闻内容、社区讨论的文章列表等。新闻三级栏目列表应该总是显示当前已经选定的三级栏目及其新闻条目，并且应该提供同一级别的其他栏目的链接，如图 5-20 所示。

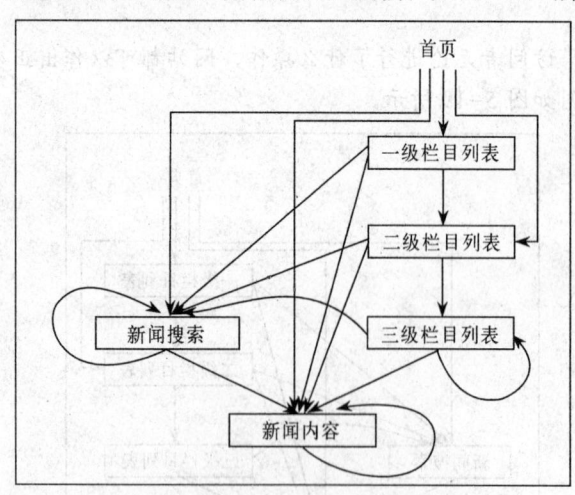

图 5-20　新闻浏览的页面链接流程

在处理方法上，就是采用了将栏目号作为参数传递回自身而刷新页面的方法实现的。新闻内容页面的自我链接主要是为提供相关新闻链接而设的。

当社区讨论的文章列表页面中所列文章过多，一页显示不完时，可采用分页显示技术，设计一个利用页号为参数的页面实现动态地刷新访问者当前所看到的内容，通过自我链接来显示所有文章。

对两个页面进行双向链接：当一个页面提供数据给另外一个页面处理时（如一个表单提交数据给一个操作性页面），对数据进行处理的页面有可能对不合格的数据要求重新输入，这时处理数据的页面同样地指向提交数据的页面。

- 这种情况实际上就是在分支序列的基础上，将异常信息的页面合并到操作页面后所形成的形式。
- 这种情况多见于一个进行输入操作的页面和一个进行数据处理的页面之间的链接。

（4）建立网站整体流程

较为紧密的合并方式是采用修改接口页面的方法：从两个具有一定关系的功能（同级的或者上下级的）各自的流程中抽取功能相同或者相似的页面组成一个页面（即舍弃其中一方，然后将它的功能加入到另外一方中），同时完成加入接口参数、调整数据的完整性等工作，实现两个功能的合并。

较为松散的合并方式是通过导航系统实现的：只需要建立一个公共性质的导航页面，或者在需要合并的功能中各自加入到对方的链接，无须对页面的内核进行调整。

引导案例

新闻浏览和发表评论的合并（见图 5-21）

这两个功能之间属于上下级的关系，它们之间的接口页面是新闻内容页面。

在新闻显示内容之后提供发表评论的链接入口，当访问者要发表评论时，单击相应的按钮，新闻内容页面就会将有关的参数（当前访问者的身份，当前所阅读的新闻编号、新闻主题、所属栏目等等信息）传递给发表评论的表单页面，待访问者填写后一并交由系统进行处理。

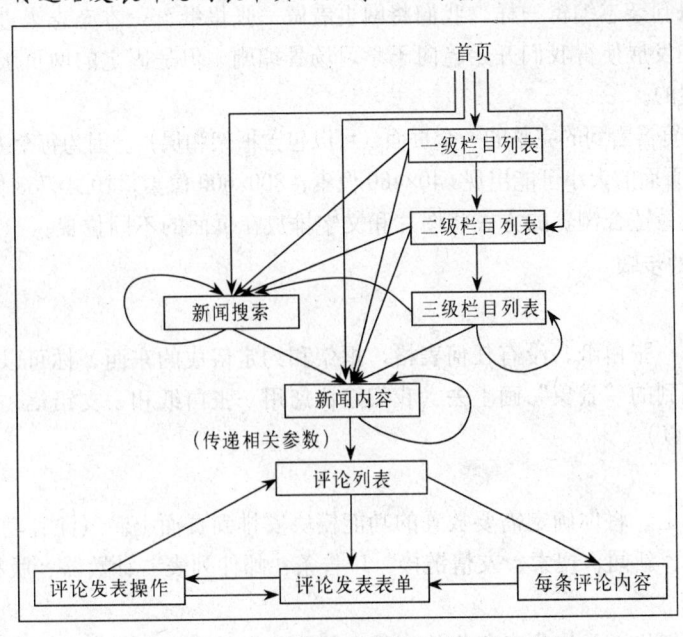

图 5-21　新闻浏览和发表评论流程的合并图

2. 制作网站页面流程图（见图 5-22）

页面流程图是由划分好的页面单元和连接单元之间的箭头以及图例等元素组成的。

绘制页面流程图的步骤：

① 流程图标题。通常在版面的左上方，采用较显眼的字体和颜色标出。

② 图例。结点底色说明：指出哪种底色是一般页面，哪种底色是操作性页面，流程路线说明：给每条流程路线标号，列出标号和路线的对应关系。图例置于正图的下方。

③ 留意以下注意事项：

版面的安排；

箭头的安排。

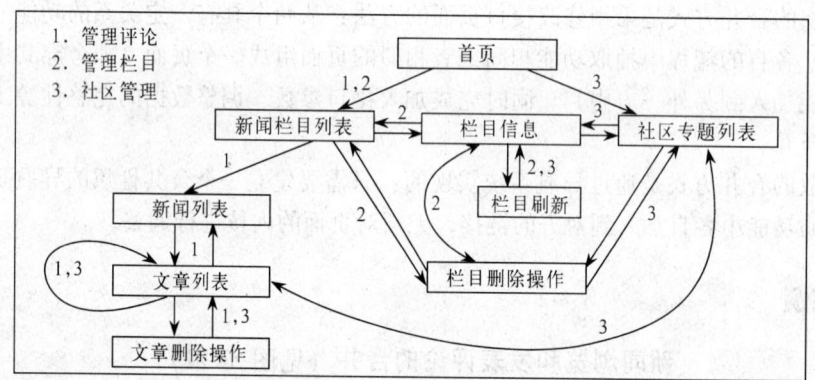

图 5-22　新闻管理部分流程与社区管理的流程合并

5.4.5　网页设计

1. 设计版面布局

就像传统的报刊杂志编辑一样，我们将网页看做一张报纸，一本杂志来进行排版布局。虽然动态网页技术的发展使得我们开始趋向于学习场景编剧，但是固定的网页版面设计基础依然是必须学习和掌握的。

版面指的是浏览器看到的完整的一个页面（可以包含框架和层）。因为每个人的显示器分辨率不同，所以同一个页面的大小可能出现 640×480 像素，800×600 像素，1024×768 像素等不同尺寸。

布局，就是以最适合浏览的方式将图片和文字排放在页面的不同位置。

2. 版面布局的步骤

（1）草案

新建页面就像一张白纸，没有任何表格，框架和约定俗成的东西，你可以尽可能的发挥你的想象力，将你想到的"景象"画上去（我们建议您用一张白纸和一支铅笔，当然用作图软件 Photoshop 等也可以）。

（2）粗略布局

在草案的基础上，将你确定需要放置的功能模块安排到页面上。（注：功能模块主要包含网站标志、主菜单、新闻、搜索、友情链接、广告条、邮件列表、计数器、版权信息等）

（3）定案

将粗略布局精细化、具体化（靠你的智慧和经验，旁敲侧击多方联想，才能作出具有创意的布局）。

3. 布局遵循的原则

① 正常平衡——亦称"匀称"。多指左右、上下对照形式，主要强调秩序，能达到安定诚实、信赖的效果。

② 异常平衡——即非对照形式，但也要平衡和韵律，当然都是不均整的，此种布局能达到强调性、不安性、高注目性的效果。

③ 对比——所谓对比，不仅利用色彩、色调等技巧来进行表现，在内容上也可涉及古与今、新与旧等对比。

④ 凝视——所谓凝视是利用页面中人物视线，使浏览者仿照跟随的心理，以达到注视页面的效果，一般多用明星凝视状。

⑤ 空白——空白有两种作用，一方面对其他网站表示突出卓越，另一方面也表示网页品位的优越感，这种表现方法对体显网页的格调十分有效。

⑥ 尽量用图片解说——此法对不能用语言说服、或用语言无法表达的情感特别有效。图片解说的内容，可以传达给浏览者的更多的心理因素。

4. 常用到的版面布局形式

① "T"形结构布局。所谓"T"形结构，就是指页面顶部为横条网站标志+广告条，下方左面为主菜单，右面显示内容的布局，因为菜单条背景较深，整体效果类似英文字母"T"，所以我们称之为"T"形布局。

这是网页设计中用的最广返的一种布局方式。这种布局的优点是页面结构清晰，主次分明。

② "口"形布局。这是一个象形的说法，就是页面一般上下各有一个广告条，左面是主菜单，右面放友情链接等，中间是主要内容。这种布局的优点是充分利用版面，信息量大。缺点是页面拥挤，不够灵活。也有将四边空出，只用中间的窗口型设计，例如网易壁纸站。

③ "三"形布局。这种布局多用于国外站点，国内用得不多。特点是页面上横向两条色块，将页面整体分割为四部分，色块中大多放广告条。

对称对比布局，顾名思义，采取左右或者上下对称的布局，一半深色，一半浅色，一般用于设计型站点。优点是视觉冲击力强，缺点是将两部分有机的结合比较困难。

④ POP 布局。POP 引自广告术语，就是指页面布局像一张宣传海报，以一张精美图片作为页面的设计中心。常用于时尚类站点。优点显而易见：漂亮吸引人。缺点就是速度慢，但其作为版面布局是值得借鉴的。

5.5　网站安全方案设计

🎙️ 引导案例

票务中国被黑客恶意挂马

2009 年 1 月 21 日，流行票务网站"票务中国（http://www.piaocn.com/）"被黑客恶意挂马（见图 5–23），网页中被植入恶意代码，代码位于域名为 http://####.706sese.cn 的服务器上。用户一旦访问该网站订票，就会被下载大量盗号木马病毒，从而导致网游、网银或 QQ 账号密码丢失。当时，挂马网站 706sese 已经名列挂马网站排行榜第一位，一周内侵袭了 144 万人次网民。

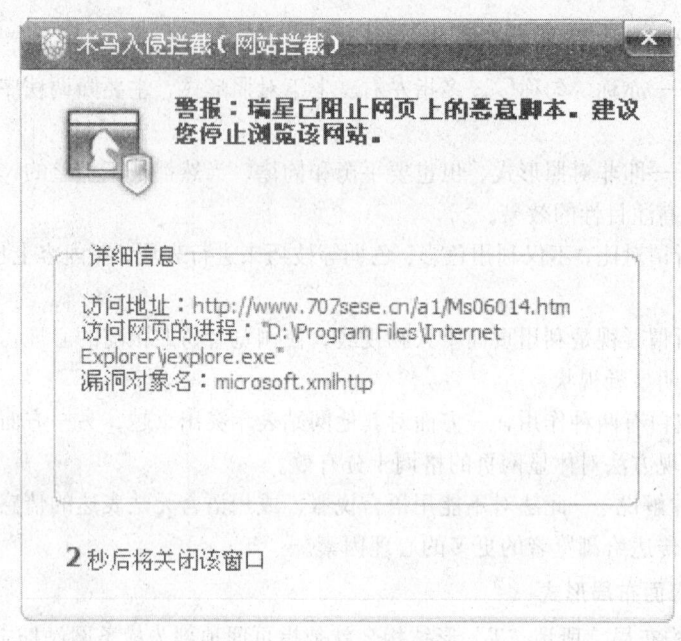

图 5-23 票务中国被挂马

票务网站、电影下载网站已经成为黑客挂马的重灾区，占据了近期所有类型挂马网站的 80% 以上。由于此类网站在节日期间的访问量巨大，中毒用户的数量将不在少数。

5.5.1 网站的安全威胁

所谓安全威胁，是指某个人、物、事件或概念对某一资源的保密性、完整性、可用性或合法使用所造成的危险。某种攻击就是某种威胁的具体实现。

所谓防护措施，是指保护资源免受威胁的一些物理的控制、机制、策略和过程。脆弱性是指在防护措施中和在缺少防护措施时系统所具有的弱点。

所谓风险，是关于某个已知的、可能引发某种成功攻击的脆弱性的代价的测度。当某个脆弱的资源的价值高，以及成功攻击的概率高时，风险也就高；与之相反，当某个脆弱的资源的价值低，以及成功攻击的概率低时，风险也就低。风险分析能够提供定量的方法来确定防护措施的支出是否应予保证。

安全威胁有时可以被分类成故意的（如黑客渗透）和偶然的（如信息被发往错误的地址）。故意的威胁又可以进一步分类成被动的和主动的。被动威胁包括只对信息进行监听（如搭线窃听），而不对其进行修改。主动威胁包括对信息进行故意的修改（如改动某次金融会话过程中货币的数量）。总体来说，被动攻击比主动攻击更容易以更少的花费付诸工程实现。

目前还没有统一的方法来对各种威胁加以区别和进行分类，也难以搞清各种威胁之间的相互联系。不同威胁的存在及其重要性是随环境的变化而变化的。然而，为了解释网络安全业务的作用，我们对现代的计算机网络以及通信过程中常遇到的一些威胁汇编成一个图表。我们分三个阶段来做：首先，我们区分基本的威胁；然后，对主要的可实现的威胁进行分类；最后，再对潜在的威胁进行分类。

1. 基本的威胁

下面是四个基本的安全威胁。

① 信息泄露。信息被泄露或透露给某个非授权的人或实体。这种威胁来自诸如窃听、搭线，或其他更加错综复杂的信息探测攻击。

② 完整性破坏。数据的一致性通过非授权的增删、修改或破坏而受到损坏。

③ 业务拒绝。对信息或其他资源的合法访问被无条件地阻止。这可能由以下攻击所致：攻击者通过对系统进行非法的、根本无法成功的访问尝试而产生过量的负荷，从而导致系统的资源在合法用户看来是不可使用的。也可能由于系统在物理上或逻辑上受到破坏而中断业务。

④ 非法使用。某一资源被某个非授权的人，或以某一非授权的方式使用。这种威胁的例子是：侵入某个计算机系统的攻击者会利用此系统作为盗用电信业务的基点，或者作为侵入其他系统的出发点。

2．主要的可实现的威胁

在安全威胁中，主要的可实现的威胁是十分重要的，因为任何这类威胁的某一实现会直接导致任何基本威胁的某一实现。因而，这些威胁使基本的威胁成为可能。主要的可实现威胁包括渗入威胁和植入威胁。

(1) 主要的渗入威胁

● 假冒。某个实体（人或者系统）假装成另外一个不同的实体。这是侵入某个安全防线的最为通用的方法。某个非授权的实体提示某一防线的守卫者，使其相信它是一个合法的实体，此后便骗取了此合法用户的权利和特权。黑客大多是采用假冒攻击的。

● 旁路控制。为了获得非授权的权利或特权，某个攻击者会发掘系统的缺陷或安全性上的脆弱之处。例如，攻击者通过各种手段发现原本应保密，但是却又暴露出来的一些系统"特征"。利用这些"特征"，攻击者可以绕过防线守卫者侵入系统内部。

● 授权侵犯。被授权以某一目的使用某一系统或资源的某个人，却将此权限用于其他非授权的目的，这也称做"内部攻击"。

(2) 主要的植入威胁

● 特洛伊木马。软件中含有一个察觉不出的或者无害的程序段，当它被执行时，会破坏用户的安全性。例如：一个外表上具有合法目的的软件应用程序，如文本编辑，它还具有一个暗藏的目的，就是将用户的文件拷贝到一个隐藏的秘密文件中，这种应用程序称为特洛伊木马（Torojan Horse）。此后，植入特洛伊木马的那个攻击者可以阅读到该用户的文件。

● 陷阱门。在某个系统或其部件中设置的"机关"，使得当提供特定的输入数据时，允许违反安全策略。例如，一个登录处理子系统允许处理一个特别的用户身份号，以对通常的口令检测进行旁路。

(3) 潜在威胁

如果在某个给定环境中对任何一种基本威胁或者主要的可实现的威胁进行分析，我们就能够发现某些特定的潜在威胁，而任意一种潜在威胁都可能导致一些更基本的威胁的发生。例如，考虑信息泄露这样一种基本威胁，我们有可能找出以下几种潜在威胁(不考虑主要的可实现威胁)。

① 窃听；

② 业务流分析；

③ 操作人员的不慎重所导致的信息泄露；

④ 媒体废弃物所导致的信息泄露。

在对 3 000 种以上的计算机误用类型所做的一次抽样调查显示，下面的几种威胁是最主要的威胁（按照出现频率由高至低排队）：

① 授权侵犯；

② 假冒；

③ 旁路控制；

④ 特洛伊木马或陷阱门；

⑤ 媒体废弃物。

在 Internet 中，因特网蠕虫（Internet Worm）就是将旁路控制与假冒攻击结合起来的一种威胁。旁路控制是指发掘 Berkeley UNIX 操作系统的安全缺陷，而假冒则涉及对用户口令的破译。典型的网络安全威胁有：

- 授权侵犯：一个被授权使用系统用于一特定目的的人，却将此系统用作其他非授权的目的。
- 旁路控制：攻击者发掘系统的安全缺陷或安全脆弱性。
- 业务拒绝：对信息或其他资源的合法访问被无条件地拒绝。
- 窃听：信息从被监视的通信过程中泄露出去。
- 电磁/射频截获：信息从电子或机电设备所发出的无线频率或其他电磁场辐射中被提取出来。
- 非法使用：资源被某个非授权的人或者以非授权的方式使用。
- 人员不慎：一个授权的人为了钱或利益，或由于粗心，将信息泄露给一个非授权的人。
- 信息泄露：信息被泄露或暴露给某个非授权的人或实体。
- 完整性侵犯：数据的一致性通过对数据进行非授权的增生、修改或破坏而受到损害。
- 截获/修改：某一通信数据在传输的过程中被改变、删除或替代。
- 假冒：一个实体（人或系统）假装成另一个不同的实体。
- 媒体废弃：信息被从废弃的磁的或打印过的媒体中获得。
- 物理侵入：一个侵入者通过绕过物理控制而获得对系统的访问。
- 重放：所截获的某次合法通信数据副体，出于非法的目的而被重新发送。
- 业务否认：参与某次通信交换的一方，事后错误地否认曾经发生过此次交换。
- 资源耗尽：某一资源（如访问接口）被故意超负荷地使用，导致对其他用户的服务被中断。
- 业务欺骗：某一伪系统或系统部件欺骗合法的用户或系统自愿地放弃敏感信息。
- 窃取：某一关系到安全的物品，如令牌或身份卡被偷盗。
- 业务流分析：通过对通信业务流模式进行观察，而造成信息泄露给非授权的实体。
- 陷阱门：将某一"特征"设立于某个系统或系统部件中，使得在提供特定的输入数据
- 时，允许安全策略被违反。
- 特洛伊木马：含有一个察觉不出或无害程序段的软件，当它被运行时，会损害用户的安全。

5.5.2 网站安全防护措施

在安全领域，存在多种类型的防护措施。除了采用密码技术的防护措施之外，还有以下其他类型的防护措施：

①　物理安全。门锁或其他物理访问控制、敏感设备的防窜改、环境控制。

②　人员安全。位置敏感性识别、雇员筛选过程、安全性训练和安全意识。

③　管理安全。控制软件从国外进口；调查安全泄露、检查审计跟踪以及检查责任控制的工作程序。

④　媒体安全。保护信息的存储；控制敏感信息的记录、再生和销毁；确保废弃的纸张或含有敏感信息的磁性介质得到安全的销毁；对媒体进行扫描，以便发现病毒。

⑤　辐射安全。射频（RF）及其他电磁（EM）辐射控制（亦称 TEMPEST 保护）。

⑥　生命周期控制。可信赖系统设计、实现、评估及担保；程序设计标准及控制；记录控制。

一个安全系统的强度是与其最弱链路的强度相同的。为了提供有效的安全性，我们需要将属于不同种类的威胁对抗措施联合起来使用。例如，当用户将口令遗忘在某个不安全的地方，或者受到欺骗而将口令暴露给某个未知的电话用户时，即使技术上是完备的，用于对付假冒攻击的口令系统也将是无效的。

防护措施可用来对付大多数的安全威胁，但是每个防护措施均要付出代价。一个网络用户需要仔细考虑这样一个问题，即为了防止某一攻击所付出的代价是否值得。例如，在商业网络中，一般不考虑对付电磁（EM）或射频（RF）泄漏，因为对商用来说其风险是很小的，而且其防护措施又十分昂贵。但是在机密环境中，我们会得出不同的结论。对于某一特定的网络环境，究竟采用什么安全防护措施，这种决策的作出属于风险管理的范畴。目前，人们已经开发出各种定性的和定量的风险管理工具。要想进一步了解有关的信息，请看有关文献。

5.5.3　安全业务

在网络通信中，主要的安全防护措施被称作安全业务。有五种通用的安全业务：

①　认证业务。提供某个实体（人或系统）身份的保证。

②　访问控制业务。保护资源以防止对它的非法使用和操纵。

③　保密业务。保护信息不被泄露或暴露给非授权的实体。

④　数据完整性业务。保护数据以防止未经授权的增删、修改或替代。

⑤　不可否认业务。防止参与某次通信交换的一方事后否认本次交换曾经发生过。

为某一安全区域所制定的安全策略决定着在该区域内或者在与其他区域进行通信时，应采用哪些安全业务。它也决定着在什么条件下可以使用某个安全业务，以及对此业务的任意一个变量参数施加了什么限制。对于数据通信环境，甚至电子环境，都没有更特别的安全业务。而上述各种通用的安全业务均为非电子的模拟系统，它们采用了许多人们所熟悉的支持机制。下面将对五种安全业务所要达到的目的进行更加细致的分析。

1. 认证

认证业务提供了关于某个人或某个事物身份的保证。这意味着当某人（或某事）声称具有一个特定的身份（如某个特定的用户名称）时，认证业务将提供某种方法来证实这一声明是正确的。口令是一种提供认证的熟知方法。

认证是一种最重要的安全业务，因为在某种程度上所有其他安全业务均依赖它。认证是对付假冒攻击的有效方法，此攻击能够直接导致破坏任一基本安全目标。认证用于一个特殊的通信过程，即在此过程中需要提交人或物的身份。认证又分以下两种情况：

（1）实体认证

身份是由参与某次通信连接或会话的远端的一方提交的。这种情况下的认证业务被称做实体认证。

（2）数据源认证

身份是由声称它是某个数据项的发送者的那个人或物所提交的。此身份连同数据项一起发送给接收者。这种情况下的认证业务被称作数据源认证。

注意：数据源认证可以用来认证某一数据项的真正起源，而不管当前的通信活动是否涉及此数据源。例如：一个数据项可能已经经过了许多系统转发，而这些系统的身份可能已被认证，也有可能尚未得到认证。

在达到基本的安全目标方面，两种类型的认证业务都具有重要的作用。数据源认证是保证部分完整性目标的直接方法，即保证知道某个数据项的真正的起源。而实体认证则采用以下各种不同方式，以便达到安全目标。

① 作为访问控制业务的一种必要支持，访问控制业务的执行依赖于确知的身份（访问控制业务直接对达到保密性、完整性、可用性以及合法使用目标提供支持）。

② 作为提供数据源认证的一种可能方法（当它与数据完整性机制联合起来使用时）。

③ 作为对责任原则的一种直接支持，即在审计跟踪过程中做记录时，提供与某一活动相联系的确知身份。

实体认证的一个重要的特例是人员认证，即对处于网络终结点上的某个人进行认证。出于两种原因，这需要特别地加以重视。第一个原因是在某个终结点上，不同的人员之间容易互相替代。第二个原因是在区分个别人方面可以采用一些特别的技术。

2．访问控制

访问控制的目标是防止对任何资源（如计算资源、通信资源或信息资源）进行非授权的访问。所谓非授权访问包括未经授权的使用、泄露、修改、销毁以及颁发指令等。访问控制直接支持保密性、完整性、可用性以及合法使用的安全目标。它对保密性、完整性和合法使用所起的作用是十分明显的。它对可用性所起的作用，取决于对以下几个方面进行有效的控制：

① 谁能够颁发会影响网络可用性的网络管理指令；

② 谁能够滥用资源以达到占用资源的目的；

③ 谁能够获得可以用于业务拒绝攻击的信息。

访问控制是实施授权的一种方法。它既是通信的安全问题，又是计算机（操作系统）的安全问题。然而，由于必须在系统之间传输访问控制信息，因此它对通信协议具有很高的要求。

访问控制的一般模型假定了一些主动的实体，称为发起者或主体。它们试图访问一些被动的资源，称做目标或客体。尽管"主体/客体"的术语在文献中得到了广泛的使用，但是由于在现代的计算机和通信技术中这一术语的滥用从而造成意义的模糊不清，因此在本书中我们采用"发起者/目标"这个术语。

授权决策控制着哪些发起者在何种条件下，为了什么目的，可以访问哪些目标。这些决策以某一访问控制策略的形式反映出来。访问请求通过某个访问控制机制而得到过滤。

一个访问控制机制模型包括两个组成部分——实施功能和决策功能。OSI 的访问控制模型（ISO/IEC 10181-3 标准）使用了这些概念。实际上，这两个组成部分的物理构成可能差别很大。通常，某些构成是将两个组成部分放在一起的。然而，在这些组成部分之间常常要传输访问控制信息，访问控制业务为这一通信提供了保证。

访问控制的另一个作用是保护敏感信息不经过有风险的环境传送。这涉及对网络的业务流或消息实施路由的控制。访问控制业务的深入讨论依赖于两个因素：访问控制策略的类型和各组成部分的物理构成。

3．保密

保密业务就是保护信息不泄露或不暴露给那些未授权掌握这一信息的实体（例如，人或组织）。在这里要强调"信息"和"数据"的差别。信息是有意义的；而数据项只是一个比特串，用于存储和传输一条信息的编码表示。因此，在存储和通信中的某一数据项构成了某种形式的信息通道。然而，在计算机通信环境中，这不是唯一的信息通道。其他信息通道包括：

① 观察某一数据项的存在与否（不管它的内容）；

② 观察某一数据项的大小；

③ 观察某一数据项特性（如数据项内容、存在、大小等）的动态变化。

要达到保密的目标，我们必须防止信息经过这些信息通道被泄露出去。在计算机通信安全中，要区分两种类型的保密业务：数据保密业务使得攻击者想要从某个数据项中推出敏感信息是十分困难的；而业务流保密业务使得攻击者想要通过观察网络的业务流来获得敏感信息也是十分困难的。

按照对什么样数据项进行加密，数据保密业务又可以分成几种类型。其中，有三种类型是很重要的：第一，称做连接保密业务，它是对某个连接上传输的所有数据进行加密；第二，称做无连接保密业务，它是对构成一个无连接数据单元的所有数据进行加密；第三，称做选域保密业务，它仅对某个数据单元中所指定的区域进行加密。

4．数据完整性

数据完整性业务（或简称为完整性业务），是对下面的安全威胁所采取的一类防护措施，这种威胁就是以某种违反安全策略的方式，改变数据的价值和存在。改变数据的价值是指对数据进行修改和重新排序；而改变数据的存在则意味着新增或删除它。

与保密业务一样，数据完整性业务的一个重要特性是它的具体分类，即对什么样的数据采用完整性业务。有三种重要的类型：第一，连接完整性业务，它是对某个连接上传输的所有数据进行完整性检验；第二，无连接完整性业务，它是对构成一个无连接数据项的所有数据进行完整性检验；第三，选域完整性业务，它仅对某个数据单元中所指定的区域进行完整性检验。

所有数据完整性业务都能够对付新增或修改数据的企图，但不一定都能够对付复制和删除数据。复制是由重放攻击所造成的。无连接和选域完整性业务主要是为了检测对部分数据的修改，也许不能检测到重放攻击。连接完整性业务要求能够防止在某一连接内重放数据，但它仍然存在着脆弱之处，因为某个侵入者可能重放一个完整的连接。检测对某些数据的删除至少与检测重放攻击一样困难。因此在说明任意一种数据完整性业务时要特别注意。

一个连接完整性业务也许会提供"恢复"的选择。这种情况下，当在某个连接内检测到完整性破坏的时候，该业务将试图"恢复"数据。例如，通信将返回到某一检测点并重新开始。

5．不可否认

不可否认业务与其他安全业务有着最基本的区别。它的主要目的是保护通信用户免遭来自于系统其他合法用户的威胁，而不是来自于未知攻击者的威胁。"否认"最早被定义成一种威胁，它是指参与某次通信交换的一方事后虚伪地否认曾经发生过本次交换。不可否认业务是用来对付此种威胁的。

术语"不可否认"本身不十分贴切。事实上，这种业务不能消除业务否认。也就是说，它并不能防止一方否认另一方对某件已发生的事情所作出的声明。它所能够做的只是提供无可辩驳的证据，以支持快速解决任何这种纠纷。

不可否认业务的出发点并不是仅仅因为在通信各方之间存在着相互欺骗的可能性。它也反映了这样的一个现实，即没有任何一个系统是完备的。

首先考虑在有纸商业活动中出现的某些问题。纸张文件（例如合同、报价单、投标、订单、货运清单、支票等）在商业活动中发挥着巨大的作用。然而，在对它们进行处理的过程中会发生许多问题。例如：

① 邮递过程中的文件丢失；

② 收信者在对收到的文件作出处理之前丢失；

③ 文件是由某个没有得到足够授权的人产生的；

④ 在某一机构内部或在机构间的文件传递过程中被收买；

⑤ 文件在某一机构内部或在机构之间传递时被欺骗性地修改；

⑥ 伪造文件；

⑦ 某个文件有争议的签署日期。

为了系统地处理以上所出现的问题，采用了许多不同的机制，诸如签名、逆签名、公证签名、收据、邮戳以及挂号邮件等。

在进行电子化商业活动时，情况与此类似。在某些方面，电子化作业所出现的问题比纸张作业更难以解决，因为在处理文件时，常常涉及更多的人。然而，在某些方面，电子作业所出现的问题反而更容易解决。这是由于采用了较为复杂的技术——数字签名的结果。

原则上讲，不可否认业务适用于任何一种能够影响两方或更多方的事件。通常，这些纠纷涉及某一特定的事件是否发生了，是什么时候发生的，有哪几方参与了这一事件，以及与此事件有关的信息是什么。如果我们只考虑数据网络环境，业务否认又可以分为以下两种不同的情况：

① 源点否认。这是一种关于"某特定的一方是否产生了某一特定的数据项"的纠纷（和/或关于产生时间的纠纷）。

② 递送否认。这是一种关于"某一特定的数据项是否被递送给某特定一方"的纠纷（和/或关于递送时间的纠纷）。

下面我们将在典型的安全威胁和构成防护措施的安全业务之间建立一映射关系。表 5-7 表明了典型的安全威胁与安全要求之间的对应关系。表 5-8 指出用于对付威胁所可能采用的安全业务。

表 5-7　典型安全威胁

安 全 要 求	安 全 威 胁
所有网络：防止外部侵入（Hackers）	假冒攻击
银行：防止对传输的数据进行欺诈性或偶然性修改；区分零售交易用户；保护个人身份号以防泄露；确保用户的隐私	完整性侵犯；假冒攻击；业务否认；窃听攻击；窃听攻击
电子化贸易：保证信源的真实性和数据的完整性；保护合作秘密；对传输的数据进行数字签名	假冒攻击；完整性侵犯；窃听攻击；业务否认
政府部门：保护非机密但敏感的信息以防非授权的泄露和操作；对政府文件进行数字签名	假冒攻击；授权侵犯；窃听；完整性侵犯；业务否认
公共电信载体：禁止对管理功能或授权的个体进行访问；防止业务扰乱；保护用户的秘密	假冒攻击；授权侵犯；业务拒绝；窃听
互联/专用网络：保护合作者/个体的秘密；确保消息的认证性	窃听攻击；假冒攻击；完整性侵犯

表 5-8　对付典型安全威胁的安全业务

安 全 威 胁	安 全 业 务
假冒攻击	认证业务
授权侵犯	访问控制业务
窃听攻击	保密业务
完整性侵犯	完整性业务
业务否认	不可否认业务
业务拒绝	认证业务，访问控制业务，完整性业务

1. 系统安全性与质量控制的含义

① 系统安全性：是指应保护管理信息系统不受来自系统外部的自然灾害和人为的破坏，防止非法使用者对系统资源，特别是信息的非法使用而采取的安全和保密手段。

② 系统质量控制：是指防止来自系统内部的设计错误、管理不善、使用人员使用不当或责任心不强造成的信息失真、处理错误等情况而采取的保护措施。

2. 影响系统安全性的因素

① 自然灾害、偶然事件。

② 软件的非法删改、复制和窃取，使系统的软件泄密和被破坏。

③ 数据的非法篡改、盗用或破坏。

④ 硬件故障。

3. 保证系统安全性的措施

（1）物理安全控制：保证系统物理设备和环境设施的安全而采取的措施。

- 信息中心的环境应满足硬件设备的要求，如温度、湿度、清洁度、电压、防磁、防震、防火等。
- 存放信息的磁盘、磁带等应妥善保管，特别是要及时对各种数据进行备份，保证信息存储介质的安全。

（2）人员和管理控制：对使用系统的人员进行严格的操作控制和身份认证。根据每个人的工作岗位和责任，限定能够使用的功能模块。用户每次进入系统时，都要做身份确认，只能从事与其身份相符的工作。身份确认的手段可以是口令、磁卡、ID 卡、指纹、签名等。

（3）存取控制：是在共享资源条件下防止数据非法存取的有效手段。其基本的方法是对用户授权，即授予特定的用户一定的操作权限。一是定义用户可以对哪些对象进行操作，二是对这些操作对象有何操作类型，如读、写、执行、修改、删除等权限，如表 5-9 所示。

表 5-9　存取控制

用户识别符	数 据 对 象	操 作 类 型
01	Order（订单）	读、写、删除、修改
02	Invoice（发票）	只读
03	入库单	读、写

4．产生质量问题的原因

① 操作者缺乏训练和责任心；

② 规章制度不严；

③ 系统分析和设计的潜在错误。

5．质量控制的措施

在系统中设立若干个质量控制点，在运行过程中，通过对控制点的检测，及时发现各控制点上的错误并采取纠正措施，不断完善系统，达到安全和高质量的要求。

5.6 网站支付方式设计

引导案例

卓越-亚玛逊提供的支付方式

- 货到支付；
- 邮局汇款；
- 信用卡支付；
- 第三方支付平台（支付宝）。

目前，网上支付机制主要包括银行卡支付、电子支票、电子现金和微型支付系统。

1．银行卡支付

安全电子交易（SET）协议是用于银行卡网上支付的互联网支付协议。SET1.0版本支持信用卡支付，全世界很多银行都在实施 SET，并且取得了很好的效果。尽管支持借记卡支付的SET2.0版本还没有问世，但事实上有些银行（比如日本富士银行）已在实施 SET 借记卡支付。在我国，中国银行依托首都电子商务工程，在国内已率先推出了 SET 借记卡支付。目前，SET在北美地区的应用不如在欧洲和亚洲普及。造成这一现象的原因并非是技术上的。我们知道，在北美，信用卡风险绝大部分都是由银行卡组织承担的，用户对于下载复杂的 SET 电子钱包软件以减少互联网支付风险兴趣不大。人们也不愿改变多年来的习惯。目前人们对 SET 的发展前景十分看好，尤其对欧洲和亚洲市场相当乐观。一方面，银行卡是十分普遍的支付工具，银行卡网络已相当完善；另一方面，SET 是目前唯一的互联网支付协议，其复杂性代价换来的是风险的降低。

在我国，各家商业银行目前所发放的银行卡大多数为借记卡。因此，我们的用卡环境基本上是借记卡环境。近期，银行 IC 卡将在北京、上海和长沙进行试点。预计在不久的将来，IC卡的使用将得到广泛推广，这将极大地推动网络环境中银行卡的使用，从而为网上交易提供可行的支付方式。

2．电子支票

目前在美国，纸基支票的使用仍然十分普遍。然而在欧洲，对纸基支票的使用正在逐步减少。这主要因为纸基支票的处理成本比较高，同时借记卡的使用为纸基支票的电子化处理带来了启示。

对支票型支付系统的需求推动了对它的研究和开发，目前已存在多种电子支票概念，比如金融服务技术联合会（FSTC）电子支票概念、Netbill 和 Netcheque 等。电子支票可以满足很多个人的需要，也可以服务于公司市场。

3．电子现金

对传统支付工具的应用分析可以看出，消费者大量使用现金。现金具有可接受性、保证支付、无交易费、匿名性等众多优点，所以电子现金才具有如此大的吸引力。

真正创新的电子支付方法不仅需要再创银行卡提供的方便性，也需要创造具有某些现金性质的电子现金形式。电子现金把计算机化的方便性和比纸基现金增强的安全性及私密性结合在了一起。电子现金的多功能性开创了大量的新型市场和应用。

任何电子现金系统必须包含一些共同的特征。电子现金必须具有货币价值、互操作性、可恢复性以及安全性等特点。目前，比较具有影响的电子现金系统有 Ecash、NetCash、CyberCoin、Mondex 和 EMV 现金卡等。

4．微型支付系统

在现金、支票和银行卡这些传统支付工具中，现金最适合于低价值的交易。尽管现金是通用的，但是它也具有一定的局限性，即交易不能低于最小面值硬币（比如 1 分）的价值。在传统商务中，解决该问题的方法就是采用支付的"预订模式"，即购买者提前支付并在某固定期间内使用产品或服务。可以看出，预订模式并没能很好地解决上述问题。因此需要有一种支付系统，它可以在单笔交易中有效地转移很小的金额（可能低于 1 分）。这种系统我们称之为微型支付系统。

以上所述的电子支付方法（比如电子支票、电子现金）都参照了现行的传统支付工具。然而微型支付在传统商务中是不可行的，其引入开创了很多新的业务领域。当前，比较具有影响的微型支付系统有 Milicent、SubScrip、PayWord 和 MicroMint 等。

本章小结

本章全面介绍了一个网站的设计任务，包括：
① WWW 服务器选择；
② 网站功能的确定；
③ 网站信息的分类组织；
④ 网站的结构设计；
⑤ 网页链接设计；
⑥ 网站的支付方式的选择；
⑦ 网站安全方案设计。

由此可以看出，网站设计是一项复杂的任务，需要设计师具备多方面的知识和技能，同时还要具备一些经验。因此，不断借鉴优秀、成功网站的设计经验是一个设计师快速成长的捷径。

习题

请登录京东商城（Http://WWW.360buy.com.cn）网站，如图 5-24 所示。

图 5-24　京东商城

分析：

① 网站的信息组织策略；

② 网站的站内搜索；

③ 网站的导航设计；

④ 网站的订单处理过程；

⑤ 网站提供的支付方式；

⑥ 网站的物流实现方式。

第6章 网站实施

学习目标

通过本章的学习，达到：

① 了解构筑网站运行环境的内容、步骤；

② 了解目前网站开发常用的工具；

③ 掌握网站编程的质量控制手段；

④ 掌握网站测试的步骤；

⑤ 掌握网站上线的具体操作方法。

前面我们系统地讨论了网络商务网站的设计与开发问题，一旦有了一个良好的分析和设计方案后，企业商务网站的实现就成了一项比较简单的工作。目前计算机软件技术的发展已经为企业商务网站创建提供了极为方便的框架，而且大多数是"所见即所得"（What you See What you get, WYSIWYG）类型的开发工具。利用这些工具，企业可以迅速地建立起自己的网络商务处理系统，实现网络经营和营销的设想。

6.1 构建网站运行环境

我们常说的"网站"，实际上是一个集成系统，不仅包括软件、硬件、数据库、应用程序，还包括为网站申请域名、进行 ICP 备案等各种内容。

6.1.1 安装 Web 服务器

如果采用虚拟主机或服务器托管，WWW 服务器的配置完全由 ISP 来负责，只需要把网站程序上传到服务器上即可。

如果采用自营主机，就需要对 WWW 服务器进行安装、配置、调试。

6.1.2 域名的选择

域名是联结企业和互联网网址的纽带，它像品牌、商标一样具有重要的识别作用，是访问者通达企业网站的"钥匙"，是企业在网络上存在的标志，担负着标示站点和导向企业站点的双重作用。

域名对于企业开展电子商务具有重要的作用，它被誉为网络时代的"环球商标"，一个好的域名会大大增加企业在互联网上的知名度。因此，企业如何选取好的域名就显得十分重要。

在选取域名的时候，首先要遵循两个基本原则：

1．域名应该简明易记，便于输入

这是判断域名好坏最重要的因素。一个好的域名应该短而顺口，便于记忆，最好让人看一眼就能记住，而且读起来发音清晰，不会导致拼写错误。

2．域名要有一定的内涵和意义

用有一定意义和内涵的词或词组作域名，不但可记忆性好，而且有助于实现企业的营销目标。例如，企业的名称、产品名称、商标名、品牌名等都是不错的选择，这样能够使企业的网络营销目标和非网络营销目标达成一致。

在为企业选取域名时，可以参考下列方法：

1．用企业名称的汉语拼音作为域名

这是为企业选取域名的一种较好方式，实际上大部分国内企业都是这样选取域名。例如，红塔集团的域名为 hongta.com，新飞电器的域名为 xinfei.com，海尔集团的域名为 haier.com，四川长虹集团的域名为 changhong.com，华为技术有限公司的域名为 huawei.com。这样的域名有助于提高企业在线品牌的知名度，即使企业不作任何宣传，其在线站点的域名也很容易被人想到。

2．用企业名称相应的英文名作为域名

这也是国内许多企业选取域名的一种方式，这样的域名特别适合与计算机、网络和通信相关的一些行业。例如，长城计算机公司的域名为 greatwall.com.cn，中国电信的域名为 chinatelecom.com.cn，中国移动的域名为 chinamobile.com。

3．用企业名称的缩写作为域名

有些企业的名称比较长，如果用汉语拼音或者用相应的英文名作为域名就显得过于烦琐，不便于记忆。因此，用企业名称的缩写作为域名不失为一种好方法。缩写包括两种方法：一种是汉语拼音缩写，另一种是英文缩写。例如，广东步步高电子工业有限公司的域名为 gdbbk.com，泸州老窖集团的域名为 lzlj.com.cn，中国电子商务网的域名为 chinaeb.com.cn，计算机世界的域名为 ccw.com.cn。

4．用汉语拼音的谐音形式给企业注册域名

在现实中，采用这种方法的企业也不在少数。例如，美的集团的域名为 midea.com.cn，康佳集团的域名为 konka.com.cn，格力集团的域名为 gree.com，新浪用 sina.com.cn 作为它的域名。

5．以中英文结合的形式给企业注册域名

荣事达集团的域名是 rongshidagroup.com，其中"荣事达"三字用汉语拼音，"集团"用英文名。这样的例子还有许多：中国人网的域名为 chinaren.com，华通金属的域名为 htmetal.com.cn。

6．在企业名称前后加上与网络相关的前缀和后缀

常用的前缀有 e、i、net 等；后缀有 net、web、line 等。例如，中国营销传播网的域名为 emkt.com.cn，网络营销论坛的域名为 webpromote.com.cn，联合商情域名为 it168.com，脉搏网的域名为 mweb.com.cn，中华营销网的域名是 chinam-net.com。

7．用与企业名不同但有相关性的词或词组作域名

一般情况下，企业选取这种域名的原因有多种：或者是因为企业的品牌域名已经被别人抢注不得已而为之，或者觉得新的域名可能更有利于开展网上业务。例如，The Oppedahl & Larson Law Firm 是一家法律服务公司，而它选择 patents.com 作为域名。很明显，用"patents.com"作为域名要比用公司名称更合适。另外一个很好的例子是 Best Diamond value 公司，这是一家在线销售宝石的零售商，它选择了 jeweler.com 作为域名，这样做的好处显而易见：即使公司不做任何宣传，许多顾客也会访问其网站。

8．不要注册其他公司拥有的独特商标名和国际知名企业的商标名

如果选取其他公司独特的商标名作为自己的域名，很可能会惹上一身官司，特别是当注册的域名是一家国际或国内著名企业的驰名商标时。换言之，当企业挑选域名时，需要留心挑选的域名是不是其他企业的注册商标名。

9．应该尽量避免被 CGI 脚本程序或其他动态页面产生的 URL

例如，Minolta Printers 的域名是 minoltaprinters.com，但键入这个域名后，域名栏却出www.minoltaprinters.com/dna4/sma … =pub-root-index.htm"，造成这种情况的原因可能是 minoltaprinters.com 是一个免费域名。这样的域名有很多缺点：第一，不符合域名是主页一部分的规则；第二，不符合网民使用域名作为浏览目标，并判断所处位置的习惯；第三，忽视了域名是站点品牌的重要组成部分。

10．注册.net 域名时要谨慎

.net 域名一般留给有网络背景的公司。虽然任何一家公司都可以注册，但这极容易引起混淆，使访问者误认为访问的是一家具有网络背景的公司。企业防止他人抢注造成损失的一个解决办法是，对.net 域名进行预防性注册，但不用做企业的正规域名。

国内的一些企业包括某些知名公司选择了以.net 结尾的域名。例如不少免费邮件提供商，如371.net、163.net 等。而国外提供与此服务相近的在线服务公司则普遍选择以.com 结尾的域名。

6.1.3　域名的申请过程

域名注册的过程并不复杂，一般程序为：选择域名注册服务商→查询自己希望的域名是否已经被注册→注册用户信息→支付域名注册服务费→提交注册表单→域名注册完成。

用户在域名注册时，首先要选择域名注册服务商，可以是顶级域名注册商或者其代理服务商。每家注册商都有不同数量的代理商，各家公司提供的服务内容大体类似，但服务水平和服务方式会有一定的差异。通过顶级域名注册商直接注册域名，通常可以完全自助完成、自行管理，整个过程完全电子商务化，如果对互联网应用比较熟悉，这种方式比较方便，如果初次接触这个领域，与本地的代理服务商联系可以得到更多帮助。

无论是选择自行注册还是请求代理商代理注册，都应注意尽量选择有实力的注册商或代理商，以免一些注册商/代理商因业务转移或者关闭而造成不必要的麻烦。

国内域名的注册要通过 CNNIC 授权的国内域名注册商来进行，一般的域名注册商在经营国际域名的同时也都经营国内域名的注册，因此在选择国内域名注册和国际域名注册商时，通常没有必要分开进行。如果对域名注册商的身份有疑问，可以到 CNNIC 网站上公布的域名注册上名录上去核对。

6.1.4 ICP 备案

ICP（Internet Content Provider，网络内容服务商），即向广大用户综合提供互联网信息业务和增值业务的网络运营商。ICP 备案是工业和信息化部对网站的一种管理，为了防止非法网站。官方认可的网站，就好像开个小门面需要办理营业执照一样。ICP 备案可以自主通过备案网站在线备案。

为了规范网络安全化，维护网站经营者的合法权益，保障网民的合法利益，促进互联网行业健康发展，中华人民共和国信息产业部现工业和信息化部第十二次部务会议审议通过《非经营性互联网信息服务备案管理办法》。对国内各大小网站（包括企业及个人站点）的严格审查工作，对于没有合法备案的非经营性网站或没有取得 ICP 许可证的经营性网站，根据网站性质，将予以罚款，严重的关闭网站，以此规范网络安全，打击一切利用网络资源进行不法活动的犯罪行为。

下面我们用图示说明 ICP 备案的过程，见图 6-1 所示。

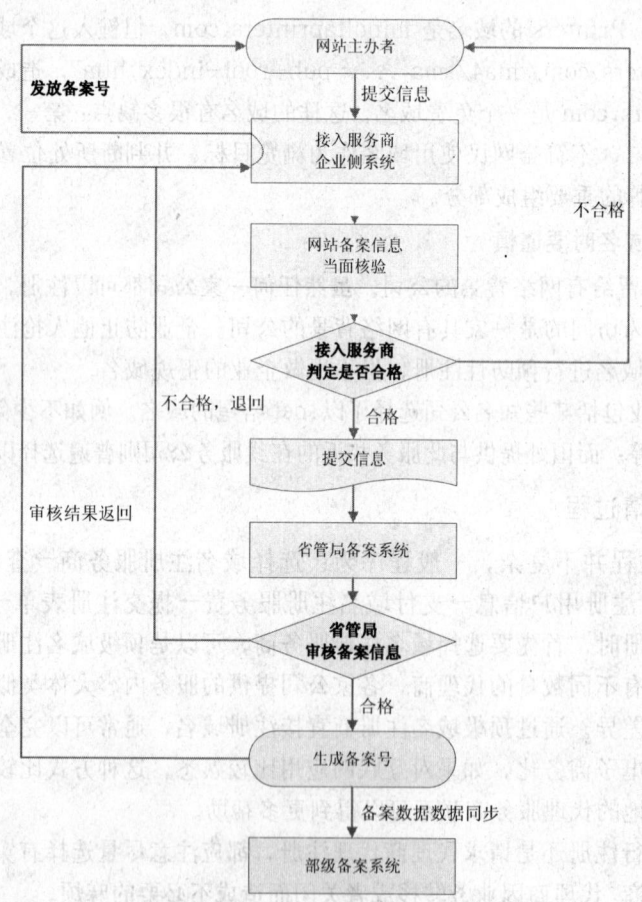

图 6-1 ICP 备案过程

1. 打开部、省备案系统网页

具体过程如下：在 IE 浏览器中输入 URL 地址（部、省公共信息服务系统链接地址详见表 6-1）进入部、省备案系统主页面，如图 6-2 所示。

图 6-2 部、省备案系统主页面

表 6-1 部、省公共信息服务系统链接地址

序号	部、省局系统名称	系统链接地址
1	部公共信息服务系统	http://www.miitbeian.gov.cn
2	北京公共信息服务系统	http://bcainfo.miitbeian.gov.cn
3	天津公共信息服务系统	http://tjcainfo.miitbeian.gov.cn
4	河北公共信息服务系统	http://hbcainfo.miitbeian.gov.cn
5	山西公共信息服务系统	http://sxcainfo.miitbeian.gov.cn
6	内蒙古公共信息服务系统	http://nmcainfo.miitbeian.gov.cn
7	辽宁公共信息服务系统	http://lncainfo.miitbeian.gov.cn
8	吉林公共信息服务系统	http://jlcainfo.miitbeian.gov.cn
9	黑龙江公共信息服务系统	http://hlcainfo.miitbeian.gov.cn
10	上海公共信息服务系统	http://shcainfo.miitbeian.gov.cn
11	江苏公共信息服务系统	http://jscainfo.miitbeian.gov.cn
12	浙江公共信息服务系统	http://zcainfo.miitbeian.gov.cn
13	安徽公共信息服务系统	http://ahcainfo.miitbeian.gov.cn
14	福建公共信息服务系统	http://fjcainfo.miitbeian.gov.cn
15	江西公共信息服务系统	http://jxcainfo.miitbeian.gov.cn
16	山东公共信息服务系统	http://sdcainfo.miitbeian.gov.cn

续表

序号	部、省局系统名称	系统链接地址
17	河南公共信息服务系统	http://hcainfo.miitbeian.gov.cn
18	湖北公共信息服务系统	http://ecainfo.miitbeian.gov.cn
19	湖南公共信息服务系统	http://xcainfo.miitbeian.gov.cn
20	广东公共信息服务系统	http://gdcainfo.miitbeian.gov.cn
21	广西公共信息服务系统	http://gxcainfo.miitbeian.gov.cn
22	海南公共信息服务系统	http://hncainfo.miitbeian.gov.cn
23	重庆公共信息服务系统	http://cqcainfo.miitbeian.gov.cn
24	四川公共信息服务系统	http://sccainfo.miitbeian.gov.cn
25	贵州公共信息服务系统	http://gzcainfo.miitbeian.gov.cn
26	云南公共信息服务系统	http://yncainfo.miitbeian.gov.cn
27	西藏公共信息服务系统	http://xzcainfo.miitbeian.gov.cn
28	陕西公共信息服务系统	http://shxcainfo.miitbeian.gov.cn
29	甘肃公共信息服务系统	http://gscainfo.miitbeian.gov.cn
30	青海公共信息服务系统	http://qhcainfo.miitbeian.gov.cn
31	宁夏公共信息服务系统	http://nxcainfo.miitbeian.gov.cn
32	新疆公共信息服务系统	http://xjcainfo.miitbeian.gov.cn

2．自行备案导航

网站主办者通过部、省备案系统的主页面中的"自行备案导航"栏目可以找到全国提供接入服务的接入服务商名单，在图6-3所示的界面中输入"接入商名称"和"验证码"找到接入服务商企业系统的链接地址。网站主办者登录为您网站提供接入服务的企业名单（只能选择一个接入服务商，见图6-4），并进入企业侧备案系统办理网站备案业务。

图6-3　自行备案导航

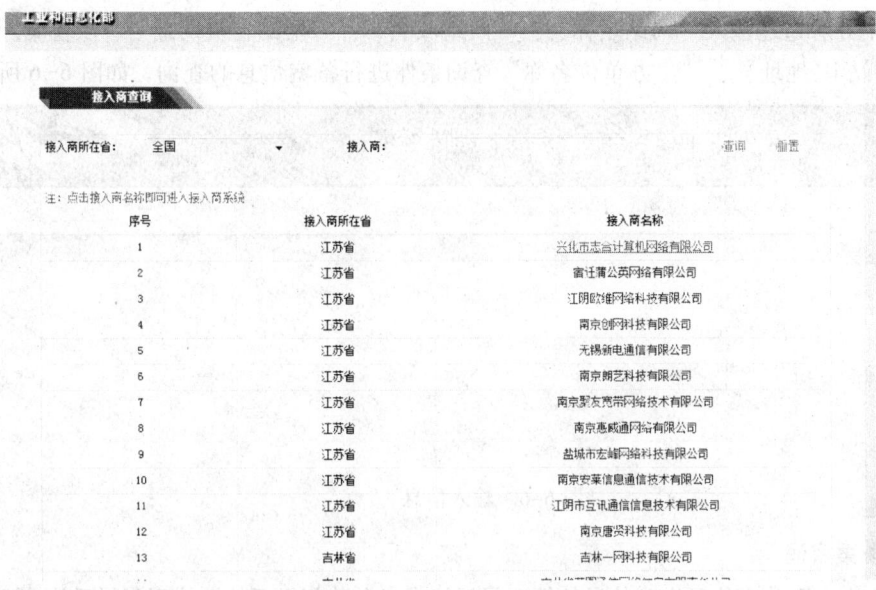

图 6-4　接入商查询

3. 公共查询

① 网站主办者通过部、省系统备案首页右侧的公共查询页面可查询全国已备案网站的信息，如图 6-5 所示。

图 6-5　查询全国已备案网站的信息

② 网站主办者通过输入"网站名称"、"网站域名"、"网站首页网址"、"备案/许可证号"、"网站 IP 地址"、"主办单位名称"查询条件进行备案信息的查询，如图 6-6 所示。

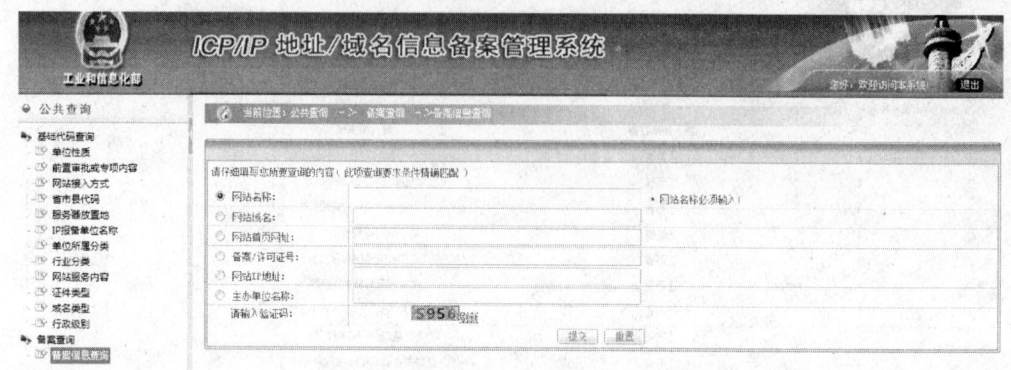

图 6-6　输入信息

4. 找回备案密码

① 网站主办者登陆主体所在省的通信管理局系统或者登陆部级系统链接到省局系统（部、省公共信息服务系统链接地址详见图 6-7），单击"找回备案密码"按钮，可进行备案密码的重置。

图 6-7　备案密码的重置

② 网站主办者填入正确的"备案/许可证号"、"证件类型"、"证件号码"，备案密码则发到网站主办者的邮箱中，如图 6-8 所示。

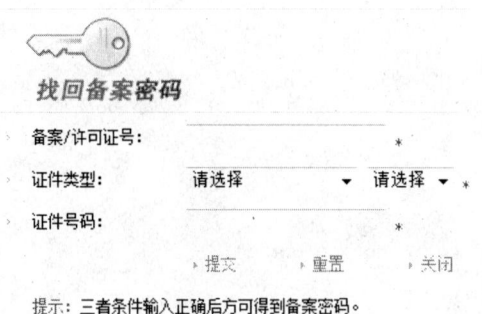

图 6-8 信息录入

5. 修改备案密码

① 网站主办者登录主体所在省的通信管理局系统或者登录部级系统链接到省局系统（部、省公共信息服务系统链接地址详见图 6-9），单击"修改备案密码"按钮，可进行备案密码的重置。

图 6-9 修改备案密码

② 网站主办者填入正确的"备案/许可证号"、"旧密码"后则可重置新的备案密码（见图 6-10）。

6. 证书下载

（1）网站主办者登录主体所在省的通信管理局系统（部、省公共信息服务系统链接地址详见图 6-11），单击"证书下载"按钮，可下载所发备案号的电子证书。

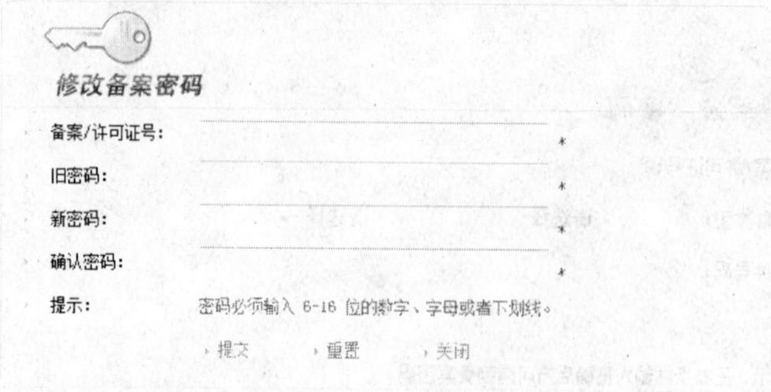

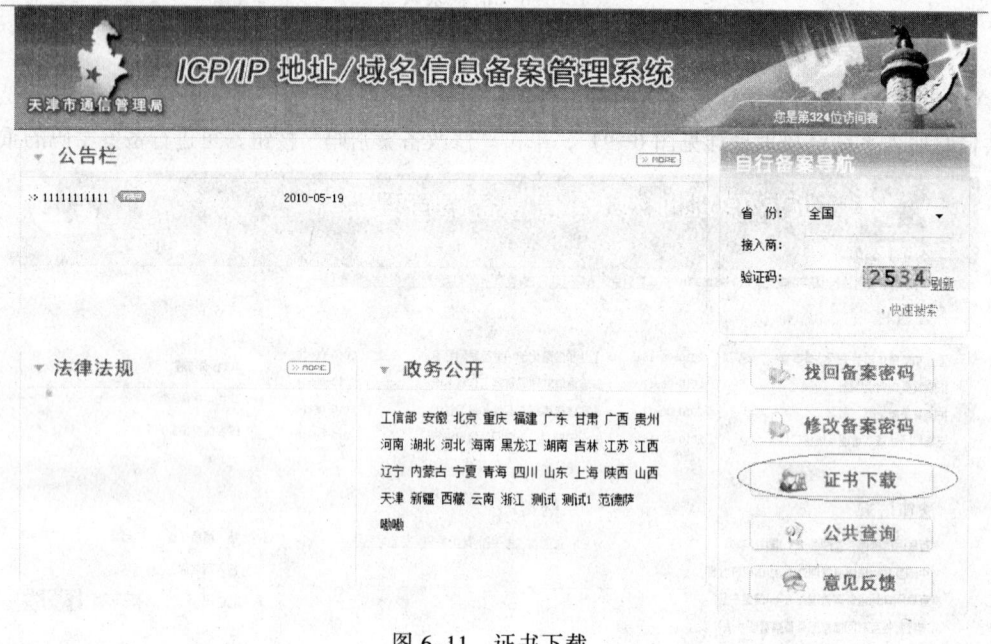

图 6-10　重置新的备案密码

图 6-11　证书下载

（2）网站主办者填入正确的"主体备案号"、"备案密码"后则可下载与备案号对应的电子证书，如图 6-12 所示。

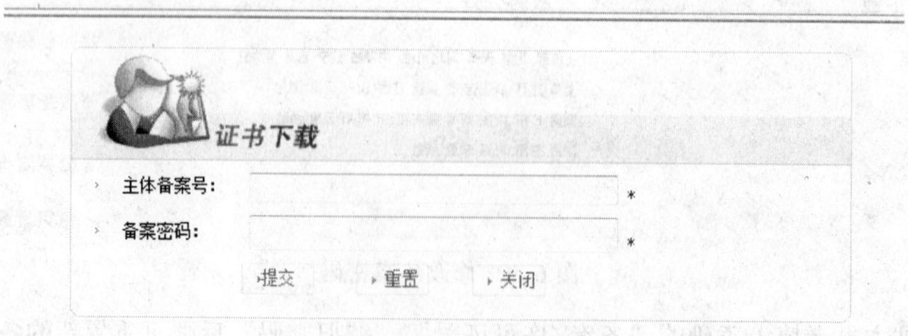

图 6-12　证书下载

7. 意见反馈

网站主办者登录主体所在省的通信管理局系统（部、省公共信息服务系统链接地址详见图 6-13），单击"意见反馈"按钮，可将意见反馈到当地通信管理局。

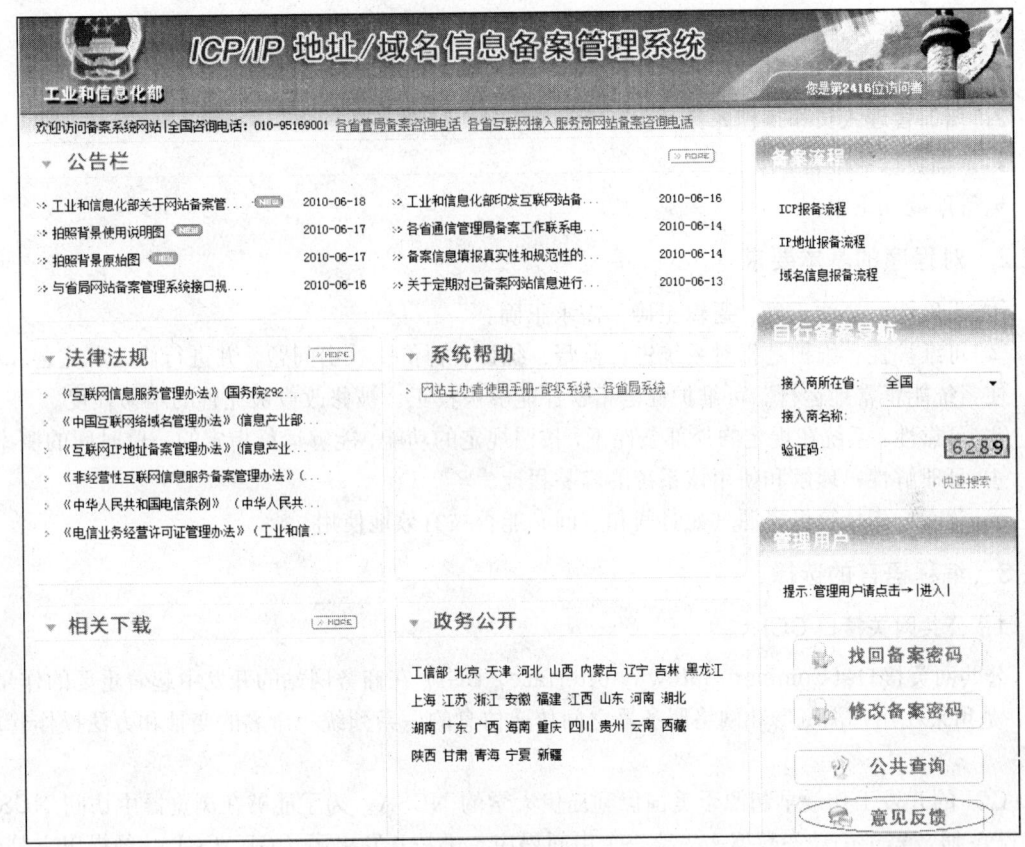

图 6-13　意见反馈

6.2　网站具体实施

网站实施的任务是：根据系统设计所提供的控制结构图、数据库设计、系统配置方案及详细设计资料，编制和调试程序、调试系统、进行系统切换等工作，将技术设计转化为物理实际系统。

网站实施的内容包括：

① 系统实施的准备工作。

- 物理系统的实施；
- 用户培训；
- 数据准备与录入；

② 编码。

③ 软件测试。

④ 新旧系统之间的切换。

6.2.1　网站实施的准备工作

1．建立系统平台

- 计算机系统和通信网络系统的订购；

- 机房的准备；
- 设备安装和调试；

2．培训管理人员和操作人员

- 基础数据的准备；
- 管理流程重组。

6.2.2 对程序的基本要求

① 正确性：语法正确、逻辑正确、需求正确。

② 可维护性：维护是指对系统进行监督、统计、评价，找出问题，并进行修改、完善和扩充，使系统能正常地运行。可维护性是指软件能够被校正、被修改或被完善的难易程度。

③ 可靠性：系统在规定的外部条件下，按照规定的功能，能够运行指定的一段时间的概率。

④ 可理解性：理解和使用该系统的容易程度。

⑤ 效率：指计算机资源（如时间和空间）能否被有效地使用。

6.2.3 编程语言的选择

1．公共网关接口 CGI

公共网关接口（Common Gateway Interface，CGI）在商务网站的开发中起着重要的作用。CGI 是用来在用户浏览器和网络服务器之间传递信息的一系列统一命名的变量和方法操作管理程序。

CGI 的开发工作最早起源于美国伊利诺伊大学的 NCSA。为了能够在浏览器中访问 NCSA HTTPd 服务器上的动态数据，需要一个中间程序，于是开发出了 CGI。CGI 一经提出立刻受到了普遍地欢迎。近来被广泛应用于各类 Web 开发工具和商务网站的创建中。

目前在企业商务网站的创建过程中，CGI 程序常常被用于对 HTML 表单和数据库的操作。例如用 CGI 程序对数据进行搜索、修改或添加记录等等。

公共网关接口是用于 HTML 服务器和外部应用程序之间的一个标准。不对静态的 HTML 文档进行检索，URL 可以对含有某个程序或脚本的文件进行标识，这个程序或者脚本在用户选用 URL 指定的链接时得到执行。

例子之一是页面计数器程序，每检索一次文件，该计数器就累加 1。在 Internet 上，人们经常可以看到"在该站点上你的访问编号为 XXX，XXX"。当你选择这个链接并将这个具体页面下载到浏览器时，CGI 程序运行并查看存储在 CGI 程序文件中的某个变量和编号值，使编号加1，然后在 HTML 文件内显示这个编号。

使用外部应用程序的例子可以分两个步骤进行说明，即在 HTML 文档中选择和完成一个表单。用户单击提交（Submit）按钮后，输入的数据被传递到 CGI 程序，接着 CGI 程序对数据进行一定的处理。

启动 CGI 程序的基本方法如下：

① 用户在 HTML 页面中单击某个链接；

② 浏览器请求服务器运行 CGI 程序；

③ 如果用户具有适当权限，服务器运行 CGI 程序；

④ CGI 程序的结果返回到浏览器；

⑤ 浏览器显示输出结果。

在创建 CGI 程序时，需要使用某种编程语言。早期 CGI 所采用的编程语言多为在 UNIX 操作系统下的 PERL（Practical Extension and Reporting Language），而目前最常用的是在 Windows 操作系统下的 Java 语言。在介绍 Java 语言之前，这里暂时采用 PERL 作为例子来说明 CGI 的编程语言。

在选择 CGI 编程语言时要注意：HTTP 服务器中的操作系统应能支持这种语言；这种语言功能应足够强大，这样才可以编写 CGI 程序，完成预定的任务。

2. ASP 技术

ASP 是 Active Server Pages（动态服务主页）的简称，它代表了 Web 页技术从静态内容链接到动态生成文档的重要历程，它代表着 Web 技术一个新的发展方向。ASP 技术的精髓就是"动态"，这也是它与 HTML 页面的本质区别，这个"动态"和前面介绍的动态 HTML 的动态是有根本区别的，前者是从页面传输、页面生成真到页面内容的完全动态化，而后者仅是页面内容的动态效果。下面我们将对这个技术做一简要介绍。

（1）静态连接与动态连接

Web 最初建立在静态内容连接上，直到今天许多站点仍保持静态：这就是说，为了改变从 Web 服务器送到浏览器的 HTML 文档，你不得不手工编辑 HTML 页面。在静态模式下，浏览器使用 HTTP（超文本传输协议）向 Web 服务器请求 HTML 文件。服务器受到请求并传送一个已设计好的静态 HTML 的文档给浏览器，然后浏览器以一定格式显示这个页面。若要更新这些表态页面的内容，必须手动更新其 HTML 的文件数据。

虽然 HTML 通过 JavaScript 等控制页面元素具有一定的动态特性，但它仅是客户端静态页面内容的改善，只能增加一些页面修饰方面的动态效果，脚本所具有的交互能力十分有限。

通过网关接口例如 CGI（公共网关接口）、IIS API（微软 IIS 的编程接口）以及其他接口可以用来在 HTML 页面中加入动态的内容。这种模式提供了一定程度的动态特性，但它们不是和 HTML 集成在一起的。事实上，它们的设计过程与 HTML 文件完全不同。而且这类程序很难创建和修改。

使用 ASP 的不同之处是制作者可以直接在文件中插入可执行脚本代码，根据访问者的具体情况动态地生成页面。页面开发和脚本开发变成相同的过程，使网页制作者直接注意力集中到 Web 网页的外观和感觉。ASP 完全与 HTML 文件集成易于创建，无须手工编译或连接面向对象，可通过 ActiveX 服务端构件扩展功能。ASP 的好处在于，使得 Web 脚本开发应用是很容易的。装备了合适的脚本引擎，可以使用任何脚本语言。ASP 提供了 VBScript 和 JaveScript 脚本引擎。使用 ActiveX 服务端构件（以前称 Automationservers 自动化服务器），可以使用 ASP 结合数据库操作脚本等高级功能来处理数据和动态产生有用信息。

（2）ASP 的主要特点

Active Server Pages（动态服务器主页，ASP），内含于 Internet Information Server（IIS）当中，提供一个服务器端（Server-Side）的 scripting 环境，产生和执行动态、交互式、高效率的站点服务器的应用程序。当用户对一个 ASP 文档发出请求时，服务器会自动将 Active Server Pages 的程序码，解释为标准 HTML 格式的网页内容，在送到用户端的浏览器上显示出来。用户端只要使用常规可执行 HTML 码的浏览器，即可浏览 Active Server Pages 所设计的主页内容。当然这就意味着没有 ASP 服务器，就无法正确浏览一个 ASP 文档。

Active Server Pages 的特点是：

① 无须编译：容易产生，无须编译或链接即可执行解释，集成于 HTML 中。

② 使用常规文本编辑器，如使用 Windows 的记事本即可设计。

③ 与浏览器无关（Browser Independence）：用户端只要使用常规的可执行 HTML 代码的浏览器，即可浏览 Active Server Pages 所设计的主观内容，Script 语言（Vbscript、JaveScript）是在站点服务器（Server 端）执行，用户不需要执行这些 Script 语言。

④ 面向对象（Object-Orient）。

⑤ 可通过 ActiveX Server Components(ActiveX 服务器组件)来扩充功能。ActiveX Server Component，可使用 Visual Basic，Java，Visual C++，Cobol 等语言来实现；

⑥ Active Server Pages 与任何 ActiveX Scripting 语言兼容。除了可使用 VBScript 或 JaveScript 语言来设计，并可通过 Plug-in 的方式，使用由第三方所提供的其他譬如 REXX；Perl，Tcl 等 Scripting 语言。Script 引擎是处理 Script 的 COM（Component Object Model）对象。

⑦ Active Server Pages 的源程序代码不会传到用户的浏览器，因此可以保证辛辛苦苦写出来的源程序不会外泄。传到用户浏览器的是 Active Server Pages 执行的结果的常规 HTML 码。

⑧ 使用服务器端Script产生客户端Script，可以使用 ASP 程序码，在站点服务器执行Script 语言（VBScript 或 JaveScript），来产生或更改在客户端执行的 Script 语言。

3. Java 语言

由 Sun 公司推出的 Java 语言是当今世界上最为热门的网络编程语言之一。Java 的产生可以追溯到 1991 年。当时 Sun 公司的一个专家小组企图用一种全新的语言来取代 C++，并最终用它来控制所有的家电，这种语言就是 Java。有趣的是，Java 产生以后，并没有在控制家电行业流行开来。反而在网络信息处理系统开发过程中风行一时，成为目前最为流行的软件开发工具。

Java 是一种具有简单、面向对象、分布式、解释型、健壮、安全、体系结构中立、可移植、高性能、多线程和动态等各种特性的语言。

Java 是一种从 C++继承来的完整的面向对象程序设计语言。它具有 C++的所有优点，但却取消了一些不可靠的功能，如指针和不安全性。Java 是通过库来扩展自己的。例如它有一个称为 AWT 的用户界面对象的库、一个 I/O 库、一个网络库等等。可以使用 Java 来建立装到 Web 上并在浏览器上执行的 Applet 以及单独的应用程序。我们将重点讨论浏览器上用的 Applet，但是由于 Java 具有很强的能力，你可以把 Java 用做基本的开发环境。

Java 实际上不仅仅是一门编程语言，它还包含一个客户/服务器模式下的开发和执行环境。如果你已经掌握了 C++和面向对象程序概念，则对学习 Java 是很有帮助的。

Java 的主要特点：

Java 是一种纯面向对象的语言。相对而言 C++，Dephi 等实际上是混合型语言，是过程语言加上面向对象的扩展。而 Java 则不然，任何方面都是基于消息或基于对象的。所有数据类型均为对象类。甚至于数学运算也是面向对象的。为了保证编程的简易性，也可以按非对象处理。这也是推荐使用的方法。关于面向对象原理参照其他文献。

Java 语言之所以流行是因为它简单、易学、容易操作和使用，而且功能强大。概括起来，Java 的主要特点如下：

（1）解释性、可移植性和与应用平台的无关性

解释性是指 Java 是一种解释性的程序设计语言，从而避免了传统编译型语言在系统开发时所遇到的各种问题。可移植性和与应用平台的无关性是指 Java 在运行上不依赖于某个固定的软件平台，因而很容易移植。程序的移植性是指程序不经过修改而在不同硬件或软件平台上运行的特性。可移植性包括两种层次：源代码级可移植性和二进制级可移植性。C 和 C++只具有源代码级可移植性，表明 C 或 C++源程序要能够在不同平台上运行，必须重新编译。而 Java 是真正的二进制可移植的。Java 编译器所生成的可执行代码并不基于任何具体硬件平台，而是基于 Java 虚拟机（Java Virtual Machine，JVM）。通过预先把 Java 源程序编译成字节码，Java 避免了传统的解释语言的性能瓶颈，并确保了其可移植性。

（2）简单性

在支持强大功能的同时保持系统开发和使用上的简单性是 Java 开发小组一开始就遵循的宗旨。由于 Java 起源于信息家电的嵌入式系统，所以具备了简单明了的特性。Java 开发小组把它戏称为：KISS（Keep It Simple，Stupid）策略。正因为 Java 语言的这样一个特点，使得它既能够支持面向对象的开发方法，又能使开发过程简单易行。从而 Java 开始在众多的面向对象开发语言中脱颖而出，成为当今软件开发工具中的新宠。

（3）高性能

Java 是多线程的语言，提高了程序执行的并发程度。而 C++采用的是单线程的体系结构，均未提供对线程的语言级支持。

（4）面向对象性

Java 具有面向对象的基本特性和优点，但 Java 不是真正意义上的面向对象的程序语言。所以，Java 在操作上远比真正意义上的面向对象的其他程序语言要简单。

（5）动态性、分布性和安全性

Java 具有把分布在网络上的对象当做本地对象来处理的能力，整个系统的分布能力极好。Java 的网络处理功能是靠 Java 良好的系统安全性能来保障的。没有安全性能的保障，再好的系统商务处理系统也不敢使用。Java 与 C++一样大量使用类库，而 C++面临的一个问题是一旦类库升级，应用程序必须重新编译。而 Java 采用滞后联编技术，类是在运行时动态装载的。自动维护其一致性；分布包括数据分布和操作分布。Java 两种都支持。

4. JSP 技术

JSP（JavaServer Pages）是一种基于 Java 的脚本技术。在 JSP 的众多优点中，有一点是它能将 HTML 编码从 Web 页面的业务逻辑中有效地分离出来。用 JSP 访问可重用的组件，Servlet、JavaBean和基于 Java 的 Web 应用程序。JSP 还支持在 Web 页面中直接嵌入 Java 代码。可用两种方法访问 JSP 文件：浏览器发送 JSP 文件请求、发送至 Servlet 的请求。

① JSP 文件访问 Bean 或其他能将生成的动态内容发送到浏览器的组件。

图 6-14 说明了该 JSP 访问模型。当 Web 服务器接收到一个 JSP 文件请求时，服务器将请求发送至 WebSphere 应用服务器。WebSphere 应用服务器对 JSP 文件进行语法分析并生成 Java 源文件（被编译和执行为 Servlet）。Java 源文件的生成和编译仅在初次调用 Servlet 时发生，除非已经更新了原始的 JSP 文件。在这种情况下，WebSphere 应用服务器将检测所做的更新，并在执行它之间重新生成和编译 Servlet。

图 6-14　浏览器发送 JSP 文件请求

② 发送至 Servlet 的请求生成动态内容，并调用 JSP 文件将内容发送到浏览器。

图 6-15 说明了该访问模型。该访问模型使得将内容生成从内容显示中分离出来更为方便。WebSphere 应用服务器支持 HttpServiceRequest 对象和 HttpServiceRequest 对象的一套新方法。这些方法允许调用的 Servlet 将一个对象放入（通常是一个 Bean）请求对象中，并将该请求传递到另一个页面（通常是一个 JSP 文件）以供显示。调用的页面从请求对象中检索 Bean，并用 JSP 来生成客户机端的 HTML。

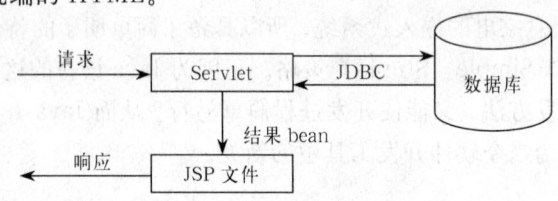

图 6-15　发送至 Servlet 的请求

6.2.4　JSP 开发工具

下列工具使用 JSP 文件的开发更为容易：

1. IBM WebSphere Studio 1.0 版本

Studio 向导创建用于动态内容的 Servlet、JavaBean 和 JSP。向导包括对建立关系数据库的 SQL 查询和关于 Web 访问者的信息维护支持。可以用向导输出文件"照原样"或定制未来的输出文件。

2. NetObjects ScriptBuilder 2.01 版本

在 NetObjects ScriptBuilder2.01 版本中，JSP 支持 JSP 模板、JSP 文件示例和重要的 JSP 语法。

3. IBM VisualAge for Java 2.1 企业版

IBM VisualAge for Java 2.1 提供了 Servlet Launcher 和 JSP Execution Monitor。Servlet Launcher 使用户能启动 Web 服务器，打开 Web 浏览器并启动 Servlet，而 JSP Execution Monitor 使用户能监控 JSP 源、生成 Servlet 和生成 HTML 源的执行情况。VisualAge for Java 2.1 还允许在 Servlet 代码内设置断点、在断点上动态地更新 Servlet、使用合并后的更改继续运行 Servlet。可以做所有这些事情，而不用重新启动 Servlet。

6.3　网　站　测　试

Web 网站本质上带有 Web 服务器和客户端浏览器的 C/S 结构的应用程序。主要考虑 Web 页面、TCP/IP 通信、Internet 链接、防火墙和运行在 web 页面上的一些程序（例如，Applet、javascript、应用程序插件），以及运行在服务器端的应用程序（例如，CGI 脚本、数据库接口、日志程序、动态页面产生器，ASP 等）。另外，因为服务器和浏览器类型很多，不同版本差别很小，但是表现出现的结果却不同，连接速度以及日益迅速的技术和多种标准、协议。使得 Web 测试成为一项正在不断研究的课题。

6.3.1　网站测试要考虑的因素

网站测试考虑的因素如下：

① 服务器上期望的负载是多少（例如，每单位时间内的单击量），在这些负载下应该具有什么样的性能（例如，服务器反应时间，数据库查询时间）。性能测试需要什么样的测试工具（例如，web 负载测试工具，其他已经被采用的测试工具，Web 自动下载工具，等等）。

② 系统用户是谁，其使用什么样的浏览器，使用什么类型的连接速度，他们是在公司内部（这样可能有比较快的连接速度和相似的浏览器）还是外部（这可能使用了多种浏览器并且有不同的连接速度）。

③ 在客户端希望有什么样的性能（例如，页面显示速度，动画、Applets 的速度等，如何引导和运行）。

④ 允许网站维护或升级吗，投入多少。

⑤ 需要考虑安全方面（防火墙，加密、密码等）是否需要，如何做，怎么能被测试，需要连接的 Internet 站可靠性有多高，对备份系统或冗余链接请求如何处理和测试，Web 网站管理、升级时需要考虑哪些步骤，需求、跟踪、控制页面内容、图形、链接等有什么需求。

⑥ 需要考虑哪种 HTML 规范，多么严格，允许终端用户浏览器有哪些变化。

⑦ 页面显示和/或图片占据整个页面或页面一部分是否有标准或需求。

⑧ 内部和外部的链接是否能够被验证和升级，多久一次。

⑨ 产品系统上能否被测试吗？或者需要一个单独的测试系统。浏览器的缓存、浏览器操作设置改变、拨号上网连接以及 Internet 中产生的"交通堵塞"问题在测试中是否解决，这些是否考虑。

⑩ 服务器日志和报告内容是否能定制，它们是否被认为是系统测试的主要部分并需要测试。

⑪ CGI 程序、Applets、Javascripts、ActiveX 组件等是否能被维护、跟踪、控制和测试。

6.3.2　测试内容

1. 功能测试

（1）链接测试

链接是 Web 应用系统的一个主要特征，它是在页面之间切换和指导用户去一些不知道地址的页面的主要手段。链接测试可分为三个方面。首先，测试所有链接是否按指示的那样确实链接到了该链接的页面；其次，测试所链接的页面是否存在；最后，保证 Web 应用系统上没有孤立的页面，所谓孤立页面是指没有链接指向该页面，只有知道正确的 URL 地址才能访问。

链接测试可以自动进行，现在已经有许多工具可以采用。链接测试必须在集成测试阶段完成，也就是说，在整个 Web 应用系统的所有页面开发完成之后进行链接测试。

（2）表单测试

当用户给 Web 应用系统管理员提交信息时，就需要使用表单操作，例如用户注册、登录、信息提交等。在这种情况下，我们必须测试提交操作的完整性，以校验提交给服务器的信息的正确性。例如：用户填写的出生日期与职业是否恰当，填写的所属省份与所在城市是否匹配等。

如果使用了默认值，还要检验默认值的正确性。如果表单只能接收指定的某些值，则也要进行测试。例如：只能接收某些字符，测试时可以跳过这些字符，看系统是否会报错。

（3）Cookies 测试

Cookies 通常用来存储用户信息和用户在某应用系统的操作，当一个用户使用 Cookies 访问了某一个应用系统时，Web 服务器将发送关于用户的信息，把该信息以 Cookies 的形式存储在客户端计算机上，这可用来创建动态和自定义页面或者存储登录等信息。

如果 Web 应用系统使用了 Cookies，就必须检查 Cookies 是否能正常工作。测试的内容可包括 Cookies 是否起作用，是否按预定的时间进行保存，刷新对 Cookies 有什么影响等。

（4）设计语言测试

Web 设计语言版本的差异可以引起客户端或服务器端严重的问题，例如使用哪种版本的 HTML 等。当在分布式环境中开发时，开发人员都不在一起，这个问题就显得尤为重要。除了 HTML 的版本问题外，不同的脚本语言，例如 Java、JavaScript、 ActiveX、VBScript 或 Perl 等也要进行验证。

（5）数据库测试

在 Web 应用技术中，数据库起着重要的作用，数据库为 Web 应用系统的管理、运行、查询和实现用户对数据存储的请求等提供空间。在 Web 应用中，最常用的数据库类型是关系型数据库，可以使用 SQL 对信息进行处理。

在使用了数据库的 Web 应用系统中，一般情况下，可能发生两种错误，分别是数据一致性错误和输出错误。数据一致性错误主要是由于用户提交的表单信息不正确造成的，而输出错误主要是由于网络速度或程序设计问题等引起的，针对这两种情况，可分别进行测试。

2．性能测试

（1）连接速度测试

用户连接到 Web 应用系统的速度根据上网方式的变化而变化，他们或是电话拨号，或是宽带上网。当下载一个程序时，用户可以等较长的时间，但如果仅仅访问一个页面就不会这样。如果 Web 系统响应时间太长（如超过 5s），用户就会因没有耐心等待而离开。

另外，有些页面有超时的限制，如果响应速度太慢，用户可能还没来得及浏览内容，就需要重新登录了。而且，连接速度太慢，还可能引起数据丢失，使用户得不到真实的页面。

（2）负载测试

负载测试是为了测量 Web 系统在某一负载级别上的性能，以保证 Web 系统在需求范围内能正常工作。负载级别可以是某个时刻同时访问 Web 系统的用户数量，也可以是在线数据处理的数量。例如：Web 应用系统能允许多少个用户同时在线？如果超过了这个数量，会出现什么现象？Web 应用系统能否处理大量用户对同一个页面的请求？

负载测试应该安排在 Web 系统发布以后，在实际的网络环境中进行测试。因为一个企业内部员工，特别是项目组人员总是有限的，而一个 Web 系统能同时处理的请求数量将远远超出这个限度，所以，只有放在 Internet 上，接受负载测试，其结果才是正确可信的。

（3）压力测试

进行压力测试是指实际破坏一个 Web 应用系统，测试系统的反映。压力测试是测试系统的限制和故障恢复能力，也就是测试 Web 应用系统会不会崩溃，在什么情况下会崩溃。黑客常常提供错误的数据负载，直到 Web 应用系统崩溃，接着当系统重新启动时获得权限。

压力测试的区域包括表单、登录和其他信息传输页面等。

3．可用性测试

（1）导航测试

导航描述了用户在一个页面内操作的方式，在不同的用户接口控制之间，例如按钮、对话框、列表框和窗口等；或在不同的连接页面之间。通过考虑下列问题，可以决定一个 Web 应用系统是否易于导航，导航是否直观，Web 系统的主要部分是否可通过主页存取，Web 系统是否需要站点地图、搜索引擎或其他的导航帮助，在一个页面上放太多的信息往往起到与预期相反的效果。Web 应用系统的用户趋向于目的驱动，很快地扫描一个 Web 应用系统，看是否有自己需要的信息，如果没有，就会很快离开。很少有用户愿意花时间去熟悉 Web 应用系统的结构，因此，Web 应用系统导航帮助要尽可能地准确。导航的另一个重要方面是 Web 应用系统的页面结构、导航、菜单、连接的风格是否一致。确保用户凭直觉就知道 Web 应用系统里面是否还有内容，内容在什么地方。

Web 应用系统的层次一旦决定，就要着手测试用户导航功能，让最终用户参与这种测试，效果将更加明显。

（2）图形测试

在 Web 应用系统中，适当的图片和动画既能起到广告宣传的作用，又能起到美化页面的功能。一个 Web 应用系统的图形可以包括图片、动画、边框、颜色、字体、背景、按钮等。图形测试的内容有：

- 要确保图形有明确的用途，图片或动画不要胡乱地堆在一起，以免浪费传输时间。Web 应用系统的图片尺寸要尽量地小，并且要能清楚地说明某件事情，一般都链接到某个具体的页面。
- 验证所有页面字体的风格是否一致。
- 背景颜色应该与字体颜色和前景颜色相搭配。
- 图片的大小和质量也是一个很重要的因素，一般采用 JPG 或 GIF 压缩。

（3）内容测试

内容测试用来检验 Web 应用系统提供信息的正确性、准确性和相关性。

信息的正确性是指信息是可靠的还是误传的。例如，在商品价格列表中，错误的价格可能引起财政问题甚至导致法律纠纷；信息的准确性是指是否有语法或拼写错误。这种测试通常使用一些文字处理软件来进行，例如使用 Microsoft Word 的"拼音与语法检查"功能；信息的相关性是指是否在当前页面可以找到与当前浏览信息相关的信息列表或入口，也就是一般 Web 站点中的所谓"相关文章列表"。

4．整体界面测试

整体界面是指整个 Web 应用系统的页面结构设计，是给用户的一个整体感。例如：当用户浏览 Web 应用系统时是否感到舒适，是否凭直觉就知道要找的信息在什么地方，整个 Web 应用系统的设计风格是否一致。

对整体界面的测试过程，其实是一个对最终用户进行调查的过程。一般 Web 应用系统采取在主页上做一个调查问卷的形式，来得到最终用户的反馈信息。

对所有的可用性测试来说，都需要有外部人员（与 Web 应用系统开发没有联系或联系很少的人员）的参与，最好是最终用户的参与。

5．客户端兼容性测试

（1）平台测试

市场上有很多不同的操作系统类型，最常见的有 Windows、UNIX、Macintosh、Linux 等。Web 应用系统的最终用户究竟使用哪一种操作系统，取决于用户系统的配置。这样，就可能会发生兼容性问题，同一个应用可能在某些操作系统下能正常运行，但在另外的操作系统下可能会运行失败。

因此，在 Web 系统发布之前，需要在各种操作系统下对 Web 系统进行兼容性测试。

（2）浏览器测试

浏览器是 Web 客户端最核心的构件，来自不同厂商的浏览器对 Java、JavaScript、ActiveX、Plug-ins 或不同的 HTML 规格有不同的支持。例如，ActiveX 是 Microsoft 的产品，是为 Internet Explorer 而设计的，JavaScript 是 Netscape 的产品，Java 是 Sun 的产品，等等。另外，框架和层次结构风格在不同的浏览器中也有不同的显示，甚至根本不显示。不同的浏览器对安全性和 Java 的设置也不一样。

测试浏览器兼容性的一个方法是创建一个兼容性矩阵。在这个矩阵中，测试不同厂商、不同版本的浏览器对某些构件和设置的适应性。

6．安全性测试

Web 应用系统的安全性测试介绍如下：

① 现在的 Web 应用系统基本采用先注册，后登录的方式。因此，必须测试有效和无效的用户名和密码，要注意到是否大小写敏感，可以试多少次的限制，是否可以不登录而直接浏览某个页面等。

② Web 应用系统是否有超时的限制，也就是说，用户登录后在一定时间内（例如 15min）没有点击任何页面，是否需要重新登录才能正常使用。

③ 为了保证 Web 应用系统的安全性，日志文件是至关重要的。需要测试相关信息是否写进了日志文件、是否可追踪。

④ 当使用了安全套接字时，还要测试加密是否正确，检查信息的完整性。

⑤ 服务器端的脚本常常构成安全漏洞，这些漏洞又常常被黑客利用。所以，还要测试没有经过授权，就不能在服务器端放置和编辑脚本的问题。

⑥ 目录设置。Web 安全的第一步就是正确设置目录。每个目录下应该有 index.html 或 main.html 页面，这样就不会显示该目录下的所有内容。如果没有执行这条规则。那么选中一幅图片并右击，找到该图片所在的路径"… com/objects/images"。然后在浏览器地址栏中手工输入该路径，发现该站点所有图片的列表。这可能没什么关系。但是进入下一级目录"… com/objects"，单击 Jackpot。在该目录下有很多资料，其中有些都是已过期页面。如果该公司每个月都要更改产品价格信息，并且保存过期页面。那么只要翻看了一下这些记录，就可以估计其边际利润以及为了争取一个合同还有多大的降价空间。如果某个客户在谈判之前查看了这些信息，他在谈判桌上肯定处于上风。

7．代码合法性测试

代码合法性测试主要包括两部分：程序代码合法性检查与显示代码合法性检查。

（1）程序代码合法性检查

程序代码合法性检查主要标准为《Intergrp 小组编程规范》，目前采用由 SCM 管理员进行规范的检查，未来期望能够有相应的工具进行测试。

（2）显示代码合法性检查

显示代码的合法性检查，主要分为 Html、JavaScript、CSS 代码检查，目前采用 HTML 代码检查，采用 CSE HTML Validator 进行测试

JavaScript、CSS 也可以在网上下载相应的测试工具。

8．文档测试

（1）产品说明书属性检查清单

① 完整。是否有遗漏和是否丢失，单独使用是否包含全部内容。

② 准确。既定解决方案是否正确，目标是否明确，有没有错误。

③ 精确、不含糊、清晰。描述是否一清二楚，还是自说自话，是否容易看懂和被理解。

④ 一致。产品功能描述是否自相矛盾，与其他功能有没有冲突。

⑤ 贴切。描述功能的陈述是否必要，有没有多余信息，功能是否原来的客户要求。

⑥ 合理。在特定的预算和进度下，以现有人力，物力和资源能否实现。

⑦ 代码无关。是否坚持定义产品，而不是定义其所信赖的软件设计、架构和代码。

⑧ 可测试性。特性能否测试，测试员建立验证操作的测试程序是否提供足够的信息。

（2）产品说明书用语检查清单

① 说明。对问题的描述通常回避没有设计的一些功能，可归结于前文所述的属性，从产品说明书上找出这样的用语，仔细审视它们在文中是怎样使用的，产品说明书可能会为其掩饰和开脱，也可能含糊其辞——无论是哪一种情况都可视为软件缺陷。

② 总是、每一种、所有、没有、从不。如果看到此类绝对或肯定的。叙述，软件测试员就可以着手设计针锋相对的案例。

③ 当然、因此、明显、显然、必然。这些话意图诱使接受假定情况.不要中了圈套。

④ 某些、有时、常常、通常、惯常、经常、大多、几乎。这些话太过模糊，例如"有时"发生作用的功能无法测试。

⑤ 等等、诸如此类、依此类推。以这样的词结束的功能清单无法测试，例如功能清单要绝对或者解释明确，以免让人迷惑,不知如何推论。

⑥ 良好、迅速、廉价、高效、小、稳定。这些是不确定的说法,不可测试。如果在产品说明书中出现，就必须进一步指明含义.

⑦ 已处理、已拒绝、已忽略、已消除。这些链接可能会隐藏大量需要说明的功能。

⑧ 如果……那么……(没有否则).找出有"如果……那么……"而缺少配套的"否则"结构的陈述.想一想"如果"没有发生会怎样.

（3）相关的测试工具

① OpenSTA。主要做性能测试的负荷及压力测试，使用比较方便，可以编写测试脚本，也可以先行自动生成测试脚本，而后对于应用测试脚本进行测试。

② SAINT。网站安全性测试，能够对于指定网站进行安全性测试，并可以提供安全问题的解决方案。

③ CSE HTML Validator。一个有用的对于 HTML 代码进行合法性检查的工具

④ Ab(Apache Bench)。Apache 自带的对于性能测试方面的工具，功能不是很多，但是非常实用。

⑤ Crash-me。Mysql 自带的测试数据库性能的工具，能够测试多种数据库的性能。

6.4 网站上线运行

在调试修改完毕后，网站就可以正常上线了，在上线后，需要检测网站的运行状况，随时解决出现的问题，特别是刚上线的几天，是最容易出现错误的时刻。网站上线后，个人站长们也就可以各显神通了，采取各种办法来对网站进行推广。

- 严重问题的即时修复；
- 日常性一般问题的修复。

当然还有诸如网站促销活动，以及与第三方联合开发互动功能等，这些我们在这里就不特别讨论了。

首先我们将上线周期设定为两周，也即每两周都会有一组特征活动可以与用户见面（第一周将代码 deploy 到产品线上，第二周是稳定期），这样全年就有 26（365/14）个可用的功能上线点。该年度计划中所有的 Feature，在保证其开发先后依赖关系不被破坏的情况下，大致的均分到这 26 个时间槽上。

接下来对于 Feature 的切分和统筹安排。

一般来说，各功能在提出阶段，本身通常都是独立且完备的，但很多时候，我们会有相当一部分的功能，由于其粒度太大，或者构思及完成步骤太复杂（例如：整套商业方案的推出，或是技术构架升级），我们必须将其劈成几组相对独立的 Feature 特征活动来逐步上线。为的就是能够降低开发失控风险，以及需求设计风险（用户不待见）。

这样我们就有了两类特征活动一类是完全独立的 Feature，一类是有着前后依赖关系的 Feature。对于后者，在分配其时间槽上线的时候要稍微复杂些（一旦某阶段 Feature 的延迟，会冲击到一系列下游 Feature 的开发上线时间），包括设置适当的缓冲间隔，必要时甚至需要剔除掉（推迟）原本计划安排在同一时间槽的其他次要、但可能有影响的 Feature。

最后各个 Feature 的开发流程都是比较固定的，由于每个 Feature 的粒度都被控制在一个适中的范围内，在确定该 Feature 的开始，就可以给出一个大致的开发预估时间值，并初步定下其在哪个开发槽上线。然后再经由各具体开发团队实际估算，确定具体的开发量，微调之后，进行开发，测试，回归测试，上线。

📢 本章小结

本章简单介绍了网站编程常用的编程语言和编程工具。由于篇幅和课程定位所限，我们不可能详细给大家讲解某一门语言。希望读者能够根据自己的情况，选择精通某一门开发语言，例如 JSP、Java 等。

📖 习题

1．请上网实现域名注册的过程。

2．请上网实现 ICP 网站备案过程，并将过程步骤写下来。

3．请分析几家域名注册代理商提供的服务，比较他们的优缺点。

第7章 网站推广

学习目标

通过本章的学习，达到：

① 理解"网站推广"的含义；

② 掌握目前常用的网站推广的方法；

③ 掌握邮件推广的基本原理和应用；

④ 掌握搜索引擎推广的基本原理和应用；

⑤ 掌握论坛推广的基本原理和应用。

引导案例

BodyBuilding.com 是美国网络零售商 400 强中排名第 160 位的零售网站，其 2009 年的销售额是 4 800 万美元。美国网上零售业竞争激烈，大部分零售网站都会投入很大一部分、甚至全部网络营销预算到搜索引擎营销中以推广网站。不过健美塑身产品零售网站 BodyBuilding.com 不对搜索引擎营销投入分文，也一样能够在自然搜索结果获得很好的表现，从而获得大量访问者。

目前，BodyBuilding.com 每天吸引约 16 万独立访问人数。而带来这一巨大访问量的主要原因是网站上接近 1 万篇关于健康、营养、体重、塑身及其他相关主题的内容文章。BodyBuilding 的 CEO Ryan DeLuca 说："我们没有做任何付费搜索引擎推广，不过我们拥有大约 400 个作者，他们很多都是各自主题领域内的专家，他们为网站贡献这些专业文章作为网站内容。目前网站文库大约有 1.6 万个网页，并且数目一直在增加。这些文章为我们赢得了良好的口碑广告效应。"

以前 BodyBuilding.com 网站推广的主要方法是依靠自然排名的搜索引擎优化和一些 E-mail 营销手段。目前网站访问者主要是那些对健身塑身感兴趣的人，他们来网站阅读文库中的专业文章，文章中提到的产品将激发起读者在该网站进行在线购买。由于这些内容的专业性，使得该网站的购物者忠诚度也很高，他们实施在线购买都是基于一种理智的决定。 Ryan DeLuca 认为，BodyBuilding.com 网站建立在读者和购物者的忠诚度之上，这一点将不会改变，他们将继续采用口碑营销策略而不是付费搜索引擎广告来驱动网站访问量。

网站内容推广策略在获得用户访问的同时可以创建良好的品牌形象，在这个过程中搜索引擎发挥了重要作用，高质量的网站内容加上合理的搜索引擎优化是网站推广成功的保证。在新竞争力网络营销研究报告中，曾经介绍过在线香水购物网站 www.Perfume.com 改版成功的秘诀，该网站主要是通过改进一些提高用户感受的细节问题，主要包括网站结构和网页布局和一些基本要素的针对用户获取信息特点的设计。网站结构、网页布局和网站内容，都是提高网站在搜索引擎自然检索结果表现的基础，这些基础工作做好了，搜索引擎优化效果也就体现出来了。

7.1 网站推广概述

网站推广是个系统工程，而不仅仅是一些网站推广方法的简单复制和应用。本章从网站推广与网址推广的区别、网站推广效果的影响因素、网站推广的作用等方面来说明网站推广的系统性，探讨网站推广系统性思想对网络营销的启示。

1．网站推广不仅仅是对网址的推广

网站推广系统性的表现形式之一是，网站推广不应只重视首页的推广，而是要注重整体推广效果。在 2000 年之前早期的网络营销文章中常看到"网址推广"一词，主要用来说明网站建成之后进行推广的重要性，这一词汇所强调的是让更多的人记住网站的网址，这种思路在当年应该是正确的，目前虽然不能说完全错误，但显然没有体现出网站推广的全部含义。因为网站推广的目的并不是为了让用户记住网址，而是为了获得更多的潜在用户，直到增加企业收益的最终目的。事实上，用户能否记住一个网站的网址并不是网站推广的所关注的重点，因为借助于搜索引擎，即使不知道网址也可以通过关键词检索等方式获得网站的信息，也正是由于这种原因，很多用户并不是首先来到一个网站的首页，很可能超过 80%的用户是直接进入网站内容页面浏览信息，而且并不一定来网站主页。由此可见，在网站推广中，网址宣传固然重要，但每一个网页的内容也同样重要，即需要重视网站的整体推广效果。

2．网站推广效果的影响因素是多方面的

关于网站建设对网络营销效果的影响，受到多方面因素的影响，尤其是网站基本要素的影响，如网站结构、功能、内容等，这些网站要素对推广的影响表现在两个方面：一方面是用户是否可以方便地获取信息，如果信息隐藏于过深的层次难以被用户发现，甚至网站很长时间都无法下载，都会影响推广的效果；另一方面，是网站建设对搜索引擎的影响，因为通过搜索引擎获取信息是用户了解网站的主要渠道之一，如果网站设计不合理（也就是网站搜索引擎优化状况较差），或者有效内容贫乏都会影响用户通过搜索引擎获取信息，这样就会失去很多被用户发现的机会，自然会影响网站推广的效果。即使在网站基本要素设计合理的情况下，如果网站推广方式不当，同样不能达到理想的推广效果。可见，在制定网站推广策略时，必须考虑到各种因素可能产生的影响。

3．网站推广还要考虑外部环境因素

网站之所以需要进行推广，还有一个重要原因是因为行业环境因素，同一个行业有太多来争夺有限的潜在用户。以搜索引擎推广策略为例，每个企业/网站都希望自己的信息出现在搜索结构中靠前的位置，因为如果不能在搜索结果前 30 位中出现网站的信息，就意味着几乎不能被用户发现，因此对搜索引擎检索结果排名位置的争夺成为许多企业网络营销的重要任务之一。在常用的搜索引擎推广方法中，一个是基于自然搜索结果排名的搜索引擎优化，另一种是通过购买搜索引擎关键词广告的方式获得在搜索结果中的可见性（如百度竞价排名和 Google Adwords）。竞争的加剧对于企业的搜索引擎推广策略提出了新的挑战：如果期望用简单的方式取得显著效果，通常只能支付更高的竞价广告费用获得排名靠前的优势，当然这并不是对每

个企业都适合的，而且，当众多网站纷纷采用以高额投入来争夺好的广告位置时，整体营销费用也将明显上升，网络营销费用低廉的优势也就失去了意义。因此在激烈竞争的环境中制定网站推广策略，就不能不考虑更多的环境因素影响，只有超越竞争者，网站推广才能获得明显优势。

4．网站推广的作用表现在多个方面

网站推广是网络营销取得成效的基础，网站推广应取得的效果是多方面的，如网站访问量增加带来直接销售的增长、网络品牌的提升、用户资源的增加等。网站推广的作用表现在多个方面也是网站推广系统性的表现之一，这一特点说明，在进行网站推广的使用，如果仅仅将目的定位于网站访问量的增长上，有时可能会造成无效的访问量增加，浪费了有限的用户资源，甚至影响到用户的信任，在这方面是有很多例子的，尤其对于一些网络公司，片面追求网站访问量，而缺乏将访问量资源转化为收益的能力，使得网站推广变得最终没有任何意义。此外，即使网站已经拥有一定的访问量，但为了保持网站品牌形象的领先，或者为了进一步获得新用户，仍然有必要进行持续的推广。

总之，真正有成效的网站推广并不仅仅是登录几个搜索引擎、做几个交换链接、注册网络实名/通用网址，或者购买几个关键词的搜索引擎广告这么简单，这些常见的推广方式是网站推广的基本手段，但并不意味着网站推广的全部，更不代表进行了这些基本工作就完成了网站推广的任务，而是要综合考虑多种相关因素，根据企业内部资源条件和外部经营环境来制定针对性的网站推广策略，并且对网站推广各个环节、各个阶段的发展状况进行有效的控制和管理。

7.2　网站推广的基本方法

网站推广的实施是通过各种具体的方法来实现的，所有的网站推广方法实际上都是对网站推广工具和资源的合理利用。根据可以利用的常用的网站推广工具和资源，相应地，可以将网站推广的基本方法也归纳为八种：搜索引擎推广方法、电子邮件推广方法、资源合作推广方法、信息发布推广方法、病毒性营销方法、快捷网址推广方法、网络广告推广方法、综合网站推广方法。

1．搜索引擎推广方法

搜索引擎推广是指利用搜索引擎、分类目录等具有在线检索信息功能的网络工具进行网站推广的方法。由于搜索引擎的基本形式可以分为网络蜘蛛形搜索引擎（简称搜索引擎）和基于人工分类目录的搜索引擎（简称分类目录），因此搜索引擎推广的形式也相应有基于搜索引擎的方法和基于分类目录的方法，前者包括搜索引擎优化、关键词广告、竞价排名、固定排名、基于内容定位的广告等多种形式，而后者则主要是在分类目录合适的类别中进行网站登录。随着搜索引擎形式的进一步发展变化，也出现了其他一些形式的搜索引擎，不过大都是以这两种形式为基础。

搜索引擎推广的方法又可以分为多种不同的形式，常见的有：登录免费分类目录、登录付费分类目录、搜索引擎优化、关键词广告、关键词竞价排名、网页内容定位广告等。

从目前的发展趋势来看，搜索引擎在网络营销中的地位依然重要，并且受到越来越多企业的认可，搜索引擎营销的方式也在不断发展演变，因此应根据环境的变化选择搜索引擎营销的合适方式。

网站推广是指通过各种有效的手段推广网站知名度，提升网站访问量。它包括以下一些工作：

(1) 页面标题<title>

就是在浏览网页时出现在浏览器左上角的文字，它是一个网站最先被访问者看到的信息。同时，许多搜索引擎在互联网上自动进行网站搜索时所记录下来的就包括了页面标题和关键字等。因此，页面标题对于网站的推广增加访问者对网站的浏览的兴趣有很大的帮助。在网页中使用页面标题的方法如下：

```
<html>
<head>
<title> 欢迎访问大中华礼品网</title>
</head>
</html>
```

(2) 关键字 <keywords>

当网站网站被搜索引擎自动记录后，你为网站提供的 50~100 个关键字就很重要了。因为网站网站将以这些关键字被索引，这样当访问者在搜索引擎进行查找时使用这些关键词语就能找到网站网站。所以要尽可能地使用所有与网站相关的关键字来描述网站。关键字的使用方法如下：

```
<html>
<head>
<meta neme="keywords" content="domain name, registration, free, webhosting,
training, china, chinese, gtlds">
</head>
</html>
```

(3) 网站描述

网站描述出现在搜索引擎的查找结果中。网站的描述写的好坏很大程度上决定了访问者是否将通过搜索引擎查找的结果来访问网站网站。因此，网站描述应当覆盖了关键字所定义的范围，并且有所侧重，突出网站的重点，着重描述语句对访问者的吸引力。应当提取出 20 个左右最重要的关键字，根据实际工作中用户最关心的信息和网站所要重点提供的信息，仔细地编写一段包括空格在内不超过 250 字的描述文字。网站描述的使用方法如下：

```
<html>
<head>
<meta neme="description" content="chinadns.com provide tlds and chinese
domain name registration, free webhosting, related training">
</head>
</html>
```

(4) 搜索引擎注册

通过前三项的准备工作，你已经可以在搜索引擎上进行注册了。通过在搜索引擎注册，你可以迅速增加网站访问量，扩大网站影响力，并可扩展网站业务覆盖范围。你可以分别到多个搜索引擎去注册，也可以使用专业网站或软件一次在多个搜索引擎上注册。互联网上较知名的英文搜索引擎有 yahoo、altavista、excite、hotbot、lycos、infoseek、webcrawler 等，中文搜索引擎有新浪、搜狐、网易、中文 yahoo 等。比较好的国外专业注册网站有 www.submit-it.com，国内有 www.it.com.cn 等。有些搜索引擎如 yahoo 是使用人工方法对注册的网站进行检测，目的是为了保证网站提供的信息是准确的。但由于这些搜索引擎的注册量极大，通常将需要半年时间，提交的结果才能被加入到搜索引擎中。

（5）网站链接

网站链接相对于搜索引擎注册来讲，能够更迅速、更有效地吸引访问者，扩大影响力，网站链接有多种模式可以选择使用。

（6）行业链接

通常每一个行业都会有一个或几个访问量比较大的权威性网站。通过在这样的网站上加入链接，能够比较准确地圈定访问者的类型，提高网站利用率。

（7）友情链接

寻找与网站网站信息有相互关系的网站，与他们取得联系并设立相互的友情链接。最好能在企业网站上为其他网站的友情链接再做一个网页，以免访问者还未真正了解到网站信息就跑到其他的网站上去了。

2．电子邮件推广方法

以电子邮件为主要的网站推广手段，常用的方法包括电子刊物、会员通信、专业服务商的电子邮件广告等。

基于用户许可的 E-mail 营销与滥发邮件（Spam）不同，许可营销比传统的推广方式或未经许可的 E-mail 营销具有明显的优势，比如可以减少广告对用户的滋扰、增加潜在客户定位的准确度、增强与客户的关系、提高品牌忠诚度等。根据许可 E-mail 营销所应用的用户电子邮件地址资源的所有形式，可以分为内部列表 E-mail 营销和外部列表 E-mail 营销，或简称内部列表和外部列表。内部列表也就是通常所说的邮件列表，是利用网站的注册用户资料开展 E-mail 营销的方式，常见的形式如新闻邮件、会员通信、电子刊物等。外部列表 E-mail 营销则是利用专业服务商的用户电子邮件地址来开展 E-mail 营销，也就是电子邮件广告的形式向服务商的用户发送信息。许可 E-mail 营销是网络营销方法体系中相对独立的一种，既可以与其他网络营销方法相结合，也可以独立应用。

3．资源合作推广方法

通过网站交换链接、交换广告、内容合作、用户资源合作等方式，在具有类似目标网站之间实现互相推广的目的，其中最常用的资源合作方式为网站链接策略，利用合作伙伴之间网站访问量资源合作互为推广。

每个企业网站均可以拥有自己的资源，这种资源可以表现为一定的访问量、注册用户信息、有价值的内容和功能、网络广告空间等，利用网站的资源与合作伙伴开展合作，实现资源共享，共同扩大收益的目的。在这些资源合作形式中，交换链接是最简单的一种合作方式，调查表明也是新网站推广的有效方式之一。交换链接或称互惠链接，是具有一定互补优势的网站之间的简单合作形式，即分别在自己的网站上放置对方网站的 LOGO 或网站名称并设置对方网站的超链接，使得用户可以从合作网站中发现自己的网站，达到互相推广的目。交换链接的作用主要表现在几个方面：获得访问量、增加用户浏览时的印象、在搜索引擎排名中增加优势、通过合作网站的推荐增加访问者的可信度等。交换链接还有比是否可以取得直接效果更深一层的意义，一般来说，每个网站都倾向于链接价值高的其他网站，因此获得其他网站的链接也就意味着获得了于合作伙伴和一个领域内同类网站的认可。

4．信息发布推广方法

将有关的网站推广信息发布在其他潜在用户可能访问的网站上，利用用户在这些网站获取信息的机会实现网站推广的目的,适用于这些信息发布的网站包括在线黄页、分类广告、论坛、博客网站、供求信息平台、行业网站等。信息发布是免费网站推广的常用方法之一,尤其在互联网发展早期,网上信息量相对较少时,往往通过信息发布的方式即可取得满意的效果,不过随着网上信息量爆炸式的增长,这种依靠免费信息发布的方式所能发挥的作用日益降低,同时由于更多更加有效的网站推广方法的出现,信息发布在网站推广的常用方法中的重要程度也有明显的下降,因此依靠大量发送免费信息的方式已经没有太大价值,不过一些针对性、专业性的信息仍然可以引起人们极大的关注,尤其当这些信息发布在相关性比较高。

5.病毒性营销方法

病毒性营销方法并非传播病毒,而是利用用户之间的主动传播,让信息像病毒那样扩散,从而达到推广的目的,病毒性营销方法实质上是在为用户提供有价值的免费服务的同时,附加上一定的推广信息,常用的工具包括免费电子书、免费软件、免费 Flash 作品、免费贺卡、免费邮箱、免费即时聊天工具等可以为用户获取信息、使用网络服务、娱乐等带来方便的工具和内容。如果应用得当,这种病毒性营销手段往往可以以极低的代价取得非常显著的效果。

6.快捷网址推广方法

即合理利用网络实名、通用网址以及其他类似的关键词网站快捷访问方式来实现网站推广的方法。快捷网址使用自然语言和网站 URL 建立其对应关系,这对于习惯于使用中文的用户来说,提供了极大的方便,用户只须输入比英文网址要更加容易记忆的快捷网址就可以访问网站,用自己的母语或者其他简单的词汇为网站"更换"一个更好记忆、更容易体现品牌形象的网址,例如选择企业名称或者商标、主要产品名称等作为中文网址,这样可以大大弥补英文网址不便于宣传的缺陷,因为在网址推广方面有一定的价值。随着企业注册快捷网址数量的增加,这些快捷网址用户数据可也相当于一个搜索引擎,这样,当用户利用某个关键词检索时,即使与某网站注册的中文网址并不一致,同样存在被用户发现的机会。

7.网络广告推广方法

网络广告是常用的网络营销策略之一,在网络品牌、产品促销、网站推广等方面均有明显作用。网络广告的常见形式包括:BANNER 广告、关键词广告、分类广告、赞助式广告、E-mail 广告等。BANNER 广告所依托的媒体是网页、关键词广告属于搜索引擎营销的一种形式,E-mail 广告则是许可 E-mail 营销的一种,可见网络广告本身并不能独立存在,需要与各种网络工具相结合才能实现信息传递的功能,因此也可以认为,网络广告存在于各种网络营销工具中,只是具体的表现形式不同。将网络广告用户网站推广,具有可选择网络媒体范围广、形式多样、适用性强、投放及时等优点,适合于网站发布初期及运营期的任何阶段。

8.综合网站推广方法

除了前面介绍的常用网站推广方法之外,还有许多专用性、临时性的网站推广方法,如有奖竞猜、在线优惠券、有奖调查、针对在线购物网站推广的比较购物和购物搜索引擎等,有些甚至采用建立一个辅助网站进行推广。有些网站推广方法可能别出心裁,有些网站则可能采用有一定强迫性的方式来达到推广的目的,例如修改用户浏览器默认首页设置、自动加入收藏夹、甚至在用户计算机上安装病毒程序等,真正值得推广的是合理的、文明的网站推广方法,应拒绝和反对带有强制性、破坏性的网站推广手段。

7.3 搜索引擎推广

国外著名的市场调查研究机构 Forrester Research 的研究结果显示：超过 80%的互联网用户通过搜索引擎来寻找网站。互联网上的网站和资料浩如烟海，如何才能让企业网站以及您的产品和服务被找到呢？多数没有进行搜索引擎推广的网站都默默无闻被埋藏在搜索引擎的结果的最深处。根据调查显示：47%的消费者通过搜索引擎来查找产品信息；28%的消费者在搜索引擎中直接查找产品名称；9%的消费者通过搜索引擎查找名牌产品；5%的消费者通过搜索引擎查找公司名称；5%通过搜索引擎的购物频道查找产品。

7.3.1 什么是搜索引擎推广

搜索引擎推广是通过搜索引擎优化、搜索引擎排名以及研究关键词的流行程度和相关性在搜索引擎的结果页面取得较高的排名的营销手段。搜索引擎优化对网站的排名至关重要，因为搜索引擎在通过 Spider 程序来收集网页资料后，会根据复杂的算法（各个搜索引擎的算法和排名方法是不尽相同的）来决定网页针对某一个搜索词的相关度并决定其排名的。当客户在搜索引擎中查找相关产品或者服务的时候，通过专业的搜索引擎优化的页面通常可以取得较高的排名。

与其他的网站推广方式相比，搜索引擎推广是为网站带来新的客户的最有效和最经济的手段。搜索引擎推广的投资回报率也是最高的。通过搜索引擎竞价排名可以使网站的流量在短期内快速增加，从而使企业的业务得以迅速扩展。通过搜索引擎优化排名，可以使企业源源不断地获得新的客户而不需要付出额外的费用。好的搜索引擎排名不但可以使您获得 6 倍于条幅广告的客户，还可以为您在互联网上建立起良好的品牌效应。

利用搜索引擎推广的优点体现在：

① 搜索引擎是客户找到网站和产品的最主要的方式。

② 如果客户通过搜索引擎找到企业网站，而非竞争对手的网站，就已经在互联网的的竞争上战胜了竞争对手。

③ 搜索引擎带来的流量是购买率极高的优质客户，因为他们正是通过搜索引擎在寻找产品或者服务。

④ 与传统广告和其他的网络推广方式相比，搜索引擎网站推广更便宜、更有效。

7.3.2 搜索引擎营销信息传递的一般过程与基本任务

搜索引擎是互联网用户获取信息的基本工具之一，企业利用被用户检索的机会实现信息传递的目的，这就是搜索引擎营销。为了详细说明这些问题，我们对此可以通过对搜索引擎营销的基本过程进行一般的归纳分析。

1. 搜索引擎营销信息传递的一般过程

搜索引擎营销得以实现的基本过程是：企业将信息发布在网站上成为以网页形式存在的信息源；搜索引擎将网站/网页信息收录到索引数据库；用户利用关键词进行检索（对于分类目录则是逐级目录查询）；检索结果中罗列相关的索引信息及其链接 URL；根据用户对检索结果的判断选择有兴趣的信息并单击 URL 进入信息源所在网页。这样便完成了企业从发布信息到用户获取信息的整个过程，这个过程也说明了搜索引擎营销的基本原理。

图 7-1 给出了搜索引擎营销信息传递的一般过程：

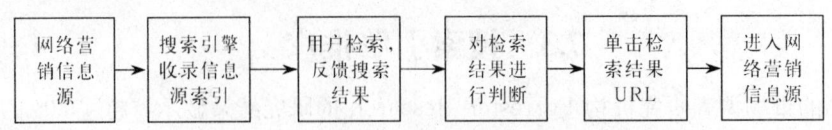

图 7-1　搜索引擎营销信息传递的一般过程

在上述搜索引擎营销过程中，包含了五个基本要素：信息源（网页）、搜索引擎信息索引数据库、用户的检索行为和检索结果、用户对检索结果的分析判断、对选中检索结果的单击。对这些因素以及搜索引擎营销信息传递过程的研究和有效实现就构成了搜索引擎营销的基本内容。

2. 搜索引擎营销的基本任务

根据搜索引擎营销信息传递的一般过程，实现搜索引擎营销的基本任务包括五个步骤：构造适合于搜索引擎检索的信息源（基础准备）；创造网站/网页被搜索引擎收录的机会（存在层）；让企业信息出现在搜索结果中靠前位置（表现层）；以搜索结果中有限的信息获得用户关注（关注层）；为用户获取信息提供方便，促使用户转化（转化层）。

（1）构造适合于搜索引擎检索的信息源

构造适合于搜索引擎检索的信息源，也就是为实现搜索引擎营销的第一个目标层次进行基础准备。信息源被搜索引擎收录是搜索引擎营销的基础，这也是网站建设之所以成为网络营销基础的原因，企业网站中的各种信息是搜索引擎检索的基础。由于用户通过检索之后还要来到信息源获取更多的信息，因此这个信息源的构建不能只是站在搜索引擎友好的角度，应该包含用户友好，这就是我们在建立网络营销导向的企业网站中所强调的，网站优化不仅仅是搜索引擎优化，而是包含三个方面：即对用户、对搜索引擎、对网站管理维护的优化。

（2）创造网站/网页被搜索引擎收录的机会

创造网站/网页被搜索引擎收录的机会即搜索引擎营销目标层次的第一层——存在层。网站建设完成并发布到互联网上并不意味着自然可以达到搜索引擎营销的目的，无论网站设计多么精美，如果不能被搜索引擎收录，用户便无法通过搜索引擎发现这些网站中的信息，当然就不能实现网络营销信息传递的目的。因此，让尽可能多的网页被搜索引擎收录是网络营销的基本任务之一，也是搜索引擎营销的基本步骤。

（3）让企业信息出现在搜索结果中靠前位置

网站/网页被搜索引擎收录仅仅被搜索引擎收录还不够，还需要让企业信息出现在搜索结果中靠前的位置，这就是搜索引擎优化所期望的结果，也也是搜索引擎营销目标层次中的第二层——表现层。因为搜索引擎收录的信息通常都很多，当用户输入某个关键词进行检索时会反馈大量的结果，如果企业信息出现的位置靠后，被用户发现的机会就大为降低，搜索引擎营销的效果也就无法保证。

（4）以搜索结果中有限的信息获得用户关注

搜索引擎营销目标的第三个层次是关注层，即通过搜索结果中有限的信息获得用户关注。通过对搜索引擎检索结果的观察可以发现，并非所有的检索结果都含有丰富的信息，用户通常并不能单击浏览检索结果中的所有信息，需要对搜索结果进行判断，从中筛选一些相关性最强、最能引起用户关注的信息进行单击，进入相应网页之后获得更为完整的信息。做到这一点，需要针对每个搜索引擎收集信息的方式进行针对性的研究。

（5）为用户获取信息提供方便，促使用户转化

搜索引擎营销的最高目标，是通过网站访问量的增加转化为企业最终实现收益的提高，实现这一目标就是搜索引擎营销转化层的任务，这也是其他层次网络营销工作效果的全面体现。用户通过单击搜索结果而进入网站/网页，是搜索引擎营销产生效果的基本表现形式，用户的进一步行为决定了搜索引擎营销是否可以最终获得收益。在网站上，用户可能为了了解某个产品的详细介绍，或者成为注册用户。在此阶段，搜索引擎营销将与网站信息发布、顾客服务、网站流量统计分析、在线销售等其他网络营销工作密切相关，在为用户获取信息提供方便的同时，与用户建立密切的关系，使其成为潜在顾客，或者直接购买产品。

7.4　站间链接推广

网络广告交换，也称为友情链接、互惠链接、互换链接等，是具有一定资源互补优势的网站之间的简单合作形式，即分别在自己的网站上放置对方网站的 Logo 或网站名称，并设置对方网站的超链接，使得用户可以从合作网站中发现自己的网站，达到互相推广的目的。因此常作为一种网站推广手段。

7.4.1　站间链接的实际意义和考虑因素

很多人在友情链接的选择上定位模糊。经过长时间的观察发现，在国外，links 成为了一个非常重要的网站栏目。国内很多网页设计者没有积极去做友情链接的原因如下：

① 担心影响自身的形象；

② 担心客户流失；

③ 担心影响自身的权威性；

④ 懒于或羞于做友情链接；

⑤ 认为其他站点的内容很差

应该树立一种正确的"链接价值观"，友情链接对企业的收益可能出乎意料。具体来说，站间链接会产生下列收益：

① 首先可以增加网站访问量，提高网站网站知名度。其中，直接的访问量是网友通过单击友情链接，间接的访问量是因为友情链接，提高了网站 Google 排名，增加被搜索到的几率。

② 友情链接不但不会使客户流失，反而可以让网民更加敬重网站，因为你为网民提供了更多有价值的网站。

③ 这种情况的友情链接可能会降低网站网站自身，以及被链接的网站的权威性：网站本身没有多少自己原创的内容，大部分都是转载、并且没有注明转载来源和原创作者的。并且这也是违背《著作权法》的，可能还要承担民事赔偿责任。

相反的，如果网站网站做得非常好，都是原创内容，友情链接的网站也会沾光。你提供的网站如果也是原创内容的网站，绝对不会影响你自身的权威性。

④ 友情链接对于提高网站某一关键词的排名，起着很重要的作用。因为网站反向链接越多，网站首页的 Google 排名就会相应提高。与首页相连的内页，同样排名也会提高。

反向链接的数量，非常有助于提高网站的 PageRank。

7.4.2 网络广告交换的基本原理

在网络广告交换网上，一般包括文本的交换及图标（Logo）的交换。其中图标交换网的运作机制一般为：广告主先向交换网管理员申请获得一个序号，然后按照要求，制作一个宣传自己的图标，并将自己归到某一类中，然后传送给交换网络。由于受到网络速度的限制，一般的广告交换网都对广告图片做了从几十千字节到几百千字节不等的规定，而且广告图片要求符合旗帜广告或按钮广告的尺寸。此时，作为交换网的成员，广告主可以提交的自己主页的图片，该交换网会相应给出一段HTML代码，广告主把该代码加到自己的主页中即可参与交换。每当有人访问广告主主页上的其他网站的广告时，广告主得到交换网规定的分数（例如0.5或1分）。根据该交换网的交换比率（例如1:1），广告主的广告就会在该交换网的另一网站的主页上显示相应的次数（例如1次）。这样就可达到相对公平地在成员中互换图标广告的目的了。图7-2显示了网络广告交换的基本原理。

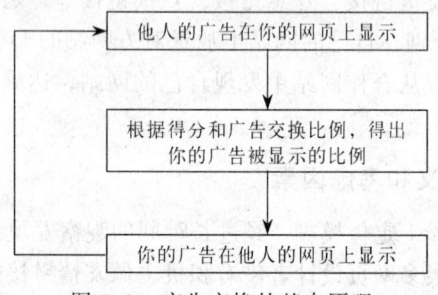

图7-2 广告交换的基本原理

7.4.3 增强网络广告交换推广策略有效性的途径

1. 改变链接形式，采用不同的文字链接到不同的栏目

一般说来，交换链接都是利用网站名称（或者Logo）与合作伙伴网站的名称（或者Logo）互相交换放置在各自网站上，并且链接到合作网站的首页。考虑到网站交换连接效果的递减效应，这样的链接方式随着链接完成时间的推移会变得效果越来越小，因此在链接方式上，有必要采用多种不同的形式，尤其在网站发布一段时间之后再进行的链接，可以针对部分有吸引力的栏目，甚至某个产品/内容页面进行链接，这样不仅增加了用户了解网站的方式，并且增加了被搜索引擎发现的机会。

2. 增加主动链接，提高链接有效性

建立交换链接的过程是漫长的，效率也是低下的，并且由于对合作方的了解不够，建立互相链接后的效果也无法预期。实际工作中也有很多方法可以自己为自己建立网站链接，早期常见的方式如在信息发布平台和论坛发布网站信息等，但这些方法的效果不够显著。这几年最热门的博客为建立主动性链接提供了极大的便利，而且由于博客文章很容易被 Google、yahoo、MSN 等搜索引擎收录，文中的链接对于增加网站链入具有一定价值，更为直接的效果是，阅读博客文章的读者越来越多，读者根据文章中的链接进入网站获取进一步信息的机会要远高于仅仅是将网站名称罗列在一个网站某个角落里的"交换链接"， 因此这种链接的直接效果更加明显。

3. 单向链接也值得重视

所谓单向链接，也就是自己主动链接其他网站而并不要求对方链接自己的网站，这样看起来是损失，但实际上也是有价值的，尤其是被链接网站名称（或者栏目名称、文章摘要和标题等）中含有重要关键词时，首先就对丰富自己网站的关键词产生效果，这对于增加搜索引擎可见性具有一定价值。同时，对于访问者来说，由于这种单项链接增加了网站/网页的延伸内容，为读者获取更多相关信息提供了方便，有助于培养长期用户忠诚。这种链接不是通过一两篇文章可以做到的，需要一个网站长期坚持这样的内容策略。这种链接的效果还需要一段时间的检验。另外，单项链接可能的潜在风险是一段时间之后被链接网页 URL 的变更或者服务器关闭等原因造成大量的死链接，影响网站的质量，因此一般倾向于链接那些有一定知名度并且长期保持稳定的网站信息。

4．注重站内网页的链接，增加网页被搜索引擎收录的机会

尽管不能肯定网站被链接数量对于搜索引擎排名的价值还有多高，但可以肯定的是，网站内部链接的推广作用是不会立刻消失的，利用这种链接可以为网页创造尽可能多被收录的机会，一个网站被收录的网页数量增加，也相当于增加了网站总体的搜索引擎可见性，无论网站首页是否因此而获得更好的 PR（Page Rank，网页级别）。尤其是当网站采用动态网页技术设计时，内部网页内容链接的重要性更加明显，如果发布的内容是动态网页，可利用搜索引擎推广，强调的就是对有关内部链接重要性的说明。

7.4.4 网络广告交换的价值及面临的问题

关于网络广告交换链接可以取得的效果，许多学者或营销人员的看法有较大差别，有人认为可以从链接中获得的访问量非常少，也有人认为链接的意义很大，不仅可以获得潜在的品牌价值，还可以获得很多直接的访问量。其实，交换链接的意义并不仅仅表现在直接效果的多少，而在于业内的认知和认可，一般来说，互相链接的网站在规模上比较接近，内容上有一定的相关性或互补性。

在网站链接的问题上，我们经常会看到一些极为不同的结果，有的网站不加区分地罗列着许许多多似乎毫无关联的网站，从化工建材到商品信息，以及形形色色的个人主页，也有很多网站，根本没有相关网站的链接。这两种情况都有些极端，即使在一般正常的情况下，还是有一些方面需要引起注意。

1．没有价值的链接

链接的数量上限的问题往往是一些网络营销人员比较关心的，不过，这个标准恐怕很难确定，主要与网站所在领域的状况有关。一个特别专业的网站，可能相关的或者有互补性的网站非常少，那么有可能做到的交换链接的数量自然也比较少。反之，大众型的网站可以选择的链接对象就要广泛得多。

交换网站希望链接的网站数量尽可能多，但并不是什么样的链接都有意义，无关的链接对自己的网站没有什么正面效果。相反，大量无关的或者低水平网站的链接，将降低高质量网站对其的信任，同时，访问者也会将其网站视为素质低下或者不够专业，严重影响网站的声誉。因此，在进行交换时，不要试图使用自动链接的软件来完成，也不要链接大量低质量的网站，每一个链接对象都是一个合作伙伴，应该亲自对合作伙伴的状况做出分析，看是否有必要互做链接，也只有经过认真分析后发出合作邀请，成功的机会才比较大。

2．不同网站 Logo 的风格及下载速度

图片链接（通常为网站的 Logo）是许多网站交换链接时首选的交换方式，但是在链接时由于各网站的标志千差万别，即使规格可以统一（多为 88×31 像素），但是图片的格式、色彩等与自己网站风格很难协调，影响网站的整体视觉效果。例如，有些图标是动画格式，有些是静态图片，有些画面跳动速度很快。将大量的图片放置在一起，往往给人眼花缭乱的感觉，而且并不是每个网站的 Logo 都可以让访问者明白它所要表达的意思，不仅不能为被链接方带来预期的访问量，对自己的网站也产生了不良影响。

另外，首页放置过多的图片会影响下载速度，尤其这些图片分别来自于不同的网站服务器时。因此，建议不要在网站首页放过多的图片链接，具体多少适合，和网站的布局有关，5 幅以下应该不算太多，但无论什么情形，10 幅以上不同风格的图片摆在一起，一定会让浏览者的眼睛感觉不舒服。

3. 回访友情链接伙伴的网站

同搜索引擎注册一样，交换链接一旦完成，也具有一定的相对稳定性，不过，还是需要做不定期检查，也就是回访友情链接伙伴的网站，看对方的网站是否正常运行，自己的网站是否被取消或出现错误链接，或者，因为对方网页改版、URL 指向转移等原因，是否会将自己的网址链接错误。因为由于交换链接通常出现在网站的首页上，错误的或者无效的链接对自己网站的质量有较大的负面影响。如果发现对方遗漏链接或其他情况，应该及时与对方联系，如果某些网站因为关闭等原因无法打开，在一段时间内仍然不能恢复的时候，应考虑暂时取消那些失效的链接。不过，可以备份相关资料，也许对方的问题解决后会和你联系，要求恢复友情链接。同样的道理，为了合作伙伴的利益着想，当自己的网站有什么重大改变，或者认为不再合适作为交换链接时，也应该及时通知对方。

4. 无效的链接

谁也不喜欢自己的网站存在很多无效的链接，但是，实际上很多网站都不同程度地存在这种问题。即使网站内部链接都没有问题，但是很难保证链接到外部的同样没有问题，因为，链接网站也许经过改版、关闭等原因原来的路径已经不再有效，而对于访问者来说，所有的问题都是网站的问题，他们并不去分析是否对方的网站已经关闭或者发生了其他问题。研究表明，平均每 15 个链接就有一个坏链接，如果网站平均每人浏览 15 个网页的话，那就意味着每个访问者都将发现一个错误链接，这会对网站形象产生不良影响。

因此，应该每隔一定周期对网站链接进行系统性的检查。检查链接的方法很多，对于主要页面，应逐条检查每个链接，对其他页面成千上万的链接进行检查，需要借助于一些软件，或者采用在线测试的方式。

此外，新网站每天都在不断诞生，交换链接的任务也就没有终了的时候，当然，在很多情况下，都是新网站主动提出合作的请求，对这些网站进行严格的考察，从中选择适合自己的网站，将合作伙伴的队伍不断壮大和丰富。

7.5 电子邮件列表

邮件列表不同于群发邮件，更不同于垃圾邮件，是在基于用户自愿加入的前提下，通过为用户提供有价值的信息，同时附带一定数量的商业信息，实现网络营销的目的。

7.5.1 建立邮件列表的目的和表现形式

其实，每一项营销活动或每一种营销计划都有其特定的目的，邮件列表也不例外。按照邮件的内容，邮件列表可分为新闻邮件、电子刊物、网站更新通知等类型，不同类型的邮件列表表达方式有所区别，所要达到的目的也不一样。当建立自己的邮件列表时，首先应该考虑，我为什么要建立邮件列表？

一般来说，网站经营邮件列表有几种主要目的：

① 作为公司产品或服务的促销工具；

② 为了方便和用户交流；

③ 获得赞助或者通过出售广告空间；

④ 收费信息服务。

就目前环境来看，大部分网站的邮件列表主要是上述前两个目的，因为，一般网站的邮件列表规模都比较小，靠出售广告空间获利的可能性较小，而收费信息服务的条件还不太成熟。不过，这些目的也不是相互孤立的，有时可能是几种目的的组合。

确定了建立邮件列表的目的之后，接下来要规划一下，通过什么表现形式来建立邮件列表的内容风格。这个问题和用户的需求行为有关。比如，作为促销工具的邮件列表，自然要了解用户对什么产品信息感兴趣，并在邮件内容中重点突出该产品的特点、优惠措施等，而一个注重与用户交流的邮件列表，则通常会告诉用户，网站有什么新的变化，更新了哪方面的内容，增加了什么频道等。

例如，亚马逊网上书店就有这么一项服务，用户只要告诉网站对哪个作者的新书感兴趣，只要该作者有新书到货时，用户就会收到亚马逊网上书店发来的通知。这种服务对增加顾客忠诚度和公司长期利益无疑起到良好效果。

7.5.2　E-mail 邮件列表分类

E-mail 营销的分类中，按照 E-mail 地址资源的所有权分类可分为内部列表和外部列表。由于拥有的营销资源不同，因此，内部列表和外部列表两种形式所需要的基础条件和基本的操作方式也有很大的区别。

内部列表和外部列表各有自己的优势，对网络营销比较重视的企业通常都拥有自己的内部列表，但内部列表与采用外部列表也并不矛盾，如果必要，两种方式同时进行。内部列表包括企业自己拥有的各类用户的注册资料，如免费服务用户、电子刊物用户、现有客户资料等，是企业开展网络营销的长期资源，也是 E-mail 营销的重要内容。外部列表包括各种可以利用的 E-mail 营销资源，常见的形式是专业服务商，如专业 E-mail 营销服务商、免费邮件服务商、专业网站的会员资料等。

内部列表和外部列表由于在是否拥有用户资源方面有根本的区别，因此开展 E-mail 营销的内容和方法也有很大差别。自行经营的内部列表不仅需要自行建立或者选用第三方的邮件列表发行系统，还需要对邮件列表进行维护管理，如用户资料管理、退信管理、用户反馈跟踪等，对营销人员的要求比较高，在初期用户资料比较少的情况下，费用相对较高，随着用户数量的增加，内部列表营销的边际成本在降低。这两种 E-mail 营销方式属于资源的不同应用和转化方式，内部列表以少量、连续的资源投入获得长期、稳定的营销资源，外部列表则是用资金换取临时性的营销资源。内部列表在顾客关系和顾客服务方面的功能比较显著，外部列表由于比较灵活，可以根据需要选择投放不同类型的潜在用户，因而在短期内即可获得明显的效果。

7.5.3 开展 E-mail 营销的步骤

开展 E-mail 营销的过程，也就是将有关营销信息通过电子邮件的方式传递给用户的过程，为了将信息发送到目标用户电子邮箱，首先应该明确，向哪些用户发送这些信息，发送什么信息，以及如何发送信息。

开展 Email 营销经历了几个主要步骤：

① 制订 E-mail 营销计划，分析目前所拥有的 E-mail 营销资源，如果公司本身拥有用户的 E-mail 地址资源，首先应利用内部资源；

② 决定是否利用外部列表投放 E-mail 广告，并且要选择合适的外部列表服务商；

③ 针对内部和外部邮件列表分别设计邮件内容；

④ 根据计划向潜在用户发送电子邮件信息；

⑤ 对 E-mail 营销活动的效果进行分析总结。

这是进行 E-mail 营销一般要经历的过程，但并非每次活动都要经过这些步骤，并且不同的企业、在不同的阶段 E-mail 营销的内容和方法也都有所区别。一般说来，内部列表 E-mail 营销是一项长期性工作，通常在企业网站的策划建设阶段就已经纳入了计划，内部列表的建立需要相当长时间的资源积累，而外部列表 Email 营销可以灵活地采用，因此这两种 E-mail 营销的过程有很大差别。

由于外部列表 E-mail 营销相当于向媒体投放广告，其过程相对简单一些，并且是与专业服务商合作，可以得到一些专业人士的建议，在营销活动中并不会觉得十分困难，而内部列表 E-mail 营销的每一个步骤都比较复杂，并且是依靠企业内部的营销人员自己来进行，由于企业资源状况、企业各部门之间的配合、营销人员知识和经验等因素的影响，在执行过程中，会遇到大量新问题，其实施过程也比外部列表 Email 营销复杂的多，但由于内部列表拥有巨大的长期价值，因此建立和维护内部列表成为 Email 营销中最重要的内容。

7.5.4 获取邮件列表用户资源的基本方法

当邮件列表发行的技术基础解决之后，作为内部列表 E-mail 营销的重要环节之一，就是尽可能引导用户加入，获得尽可能多的 E-mail 地址。E-mail 地址的积累贯穿于整个 E-mail 营销活动之中，是 E-mail 营销最重要的内容之一。在获取用户 E-mail 地址的过程中，如果对邮件列表进行相应的推广、完善订阅流程，并注意个人信息保护等方面的专业性，将增加用户加入的成功率，并且增强邮件列表的总体有效性。

对于大多数营销人员来说，争取用户加入邮件列表的工作比邮件列表的技术本身更重要，因为邮件列表的用户数量直接关系到网络营销的效果，同时也是经营中最大的难题。因为没有非常成熟的方法来对自己的邮件列表进行推广，即使用户来到了网站也不一定加入列表，因此比一般的网站推广更加困难。一份邮件列表真正能够取得读者的认可，靠的是拥有自己独特的价值，为用户提供有价值的内容是最根本的要素，是邮件列表取得成功的基本条件，仅仅做到这一点就不是很简单的事情。

网站的访问者是邮件列表用户的主要来源，因此网站的推广效果与邮件列表订户数量有密切关系，通常情况下，用户加入邮件列表的主要渠道是通过网站上的"订阅"框自愿加入，只有用户首先来到网站，才有可能成为邮件列表用户，如果一个网站访问量比较小，每天可能只有几十人，那么经营一个邮件列表将是比较困难的事情，需要长时间积累用户资源。尽管如此，也并不是说，只能被动地等待用户的加入，你可以采取一些推广措施来吸引用户的注意和加入。

①　充分利用网站的推广功能：网站本身就是很好的宣传阵地，利用自己的网站为邮件列表进行推广，在很多情况下，仅仅靠在网站首页放置一个订阅框还远远不够，同时订阅框的位置对于用户的影响也很大，如果出现在不显眼的位置，被读者看到的可能性都很小，不要说加入列表了。因此，除了在首页设置订阅框之外，还有必要在网站主要页面都设置邮件一个列表订阅框，同时给出必要的订阅说明，这样可以增加用户对邮件列表的印象。如果可能，最好再设置一个专门的邮件列表页面，其中包含样刊或者已发送的内容链接、法律条款、服务承诺等，让用户不仅对于邮件感兴趣，并且有信心加入。

②　合理挖掘现有用户的资源：在向用户提供其他信息服务时，不要忘记介绍最近推出的邮件列表服务。

③　提供部分奖励措施。例如，可以发布信息，某些在线优惠券只通过邮件列表发送，某些研究报告或者重要资料也需要加入邮件列表才能获得。

④　可以向朋友、同行推荐：如果对邮件列表内容有足够的信心，可以邀请朋友和同行订阅，获得业内人士的认可也是一份邮件列表发挥其价值的表现之一。

⑤　其他网站或邮件列表的推荐：正如一本新书需要有人写一个书评一样，一份新的电子杂志如果能够得到相关内容的网站或者其他电子杂志的推荐，对增加新用户会有一定的帮助。

⑥　为邮件列表提供多订阅渠道：如果采用第三方提供的电子发行平台，且该平台有各种电子刊物的分类目录，不要忘记将自己的邮件列表加入到合适的分类中去，这样，除了在自己网站为用户提供订阅机会之外，用户还可以在电子发行服务商网站上发现网站邮件列表，增加了潜在用户了解的机会。

⑦　请求邮件列表服务商的推荐：如果采用第三方的专业发行平台，可以取得发行商的支持，在主要页面进行重点推广，因为在一个邮件列表发行平台上，通常有数以千计的各种邮件列表，网站的访问者不仅是各个邮件列表经营者，也有大量读者，这些资源都可以充分利用。比如，可以利用发行商的邮件列表资源，和其他具有互补内容的邮件列表互为推广等。

获取用户资源是 E-mail 营销中最为基础的工作内容，也是一项长期工作，但在实际工作中往往被忽视，以至于一些邮件列表建立很久，加入的用户数量仍然很少，E-mail 营销的优势也难以发挥出来，一些网站的 E-mail 营销甚至会因此而半途而废。可见，在获取邮件列表用户资源过程中应利用各种有效的方法和技巧，这样才能真正做到专业的 E-mail 营销。

1. 如何吸引用户加入邮件列表

邮件列表的用户数量是衡量其价值的重要指标之一，在作为企业的营销工具之前，首先要为邮件列表做营销，让尽可能多的人了解并加入网站邮件列表。前面讲到，建立邮件列表的主要方法是让用户（网站访问者）通过网页上的"订阅"框自愿加入，但是，这并不意味着只能被动地等待用户的加入，你可以采取一些推广措施来吸引用户的注意和加入，正如网站推广一样。

下列方法不妨一试：

● 将邮件列表订阅页面注册到搜索引擎：如果你有一个专用的邮件列表订阅页面，请将该页面的标签进行优化，并将该网页提交给主要的搜索引擎。

● 为邮件列表提供多订阅渠道：如果你采用第三方提供的电子发行平台，且该平台有各种电子刊物的分类目录，别忘记将自己的邮件列表加入到合适的分类中去，这样，除了在自己网站为用户提供订阅机会之外，用户还可以在电子发行服务商网站上发现网站邮件列表，增加了订阅机会。例如，在网络营销领域有重要影响的《阿奇营销周刊》在除了在每一篇文章的后面写名加入该列表的 E-mail 地址外，《阿奇营销周刊》还出现在提供发行的通易网站（www.exp.com.cn）的相关栏目中，其目的就是为了提供尽可能多的订阅信息。

- 其他网站或邮件列表的推荐：正如一本新书需要有人写一个书评一样，一份新的电子杂志如果能够得到相关内容的网站或者电子杂志的推荐，对增加新用户必定有效。
- 提供真正有价值的内容：一份邮件列表真正能够取得读者的认可，靠的是拥有自己独特的价值，为用户提供有价值的内容是最根本的要素，是邮件列表取得成功的基础。

2．建立邮件列表的资源

下面我们总结了建立邮件列表的九种资源，请大家参考。

（1）现有客户

这是可充分利用的最好的资源，对于所有生意来说最困难的事情就是寻找新顾客，不仅代价昂贵、花费时间、而且要争取信任，但是，向对你感到满意的顾客再次销售就会容易得多，因为他们已经认识你而且"喜欢"你。

只要网站产品或服务价格公道质量又好，网站客户就会继续信任你并且向你购买，事实上，他们宁可向你购买。忠诚的顾客基础是你生意上最好的朋友。

如果还没有建立客户 E-mail 地址数据库，可用下列方法建立：

下次与客户通过邮寄或 E-mail 联系时，可以为通过 E-mail 回复者提供特别的服务，例如一份免费报告或者特别折扣优惠，你必须得到顾客的 E-mail 地址。

请记住：上网的顾客比你想象的要多，没有上网的也将在不久上网。

（2）其他业务的顾客

通过合作人担保的邮件。通过其他相关的、非竞争性的业务发送个人化的 E-mail 也是一种很好的办法，通过互惠的交换，在其他公司向其顾客发送的邮件中加入介绍网站产品或服务的信息。

经验：在前期你应该放弃部分利润，买主会变为网站顾客，一旦成为忠诚的顾客，以后你可以反复地向他们销售，因此，从长期来讲，合作方式可以为你带来丰厚利润。

（3）网站的访问者

通过网站上的表单建立潜在顾客列表是最有力的手段，有三种主要策略鼓励访问者自愿加入网站邮件列表：邀请人们订阅新闻邮件；提供免费的、无版权问题的咨询；请求访问者把网站推荐给他们的朋友和同事。

可利用许多方法与网上浏览者互相影响：

向回应者提供免费报告、创建新闻邮件、提供免费软件或共享软件的免费下载，作为报答，通常可以询问访问者的名字 E-mail 地址。

给出适当的理由吸引人们留下联系信息以便和他们保持联系，向他们发送新的产品或服务信息。

（4）广告

无论利用在线广告或者非在线广告，都要留下网站 E-mail 地址，以鼓励人们通过 E-mail 与你联系，因为网站目标是把顾客和潜在顾客的 E-mail 地址收集到自己的邮箱中来，这样，你便可以建立一个可通过 E-mail 联系的可靠的潜在顾客列表。

把网站 E-mail 地址印在名片、文具、发票、传真、印刷品上，即使在广播电视广告上也留下 E-mail 地址，这样，便于顾客通过 E-mail 和你联系，这种 E-mail "关系"使得你能够通过电子邮件向顾客介绍最新的产品或服务。

（5）在报刊上发布新闻

报刊杂志提供的新闻具有较高的有效性，你可以利用下面的方法建立自己的 E-mail 列表：你可以在报刊上发表人们必须通过 E-mail 才可以接收的免费报告，或者可以通过 E-mail 发送的产品，可以发表一些引起读者共鸣的话题，在读者回应的过程中收集其姓名和 E-mail 地址。

（6）推荐

当有潜在顾客与你联系索取免费报告时，请求他向自己认为可能感兴趣的朋友推荐这份报告。这有点类似于上面第 2 条所列举的担保性的邮件。

当有被推荐的人加入时，发一封个人化的邮件向其解释：你是由网站朋友（给出名字）推荐来的，网站朋友请求给你发一份免费报告。为保证他们不介意将其加入邮件列表，可在邮件结尾加上这样的信息："为证实这封邮件已经发给收信人，请回复这封邮件，并在主题栏写上 Thanks，以让我们确信这份报告已经发发到了正确的地址，我们已经履行了对（朋友的名字）的许诺。"

如果收件人没有对这份报告给予回复，那么，为了不引起反感，假定他们以后对网站信息没有兴趣，不要再继续给他们发送邮件。

（7）租用 E-mail 地址列表

这可能要花费较大的代价，但如果邮件列表非常适合网站目标受众，付出也是值得的。根据你要求的邮件数量、目标定位方式以及收集名字的方式不同，每个 E-mail 地址的价格会有所不同。我们建议先用一个小的列表测试回应状况，或者利用后面所附 E-mail 直邮服务商之一提供的服务。

E-mail 直邮服务是把网站邮件发送给一批自愿加入列表的目标受众。应该确认提供该服务的公司的确把信息发送到了自愿加入列表的目标受众，而且在付出任何费用之前，确认列表上的名字是最有可能的潜在客户。

（8）直接回应邮件

给潜在客户邮寄网站 E-mail 地址，对利用 E-mail 回应网站邮件者给予额外的奖励，告诉他们订单很快就会处理完毕，如果利用 E-mail 回应，将获得一定的奖励。

网站目的是把昂贵的潜在顾客的邮寄费用转化为廉价的 E-mail 地址列表，你利用 E-mail 可以联系到的人越多，网站费用就减少得越多（利润就越高）。

（9）会员组织

为了共同目的在一起工作的人们是最好的潜在顾客的 E-mail 列表，如果潜在顾客属于一个协会、网络、校友会、一个俱乐部、一个学校或者其他组织，总之是因为具有某种共同兴趣或原因而形成的一个群体，向他们提供产品或服务的折扣优惠——只允许通过 E-mail 与你联系。

通过会员组织的新闻或公告宣传对会员的特别优惠，为会员提供服务，这种措施肯定是有价值的。开发上述九种资源可以建立自己的邮件列表，建议你尽快开始——好的邮件列表是在线生意成功的基础！

7.5.5　邮件列表内容的一般要素

尽管每封邮件的内容结构各不相同，但邮件列表的内容有一定的规律可循，设计完善的邮件内容一般应具有下列基本要素：

邮件主题：本邮件最重要内容的主题，或者是通用的邮件列表名称加上发行的期号。

邮件列表名称：一个网站可能有若干个邮件列表，一个用户也可能订阅多个邮件列表，仅从邮件主题中不一定能完全反映出所有信息，需要在邮件内容中表现出列表的名称。

目录或内容提要：如果邮件信息较多，给出当期目录或者内容提要是很有必要的。

邮件内容 Web 阅读方式说明（URL）：如果提供网站阅读方式，应在邮件内容中给予说明。

邮件正文：本期邮件的核心内容，一般安排在邮件的中心位置。

退出列表方法：这是正规邮件列表内容中必不可少的内容，退出列表的方式应该出现在每一封邮件内容中。纯文本个人的邮件通常用文字说明退订方式，HTML 格式的邮件除了说明之外，还可以直接设计退订框，用户直接输入邮件地址进行退订。

其他信息和声明：如果有必要对邮件列表做进一步的说明，可将有关信息安排在邮件结尾处，如版权声明和页脚广告等。

【阅读资料】邮件列表营销的内容策略（1）：邮件列表内容的六项基本原则

当 E-mail 营销的技术基础得以保证，并且拥有一定数量用户资源的时候，就需要向用户发送邮件内容了（如果采用外部列表 E-mail 营销方式，邮件内容设计的任务更直接），对于已经加入列表的用户来说，E-mail 营销是否对他产生影响是从接收邮件开始的，用户并不需要了解邮件列表采用什么技术平台，也不关心列表中有多少数量的用户，这些是营销人员自己的事情，用户最关注的是邮件内容是否有价值。如果内容和自己无关，即使加入了邮件列表，迟早也会退出，或者根本不会阅读邮件的内容，这种状况显然不是营销人员所希望看到的结果。

除了不需要印刷、运输之外，一份邮件列表的内容编辑与纸质杂志没有实质性的差别，都需要经过选题、内容编辑、版式设计、配图（如果需要的话）、样刊校对等环节，然后才能向订户发行。但是电子刊物（特别是免费电子刊物）与纸质刊物还有一个重大区别，那就是电子刊物不仅仅是为了向读者传达刊物本身的内容，同时还是一项营销工具，肩负着网络营销的使命，这些都需要通过内容策略体现出来。在 E-mail 营销的三大基础中，邮件内容与 E-mail 营销最终效果的关系更为直接，影响也更明显，邮件的内容策略所涉及的范围最广，灵活性最大，邮件内容设计是营销人员要经常面对的问题，相对于用户 E-mail 资源的获取，E-mail 内容设计制作的任务显得压力更大，因为没有合适的内容，即使再好的邮件列表技术平台，邮件列表中有再多的用户，仍然无法向用户传递有效的信息。

邮件列表内容的六项基本原则：

在关于邮件列表的一些文章中，我们时常会看到"内容为王"，或者"为用户提供价值"之类的空泛的描述，没有人会反对这样的观点，但问题是，怎么才能为用户提供价值，从而让邮件内容为王呢？这在实际操作中仍然是让人觉得困惑的地方。由于 E-mail 营销的具体形式有多种，如电子刊物 E-mail 营销、会员通信、第三方 E-mail 广告等，即使同样的 E-mail 营销形式，在不同的阶段，或者根据不同的环境变化，邮件的内容模式也并非固定不变的，所以很难简单地概括所有 E-mail 营销内容的一般规律，不过，我们仍然可以从复杂的现象中发现一些具有一般意义的问题，并将其归纳为邮件列表内容策略的一般原则，供读者在开展内部列表 E-mail 营销实践中参考。

（1）目标一致性

邮件列表内容的目标一致性是指邮件列表的目标应与企业总体营销战略相一致，营销目的和营销目标是邮件列表邮件内容的第一决定因素。因此，以用户服务为主的会员通信邮件列表内容中插入大量的广告内容会偏离预定的顾客服务目标，同时也会降低用户的信任。

（2）内容系统性

如果对我们订阅的电子刊物和会员通信内容进行仔细分析，不难发现，有的邮件广告内容过多，有些网站的邮件内容匮乏，有些则过于随意，没有一个特定的主题，或者方向性很不明确，让读者感觉和自己的期望有很大差距，如果将一段时期的邮件内容放在一起，则很难看出这些邮件之间有什么系统性，这样，用户对邮件列表很难产生整体印象，这样的邮件列表内容策略将很难培养起用户的忠诚性，因而会削弱 E-mail 营销对于品牌形象提升的功能，并且影响 E-mail 营销的整体效果。

（3）内容来源稳定性

我们可能会遇到订阅了邮件列表却很久收不到邮件的情形，有些可能在读者早已忘记的时候，忽然接收到一封邮件，如果不是用户邮箱被屏蔽而无法接收邮件，则很可能是因为邮件列表内容不稳定所造成。在邮件列表经营过程中，由于内容来源不稳定使得邮件发行时断时续，有时中断几个星期到几个月，甚至因此半途而废的情况并不少见，即使不少知名企业也会出现这种状况。内部列表营销是一项长期任务，必须有稳定的内容来源，才能确保按照一定的周期发送邮件，邮件内容可以是自行撰写、编辑，或者转载，无论哪种来源，都需要保持相对稳定性。不过应注意的是，邮件列表是一个营销工具，并不仅仅是一些文章/新闻的简单汇集，应将营销信息合理地安排在邮件内容中。

（4）内容精简性

尽管增加邮件内容不需要增加信息传输的直接成本，但应从用户的角度考虑，邮件列表的内容不应过分庞大，过大的邮件不会受到欢迎：首先，是由于用户邮箱空间有限，字节数太大的邮件会成为用户删除的首选对象；其次，由于网络速度的原因，接收/打开较大的邮件耗费时间也越多；第三，太多的信息量让读者很难一下子接受，反而降低了 E-mail 营销的有效性。因此，应该注意控制邮件内容数量，不要有过多的栏目和话题，如果确实有大量的信息，可充分利用链接的功能，在内容摘要后面给出一个 URL，如果用户有兴趣，可以通过单击链接到网页浏览。

（5）内容灵活性

前面已经介绍，建立邮件列表的目的，主要体现在顾客关系和顾客服务、产品促销、市场调研等方面，但具体到某一个企业、某一个网站，可能所希望的侧重点有所不同，在不同的经营阶段，邮件列表的作用也会有差别，邮件列表的内容也会随着时间的推移而发生变化，因此邮件列表的内容策略也不算是一成不变的，在保证整体系统性的情况下，应根据阶段营销目标而进行相应的调整，这也是邮件列表内容目标一致性的要求。邮件列表的内容毕竟要比印刷杂志灵活得多，栏目结构的调整也比较简单。

（6）最佳邮件格式

邮件内容需要设计为一定的格式来发行，常用的邮件格式包括纯文本格式、HTML 格式和 Rich Media 格式，或者是这些格式的组合，如纯文本/HTML 混合格式。一般来说，HTML 格式和 Rich Media 格式的电子邮件比纯文本格式具有更好的视觉效果，从广告的角度来看，效果会更好，但同时也存在一定的问题，如文件字节数大，以及用户在客户端无法正常显示邮件内容等。哪种邮件格式更好，目前并没有绝对的结论，与邮件的内容和用户的阅读特点等因素有关，如果可能，最好给用户提供不同内容格式的选择。关于邮件格式对 E-mail 营销效果的影响将在后面内容中继续探讨。

7.5.6　邮件发送方法

在决定采用邮件列表营销时，首先要考虑的问题是：建立自己的邮件列表呢，还是利用第三方提供的邮件列表服务？应该说这两种方式都能可以实现电子邮件营销的目的，但是这两种方式各有优缺点，需要根据自己的实际情况做出选择。

如果利用第三方提供的邮件列表服务，一般都要为此支付费用，有时代价还不小，而且，不可能了解潜在客户的资料，邮件接收者是否是公司期望的目标用户，也就是说定位的程度有多高，事先很难判断，邮件列表服务商拥有的用户数量越多，或者定位程度越高，通常收费也越高。另外，也可能受到发送时间、发送频率等因素的制约。

由于用户资料是重要资产和营销资源，因此，许多公司都希望拥有自己的用户资料，并将建立自己的邮件列表作为一项重要的网络营销策略。在创建和使用邮件列表应该重点考虑五个方面的问题：① 建立邮件列表的目的和表现形式；② 采用什么手段发行邮件；③ 如何吸引用户加入；④ 如何利用邮件列表用户资源；⑤ 邮件列表相关的法律和其他问题。下面分别给予分析。

一些大型网站或者专业的邮件列表服务商都拥有自己的邮件服务器和相应的计算机程序，有专门的技术人员负责系统的运行和维护，对于企业网站或者小型网站来说，通常不具备这样的条件，也不必要为此投入巨资，通常的做法是利用群发邮件程序或者第三方提供的发行平台。

（1）采用群发邮件程序的邮件列表

严格说来，这并不是真正意义上的邮件列表，不过由于这种方式被许多小型网站所采用，因此也可以理解为一种简单的邮件列表形式，通常适合于用户数量比较少的情况，网上经常有此类共享或免费程序可以下载，当然，如果通过正式渠道购买原版软件更好。方法很简单，可以在自己的网页上，设置一个供用户提交电子邮件地址的订阅框，通过表单或 E-mail 的形式将用户输入的电子邮件信息传送给服务器后台管理区或者网站管理员的邮箱中，然后，在需要发送邮件内容（比如新闻邮件或电子杂志）时，利用群发邮件程序将欲发送的内容同时发送给所有订户的邮件地址。

当然，有些程序可能对每次最大发行数量有一定的限制，如果邮件列表订户数超出了最大数量，分若干此发送就可以了。

这种发行方式最大的缺点是需要人工干预，因此，错误在所难免，如漏发、重发、误发、没有按照用户要求及时办理退订手续等。因此，在一个网站的邮件列表拥有一定数量用户之后，最好不要利用这种方式。

（2）利用第三方邮件列表发行平台

这是大多数网站邮件列表采取的形式。通常的方法是，在邮件列表发行商的发行平台注册之后，可以得到一段代码，按照发行商的说明，将这些代码嵌入自己网站需要放置的地方，于是，在网页上就出现了一个"订阅"框（有的同时还有一个"退订"框），用户可以通过在网页上输入自己的电子邮件地址来完成订阅或者退订手续，整个过程一般都是由发行系统自动完成的。

不同发行商提供的服务方式有所不同，有些发行系统除在网页上完成订阅之外，同时还可以提供利用电子邮件直接订阅或退订的功能，有的则可以提供自动跟踪和抓取等先进技术，有些则允许为用户提供个性化服务，例如用户不仅可以自己设定邮件的格式（纯文本格式、HTML格式、RICH MEDIA 格式等），而且还可以设定接收邮件的日期，并决定是否允许通过手机或传呼机通知邮件到达信息等。

利用第三方邮件列表发行平台的最大优点是减少了烦琐的人工操作，提高了邮件发行效率，但同时也附带了一些明显的影响，尤其当选择的是免费发行平台时。

首先，大部分发行商会在提供的代码中插入类似"由×××（发行商）提供"等字样的标志，并在网页上有指向该发行商网址的链接，这种情况对于非商业性网站或者个人主页来说，也许没有什么影响，但是，对于商业网站，有时会严重影响企业形象，正如使用免费邮箱和免费网页空间对企业造成的影响一样。因此，商业性网站应慎重，不能因为贪图便宜而伤害到自己企业的形象。通常，通过和发行商的联系和协商，在达成一定协议的条件下，这种情况是可以解决的。

第二，也许是最麻烦的一点，当用户输入邮件地址，并单击"订阅"或"提交"按钮后，反馈的是发行商服务器上的确认内容，确认订阅的邮件通常也是直接来自发行商的邮件服务器，这样不仅会给用户造成一种错觉，似乎是单击错误而进入了一个不相干的网页，而且，确认页面通常没有可以返回到刚刚浏览网站的链接。解决这个问题的办法，只有和发行商协商为你订制一个专用的反馈页面，或者选择一个可以提供自己订制反馈页面的发行平台。不过，据了解，目前国内还没有具备这种功能的邮件列表发行平台。

第三，无法预计的插入广告。第三方邮件列表发行商吸引其他网站利用其发行系统的主要目的是向邮件列表中的用户投放广告，作为交换条件，你利用我的发行系统，我在网站邮件中放一些广告，在本来是互惠互利的合作，但是在某些情况下，由于无法知道发行商将要在邮件中投放的广告数量和字节大小，可能会造成邮件字节数过大而收到用户投诉，或者，如果邮件内本来已经包含广告，再加上发行商投放的广告而显得广告数量过多，并有可能影响整个邮件的美观。

第四，管理和编辑订户资料不方便。各发行平台大都不同程度地存在着这样或那样的问题，与采用群发邮件方式相比，通常要麻烦一些。例如，无法查看每天加入和退出用户的详细资料、不能批量导入或导出用户资料、不能获取发送不到的用户地址的详细信息等等。

除了上述几种不方便或不利之处外，也有的发行系统会设立用户人数限制、遭受某些邮件服务器的屏蔽、发行系统功能缺陷等，需要在实际运用中认真测试和跟踪，并及时排除因邮件列表发行系统可能带来的影响。

实践证明，采用第三方邮件列表发行系统的确存在各种各样的问题，因此，在选择服务商时需要慎重，同时考虑到将来可能会转换发行商，要了解是否可以无缝移植用户资料，同时还要考察服务商的信用和实力，以确保不会泄露自己邮件列表用户资料，并能保证相对稳定的服务。

目前提供这种专业服务的中文网站也有不少，而且还有一些使用更为方便、功能更加强大和完善的专业电子发行平台正在或者即将正式发布，各网站采用的发行方式和收费（合作）方式也不同，在此就不详细介绍了。如果需要采用某发行商的服务，请直接同该网站取得联系，并认真研究发行方式以及合作条款是否适合自己的需要和要求。

7.5.7 邮件列表中的法律和其他相关问题

1. 邮件列表中的法律问题

邮件列表的发行人（或网站所有者）在网站上承诺向用户发送某方面内容的邮件，实际上是一种要约的形式，只要用户同意并自愿将自己的电子邮件地址提交给了邮件列表发行人，按照合同法，就视为合同成立，邮件列表发行人就有责任按照自己承诺的内容履行合同（包括免费邮件列表服务）。不过，这方面目前还没有现成的法律条款，也没有可参照的判例，而且造成合同的无法履行或者没有完全履行的原因可能很多，比如，由于邮件服务器故障造成发行延误甚至不能发行、用户邮件（多数为免费邮件）服务器拒收来自某邮件列表服务器或者某地址的群发邮件等。

　　一般来说，订户也不会因为没有收到所订阅的邮件列表而诉诸法律，不过并不表示不存在这种可能。这里想提醒一下邮件列表发行人：尊重用户对网站信任！按时将高质量的邮件发送到用户的电子邮箱中。

　　另外，一定要允许用户随时自由地退订，有意阻止或者不明确告诉用户正确的退订方法，或者邮件列表系统不能自动完成退订而没有人工帮助的情形，是很容易让用户无法忍受的。这种情况实质上就属于中国电信最近制订的《垃圾邮件处理暂行办法》中所定义的垃圾邮件。

　　中国电信对垃圾邮件是这样定义的："垃圾邮件是指向未主动请求的用户发送的电子邮件广告、刊物或其他资料；没有明确的退信方法、发信人、回信地址等的邮件；利用网络从事违反其他网络服务供应商 ISP 的安全策略或服务条款的行为和其他预计会导致投诉的邮件"。

　　现在看一个关于退订电子杂志历经波折的真实的例子。有一个国内著名的 IT 类网站，一位网友订阅新闻邮件已经有一年多的时间，后来，由于工作的需要，每天要到该网站浏览新闻，因为接收到新闻邮件的时间总是滞后于网站新闻的更新时间，而且该新闻邮件的内容越来越多，邮件字节数自然也越来越大，于是决定退订该网站的新闻邮件，但是却遇到了意想不到的麻烦。在两个星期的时间内曾十多次按照邮件帮助说明发邮件到自动退订指定的电子邮箱，但是一直无法完成退订，得到的结果总是"系统收到的电子邮件中没有包括系统能够处理的命令"。

　　最后，实在没有办法的情况下，只好向网站管理员去信请求帮助解决，但遗憾的是，一直得不到任何答复，在连续发去几封求助信没有结果的情况下，只好又发去一封措辞比较激烈的邮件，大意是说："由于无法自动完成退订手续，又不能得到人工退订帮助，网站的新闻邮件事实上属于中国电信最近制订的《垃圾邮件处理暂行办法》中所定义的垃圾邮件，如果仍然不给予办理退订手续，只好通过法律途径解决了"，也许是这封邮件引起了网站管理员的重视，在这位网友的邮箱中连续收到多封"系统的反应：系统收到的电子邮件中没有包括系统能够处理的命令"之后，终于得到了"取消订阅成功"的信息，不过，始终没有收到过该网站发来的相关说明性的邮件。据了解，这种情况就是由于该网站所采用的发行系统不稳定所造成的。

2．关于部分邮件被屏蔽的问题

　　某些邮件被屏蔽的现象对邮件列表效果的影响事关重大，对许多用户来说，也是一个比较隐蔽性的问题。在网易电子杂志订阅区有这样醒目的提示："注意请勿使用**@public.**.**信箱以及**@mail.*.**等信箱来接收杂志。@sina.com、*@sohu.com，@263.net 等多家信箱屏蔽了我们的杂志，我们强烈建议您使用网易公司的免费信箱**@yeah.net 来接收网易杂志"。看来，主要的免费邮件提供商之间互相屏蔽的现象非常普遍，也就是说，我们无法用新浪的免费邮箱订阅网易的电子杂志，同样，也不能用网易的邮箱订阅搜狐的电子杂志。

　　其实，不仅仅是主要免费邮箱之间有互相屏蔽的问题，许多邮件列表发行系统也会被一些邮件服务器屏蔽。无论这些知名网站之间出于何种目的，这种屏蔽现象无论对用户还是邮件列表的发行者都造成了极大的不方便，如果用户需要订阅多个网站的电子刊物，每订一个网站的刊物就要申请该站的专用信箱的话，由于需要到各个网站去登录自己的邮箱，实际上也就失去了订阅的意义。解决这个问题可能比较复杂，而且很多用户又不愿意使用 ISP 提供的电子邮箱或者工作单位的邮箱，因此，如果用户事先并不知道哪些邮件会被屏蔽，也许只好凭运气了。

　　对屏蔽问题目前似乎没有很好的解决方法，只有在选择发平台时多做一些测试，尽量选择被屏蔽最少的发行系统，将不利影响减低到最小限度。

3．无法投递用户的信息反馈与跟踪

在邮件列表的发行过程中，无论邮件地址是否经过用户的确认，每次发行仍然会有部分地址无法接收，有时比例可以高达 10%，这是一个值得邮件列表发行者关注的事件。

出现这种现象的原因可能的多方面的，除了前面所讲的屏蔽现象外，有时可能是因为网络故障、接收邮件的服务器出现临时"休克"，或者其他不可预测的、偶然发生的问题。由于邮件列表的用户并不了解自己不能正常接收的原因，事实上也不可能知道，于是只能将所有的原因归结为邮件发行者的责任。这种现象不仅给用户造成了不好的印象，同时，也是邮件列表经营者的损失。

对无法投递用户的信息跟踪通常需要投入比较多的人力，将这些地址清单整理好之后可以采取一定的补救措施，尽量减少死地址的数量。一些发行系统本身会有关于死地址的报告系统，但不同的系统对于这些用户的处理方法有所不同，有的直接将死地址清除，有的只是提供一份死地址清单。经过一段时间对死地址清单的分析和研究，也许就能找到产生无法投递的原因，比如每次发送产生的死地址中含有大量某一域名下的电子邮件，很可能说明所采用的发行系统被该邮箱所屏蔽，如果仅仅是偶尔出现这种情况，则有可能是当时该邮件服务器出现故障，并不一定是永久性的死地址。

除了上面介绍的三种常见情况外，在采用邮件列表进行营销工作时，可能还会遇到许多意想不到的问题，应该引起营销人员或者邮件列表的发行者的密切关注，尽量将负面影响降到最低，最大可能地发挥邮件列表的作用。

7.6　付 费 广 告

📡 引导案例

新浪门户网站首页广告

图 7-1 所示为新浪门户网站的首页。

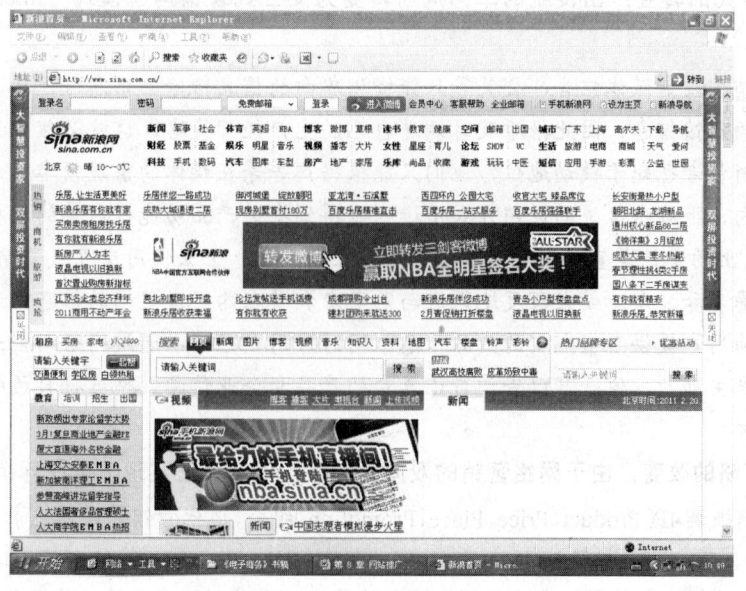

图 7-1　新浪首页

你能找出上面有多少种广告吗？

广告作为一种有偿的信息传播形式，与媒体的发展紧密联系。网络广告有传统媒体广告共有的特点，也有传统媒体广告无法比拟的特点，主要体现在以下几个方面：

1. 营销观念的区别

从传统的规模化、无差异营销观念向集中型、个性化营销理念的转变。

第二次工业革命后，由于市场仍然是卖方市场，消费品匮乏，商家销售什么，消费者就只能购买什么，没有挑选的余地。在这样的市场条件下，一些公司通过大规模生产无差异产品，取得了商业上的巨大成功。其中，以美国的福特（FORD）公司最为典型。在 1907-1927 年的 20 年间，福特公司只生产一种产品——黑色 T 型车。福特公司借助于流水线来提高产品质量和生产速度，进行规模经营，迅速抢占了世界汽车市场，取得了巨大的规模效益。

但随着市场由卖方市场向买方市场的转变，像福特公司这样的规模生产已逐渐失去了优势，单一产品的营销策略已不能再为企业获得高额利润。这一时期，市场上的产品已日益丰富，消费者不再是被动的接受者，他们可以根据自己的需求作出选择。从理论上讲，没有任何两个消费者是完全一样的，因此，每一个消费者都是一个目标市场。网络营销的出现，使大规模目标市场向个人目标市场转换成为可能。通过网络，企业可以收集大量信息，来反映消费者的不同需求，从而使企业的产品更能满足顾客的个性化需求。Amazon（亚马逊）公司是当今最大的网上书店，它于 1995 年 7 月售出了第一本书，仅到 1996 年 12 月，营业额已达 840 万美元，1997 年达 1.48 亿美元。在短短的几年时间里，Amazon 能取得如此巨大的成功，原因是多方面的，但相当一部分一定归功于其提供的个性化的服务。如他的推荐中心窗口（Recommendations Center）可以从八个不同的角度向读者推荐书目，时间界限、获奖作品、读者喜欢的特点、读者心情等。另外，Amazon 还有一件无价之宝，那就是大量的用户个人信息。Amazon 能够及时搜集用户信息和反馈，由此分析每个用户的特点和偏好，更有效地建立顾客忠诚度。正如 Amazon 的创始人 Bezos 所言：我们希望成为你的最佳商店。如果我们拥有 450 万个顾客，我们就会有 450 家商店。

2. 沟通方式的转变：由传统的单向沟通转变为交互式营销沟通模式（Internet Marketing Communication）

传统的促销手段如媒体广告、公关等只能提供单向的信息传输。信息传送后，企业难以及时得到消费者的反馈信息，因此很难及时调整自己的生产经营策略，这就必然会影响到企业的赢利。同时，消费者也处于被动地位，他们只能根据广告等在媒体的出现频率、广告的创意等来决定购买意向，很难从传统的促销方式中进一步得到有关产品功能性能等的指标。

而 Internet 上的营销是直接针对消费者的。在互联网上，企业使用交互式营销沟通模式，把信息传递给消费者和公众，最大程度地促进与购买者和潜在购买者之间的信息沟通。通过互联网，企业可以为用户提供丰富翔实的产品信息。同时，用户也可以通过网络向企业反馈信息。在这里，用户是主动的，他既可以查询自己喜欢的产品和企业信息，也可将自己的信息（如喜好）提供给媒体。

3. 营销策略的改变：由于网络营销的双向互动性，使其真正实现了全程营销

传统的营销强调 4P(Product，Price，Place、Promotion)组合，现代营销管理则追求 4C(Customer's wants and needs，Cost to satisfy wants and needs，Convenience to buy，Communication)。哪一种观念都必须基于这样一个前提：企业必须实现全程营销，即必须从产品设计阶段就开始充分考虑

消费者的需求与意愿。但在实际操作中，这一点却很难做到，原因在于消费者和企业之间缺乏合适的沟通或沟通费用太高。消费者一般只能针对现有产品提出建议和批评，对尚处概念阶段的产品无法涉足。另外，许多中小型企业也缺乏足够的资金用于了解消费者各种潜在的需求，只能从自身能力或市场策划者的策略出发，进行产品开发设计。在网络环境下，这一点将有所改变。即使是中小型企业也可以通过电子布告栏、在线讨论广场、电子邮件等方式，以极低的成本，在营销的全过程，对消费者进行实时的信息搜集。消费者则有机会对从产品设计到定价以及服务的一系列问题发表意见。双向交互式沟通模式提高了消费者的参与性和积极性，更重要的是它能使企业的决策者有的放矢，从根本上提高了消费者的满意度。

4．方便性：网络营销比传统营销更能满足消费者对购物方便性的需求

网络营销，消除了传统营销中的时空限制。由于网络能够 24 小时提供服务，消费者可随时查询所需商品或企业的信息，在网上进行购物。查询和购物程序方便快捷，所需时间很短。这种优势在某些特殊商品的购买过程中体现的尤为突出，如图书的购买。网上书店的出现，使得广大消费者不必再为买一本书而跑遍大小书店，只须上网进行查询，就可以得到该书的详尽信息，进行网上订购即可。

7.6.1　网络广告的付费方式

网络广告一般需要付费，费用的高低依赖投放的网站、广告类型、时间长短等一系列因素。下面先来分析网络广告常用的付费方式。

① CPM（按千次广告展示付费）；
② CPC（按广告点击付费）；
③ CPA（Cost-per-action 按行为计费，这里的行为包括注册，下载等）；
④ CPS（按销售付费）等新生广告网页付费模式转变。

CPA 通过回应的有效问卷来计费，CPS 通过辅助销售产生订单收费，两者均是指按广告投放实际效果计费，而不限制广告投放量。实际上，CPA、CPS 的计价方式对于媒体而言有一定的风险，对技术、信用体系等要求都颇高，但若广告投放成功，其收益也比 CPM 的计价方式要大得多。

7.6.2　网络广告的效果预测

付费网络广告中最难的是效果预测。例如：我们在新浪首页或行业门户上购买一个文字广告，要统计出它给我们带来的有效点击（就是我们常说的 CP）、获取潜在客户的数量、成交的交易笔数、最终销售额。也只有掌握了这些一手数据，才能衡量广告投放的是否有效。

在设计付费广告策略时，有几个原则是必须牢记的：
① 考虑自己网站的特点，正确选择投放媒体；
② 关注成本/效益；
③ 注重转化率。

7.7　网站推广应注意的问题

网站推广和网站建设和都必须定位目标受众。网站推广就是一个传播概念、引导记忆、强化品牌推广和服务推广的过程。网络具有世界性，是跨国界的文化传播方式，也是世界性的营

销与推广平台。网站策划建设和推广都必须在定位目标受众的基础上了解民族之间的差异和各种不同生活习惯。从而避免发生与受众的文化相冲突或服务出现忌讳等问题。

网站推广从高层次上来说应该属于文化营销的范畴。而文化营销作为一种新的营销观念是以满足消费者需求的产品同质化为前提，以文化分析为基础，以满足消费者的文化需求为目的，为实现组织的目标而营造、实施、保持的文化渗透过程。因此，网站推广过程中要了解不同国家的文化禁忌、民族习惯、法律规定、民族历史、沟通风格、语言特色等。

例如，在语言沟通中，中国、日本人一般比较含蓄，善于推理；美国人习惯从字面上表达和理解传递的信息，不太拘于方式；芬兰人内向自率、说话守信用，口头上达成的协议如同正式合同一样有效；阿拉伯人和南美人则爱用富有诗意的比喻。沟通风格的差异不只限于语言，还包括非语言沟通、信仰、风俗等。

不同国家对营销手段和宣传有不同的法律约束，以营销广告为例，在英国，刊登广告的报纸可发行到全国各地，在西班牙，厂商只能在当地报纸上刊登广告，在阿拉伯国家，女性不能做广告；在法国、挪威和保加利亚不得对香烟和烈性酒做广告；在澳大利亚和意大利对儿童的电视广告有限制。对比广告在美国司空见惯，在德国、意大利、比利时则是违法的。由于每个国家的法律是这些国家文化价值观的最高体现，是需要强制执行的，在进行国际营销中，一定要事先了解当地关于营销的法律规定，使自己的营销策略和手段符合这些规定，并在营销过程中严格遵守当地关于营销的法律规定。

建好一个网站不是目的，这只是很多公司进行网络营销的第一步，网站建设的真正目的是要使这个网站取得效果，能吸引众多的访问者，使目标客户能很方便地找到自己的网站。网站推广是互联网营销的基本职能之一，网站推广的作用现在已经被众多企业所理解：Internet 站上的 Web 站点多如牛毛，如果一个网站做好后不能实施有效的推广，那就如锦衣夜行一样，网站建设的再好也不会有多少人来访问。

名牌的创建可以分为三个阶段：知名度阶段、美誉度阶段和忠诚度阶段。知名度主要靠广告，美誉度和忠诚度主要靠企业的公关和企业的优质服务，这些都不是一朝一夕就可以迅速提高的。因此网站推广是个系统工程，而不是一些网站推广方法的简单应用。制订有效的网站推广策略应当重视网站推广的系统性思想，如网站建设对网站推广策略的影响、网订站推广方法在不同网站推广阶段的适用性等；在宣传方法上，要综合运用网上和网下各种媒体与方式，全方位、多方面地营销推广企业的网站，提高企业网站的知名度。

无论是网下的传统媒介，还是网上新创的信息传播工具都是网站推广中重要的营销方式，网站的推广方式一般可以分为两大类：一类是利用网下传媒宣传，另一类是在互联网上利用各种网络资源进行宣传。

利用网下传媒推广企业的营销网站，就是要设法在各种网下传媒上宣传企业网站，塑造网站在公众中良好的形象关键是要让网址、域名或网站名称在尽可能多的地方出现。此中高手就是当年的携程网站，从 2001 年开始，携程网就在机场、火车站、宾馆门口，甚至全国各地的大街小巷发送制作精良的会员卡，这种推广方法使得携程网成为了我国现在最大的旅游服务网站之一。

可以利用电视、广播、报纸、杂志以及其他媒体将网站富有个性地介绍给公众，特别是有针对性地介绍给网站潜在的用户群：就像在电视台播放的中国英才网的广告一样，其潜在用户群为各级毕业生、待业青年，因此选择在世界杯足球比赛中场休息时播出，世界杯的观看对象大部分为在校或即将毕业的学生。需要注意的是，网站推广广告不仅要以提高网站的知名度为目标，而且要在社会公众中树立良好的形象，同时要尽可能地针对潜在用户的需求与兴趣，把他们最关注的、最感兴趣的、对用户最有价值的信息介绍清楚。例如以书面形式向许多有关因特网技术、计算机信息技术等方面的出版物，或者一些企业潜在用户能看到的出版物上发送网站方面的信息；也可以像搜狐、淘宝网一样通过公共场所的公共画廊进行宣传，在公交车的车身上绘制发布网站的宣传广告。除了在媒体上广告宣传之外，还要尽可能地利用一切机会，宣传推广网站，如 2006 年年初，太平洋电脑网借情人节之机，在各大高校发起登录网站，赠送巧克力的活动；而世界杯的举行，又使得 Yahoo 等网站纷纷发起邮走世界杯，换机票的活动，以借机宣传扩大人们对网站的熟悉程度。

利用网下传媒进行网站宣传推广的同时，还应不失时机地利用互联网的各种信息传播工具进行网站宣传与推广。作为信息传播最快、信息量最大的媒体渠道，利用互联网本身进行推广宣传也是一种有效且必要的方法。为了提高网站的点击率，必须考虑尽可能地增加用户、了解网站的机会。根据中国互联网络信息中心（CNNIC）2004 年 7 月的统计报告，86.9%的用户通过搜索引擎得知新的网站。而根据 CNNIC 第 13 次中国互联网络发展状况统计报告，有 69.6%的用户认为在互联网上获取信息最常用的方法是通过搜索引擎查找相关的网站。因此，搜索引擎登录及竞价排名目前仍是最主要的网站推广手段。搜索引擎有免费和收费两种。大部分搜索引擎网站仍提供免费的服务，只需在登录页中填入公司网站的名称、网址及邮箱地址即可。对于可免费登录的搜索引擎，可选择一些重要的搜索引擎（如雅虎、Google、百度等）逐个手工登录；而对其他则可采用搜索引擎自动加注软件进行批量自动登录。此外，一些搜索引擎还提供按行业类别或关键字排名以及关键字竞价排名的有偿服务。这类服务通常可以使网站网址出现在访问者按行业类目或关键字检索结果的前几十位，使得网站容易被访问者找到并访问，能达到良好的推广效果。尤其是关键字竞价排名服务（如百度竞价排名），它基于搜索引擎，效果比较直观，只要肯花钱就能占据较好的展示位置，是一种较好的推广方式。但正所谓金无足赤，由于搜索引擎竞价广告只在搜索结果页面展示，而且每个关键词都必须进行一次竞价，也存在着网民接触面有限、单个关键词竞争激烈的不足之处。

在知名网站的首页或内层页面中发布图形或文字广告则是另一种常见的付费网站推广方式，如新浪首页的条幅广告。此种方式的目的不是为了通过链接带来订单，而是保证自己的品牌在时刻传播。因此应当选择在一些影响力大的门户网站、综合性商贸网站、行业性或区域性网站中发布广告。网络广告主要以图形为主，这样可通过图片或动画来生动活泼地展示广告主题，吸引访问者点击它而进入企业网站的广告页面，从而达到宣传企业网站的目的。网站通常按企业广告所处的页面及位置、广告发布时长等不同来计费，仍以新浪为例，其首页一个条幅广告一天的费用几乎和中央电视台黄金时间 15s 的广告费相当。随着宽带网络的逐渐普及，如今的网页广告除传统的动画设计外，还加入了声音、视频等元素，使得网页广告具有更佳的表现力，能起到更好的网站推广作用。

除以上两种付费推广的方法外还有很多免费的方法，较为可取的是友情链接和广告交换联盟广告发布。这两种网站推广方式的共同特点，都是可将网址的文字或图片链接放置到许多其他相关网站的页面中，从而起到相互推广的作用。此外，也可以采用电子邮件推广的策略，即取得的与其所在行业或产品相关的潜在顾客公司的邮箱地址，再通过邮件群发软件将其广告信发送给这些潜在顾客，采用这种方式时，应当针对潜在的客户群做适量的宣传，不能胡乱发送垃圾邮件，否则只会适得其反，降低形象。

但是，必须注意到，真正有成效的网站推广并不仅仅是登录几个搜索引擎、做几个交换链接、注册网络实名/通用网址，或者购买几个关键词的搜索引擎广告这么简单，常见的推广方式并不意味着网站推广的全部，更不代表这些基本工作就完成了网站推广的任务：公司在购买了网络实名，也做了百度竞价排名推广之后，依旧没有带来显著效果；采用了一些常用的网站推广手段，虽然网站访问量有一定增长，但是对实际业务并没有产生真正的推动作用，这样的实例在日常生活中比比皆是。

网站推广是个系统工程，而不仅仅是一般网站推广方法的简单应用。因此，应当从网站的建设时期开始规划，妥善处理网站推广系统性所涉及的关联问题，诸如网站策划与建设阶段对网站推广需求的支持、网站推广的时机、网站推广手段的选择等；注意不同的推广方法对同样的网站可能会产生明显不同的效果，从网站推广与网址推广的区别、网站推广效果的影响因素、网站推广的作用等基本认识方面选择适当的推广方式，而不是人云亦云随大流；应当注重网站推广的系统性和阶段性，在同一网站发展的不同发展阶段，网站推广采用不同的策略组合的系统性思想。在制订网站推广策略时的关键是不能忘记或是错误认定了网站推广的目的。网站推广的目的并不是为了让用户记住网址，而是为了获得更多的潜在用户，直到增加企业收益的最终目的。网站推广是互联网营销取得成效的基础，同时网站推广的效果表现在多个方面，在进行网站推广时，如果仅仅将目的定位于网站访问量的增长上，有时可能会造成无效的访问量增加，浪费了有限的用户资源，甚至影响到用户的信任。忘记网站推广的真正目的，片面追求网站访问量，而缺乏将访问量资源转化为收益的能力，将使得网站推广变得最终没有任何意义。

总之，网站推广策略要综合考虑多种相关因素，根据企业内部资源条件和外部经营环境来制订，并且对网站推广各个环节、各个阶段的发展状况进行有效的控制和管理；应当基于其网站推广工作的目标、预算等对各种推广方式进行取舍，灵活地构建一套适合自身需要的成本低、效果佳的有针对性的网站推广解决方案，积极和持续地开展多层次、多样化和立体式的网站推广，努力把自己的网站和产品及服务推介给尽可能多的现实和潜在顾客，从而为自己创造更好的经济效益。

本章小结

本章系统地介绍了推广网站的常用策略，每一种策略的具体原理、步骤、要注意的问题。在设计自己网站的推广策略时，要学会"组合"，将几种方法组合起来使用。更要注意投资/回收率，在控制成本的前提下达到好的推广效果。

习题

1. 分析百度提供的广告方式、收费情况。
2. 分析淘宝网站为网店经营者提供的广告形式和收费情况。

第8章 网站维护与管理

学习目标

通过本章的学习，达到：

① 理解网站维护与管理的重要性；

② 理解网站维护的内容；

③ 掌握网站评估的重要性、评估指标体系和方法；

④ 理解网站数据分析的重要性和作用；

⑤ 掌握网站数据分析的方法和应用；

⑥ 掌握网站升级的时机、内容和具体步骤。

引导案例

旅游网站上过时的信息

这是作者的亲身经历：为了查询欧洲旅游的资讯，慕名登录一个著名的欧洲游旅行社的网站，此时已是 7 月份，但我查询得到的旅游线路中，依然有六月份出团的线路信息！这让我对该旅行社的好感大打折扣。

幸运的是，网站上有留言系统，针对这个问题给网站留下了我的疑问。网站管理人员在第二天就给予回复，并更新了全部线路信息。

一个管理不好的网站，不仅不能给企业提升品牌价值和企业形象，反而影响客户对企业的信任。这就是我们学习这一章的目的。

8.1 网 站 维 护

很多企业都有过这样的经历：网站建好后无法达到满意的运行效果；或有新的信息无法及时更新；希望将网站重新包装一下；程序系统出错了怎么办；希望有一个更加安全可靠的运行环境。

好的网站不是一劳永逸的，企业精心的运营才是最重要的。如果访客每次看到的网站都是一样的或者看到的是去年的新闻，那么他们对企业的印象就大打折扣或者会转头离开。想想他们日后还会来吗？这样不但丧失了客户，更给企业带来了负面影响。所以定期的网站更新和网站维护是必不可少的，每一个企业都需要根据自身需要制订网站维护方案。

如果不注意及时更新与维护，就会浪费我们在网站建设期间投入的资源和精力。而且已有的客户数据表明，只要做好三项网站维护工作（安全维护、美工设计、网站推广），通过网络给企业带来的业务收益，至少是在网站维护投入的 10 倍，甚至更多。

正常情况下，要想保证维护质量，一个网站至少要由三种角色进行维护管理：内容编辑、专业美工、页面工程师。如果有重大活动还要有数码摄影师、摄像师和现场图文录入员。

使用访问量分析系统，监测访问量，可以分析客户访问网站的地域、时间、关键词、搜索引擎以及操作系统等，有了这些数据就可以为以后决策做准备。

由于企业的发展状况在不断地变化，网站的内容也需要随之调整，给人常新的感觉，公司网站才会更加吸引访问者，给访问者良好的印象。这就要求我们对站点进行长期、不间断地维护和更新。特别是在企业推出了新产品，或者有了新的服务项目内容，等有了大的动作或变更的时候，都应该把企业的现有状况及时地在您的网站上反映出来，以便让客户和合作伙伴及时的了解您的详细状况，您也可以及时得到相应的反馈信息，以便做出合理的相应处理。

8.1.1　网站维护概念

网站维护，就是为了保证网站能够正确、正常地运行、不断满足访问者和企业需要而进行的所有工作。

网站投入运营之后，企业的业务可能会调整，新技术会不断出现，原有网站设计中存在的缺陷也会一一暴露，访问者的需求会不断增加，所有这些都需要网站管理人员不断调整、完善企业的网站。

企业网站建好之后，要做几个方面的工作：

1．网站内容的维护和更新

网站的信息内容应该适时的更新，如果现在客户访问企业的网站看到的是企业去年的新闻或者客户在秋天看到新春快乐的网站祝贺语，那么他们对企业的印象肯定大打折扣。因此注意适时更新内容是相当重要的。在网站栏目设置上，也最好将一些可以定期更新的栏目如企业新闻等放在首页上，使首页的更新频率更高些。

2．网站服务与回馈

企业应设专人或专门的岗位从事网站的服务和回馈处理。客户向企业网站提交的各种回馈表单、购买的商品、发到企业邮箱中的电子邮件、在企业留言板上的留言等，企业如果没有及时处理和跟进，不但丧失了机会，还造成很坏的影响，以致客户不会再相信你的网站。

3．网上推广与营销

要让更多的人知道你的网站，了解你的企业就要在网上进行推广。网上推广的手段很多，大多数是免费的。主要的推广手段包括搜索引擎注册、注册加入行业网站、邮件宣传、论坛留言、新闻组、友情链接、互换广告条、B2B 站点发布信息等。除了网上的推广外，还有很多网上与网下结合的渠道。比如将网址和企业的商标一起使用，通过产品、信笺、名片、公司资料等途径可以很快地将企业的网站告知你的客户，也方便他们从网上了解企业的最新动态。

4．不断完善网站系统，提供更好的服务

企业初始建网站一般投入较小，功能也不是很强。随着业务的发展，网站的功能也应该不断完善以满足顾客的需要，此时使用集成度高的电子商务应用系统可以更好地实现网上业务的管理和开展，从而将企业的电子商务带向更高的阶段，也将取得更大的收获。

8.1.2　网站维护的内容

网站维护的内容可以是:

内容的更新(如产品信息的更新,企业新闻动态更新)、网站风格的更新(如涉及网站结构、页面模板的更新将视为重新制作)、网站重要页面设计制作(如公司企业重大事件页面及公司周年庆等活动页面设计制作)、网站系统维护服务(如域名维护续费服务、网站空间维护、DNS 设置、域名解析服务等)。

保证网站链接正常,网络畅通(但由于 ISP 方因素,计算机遭黑客攻击、计算机病毒、政府管制造成的暂时性关闭等影响网络正常运营情况除外,对此情况我们可协助解决);

主页改版、网站备份和应急恢复、访问统计; 网站美工设计(Flash、Logo、Banner、色彩、风格统一等);网站策划及运营咨询、网站推广等。

根据网站的特点,网站维护的内容如下所示。

1．基础设施的维护

包括服务器的维护,网络带宽的维护等,如表 8-1 所示。

表 8-1　网站基础设施的维护

内　　　容	说　　　　　明
1．网站域名维护	如果网站空间变换,及时对域名进行重解析
2．网站空间维护	保证网站空间正常运行,掌握空间最新资料如:已有大小等
3．企业邮局维护	分配,删除企业邮局用户,帮助企业邮局 Outlook 的设置
4．网站流量报告	可统计出地域、关键词、搜索引擎等统计报告
5．域名续费	及时提醒客户域名到期日期,防止到期后被别人抢注

2．应用软件的维护

在网站运营过程中,很多因素会导致应用软件的改进:

① 业务活动的变化;

② 测试时未发现的错误;

③ 新技术的应用;

④ 访问者需求的变化和提升。

应用软件的维护是网站维护中最重要也是工作量最大的维护工作。

3．内容的维护

是网站维护中最重要、也是最频繁的维护工作。包括业务数据的维护,新闻信息的维护,与访问者交互(留言、E-mail)的维护等。

4．链接的维护

由于网页的删除、更改路径等造成的链接错误,是网站维护中的一个非常重要的内容。尤其是与其他网站的链接。

5．网站安全维护

网站安全维护的内容如表 8-2 所示。

表 8-2　网站安全维护内容

项　目	内　容
（1）数据库导入导出	对网站 SQL/MySQL 数据库导出备份，导入更新服务
（2）数据库备份	对网站数据库备份，以电子邮件或其他方式传送给管理员
（3）数据库后台维护	维护数据库后台正常运行，以便于管理员可以正常浏览
（4）网站紧急恢复	如网站出现不可预测性错误时，及时把网站恢复到最近备份

6. 网站相关维护

与网站相关的维护内容见表 8-3。

表 8-3　网站相关维护

项　目	内　容
（1）图片处理	帮助用户扫描图片及图片和文字在网页中的排版
（2）为拍照网页配图	如产品图片或办公大楼

我们也可以把网站的维护内容总结在表 8-4 中。

表 8-4　网站维护内容总结

项　目	内　容
系统维护	Web 服务器、邮件服务器、系统程序及安全性维护
数据维护	数据库后台数据录入（图片+文字表格）
	数据库后台维护管理
	数据导入导出
网页维护	网页（文字图片）内容更新、不改变网页模板
	改变网站结构、页面模板的更新
	首页或动态页面的修改更新
	链接检查、内容审核
其他	国际域名续费、转移注册商、转会
	国内域名续费
	虚拟主机空间
	网站邮箱

8.1.3　网站维护的方式

用户如何维护网站？有两种方案可以选择。

第一种方案。就是直接委托给网络公司维护，也就是谁给你制作的网站就委托给谁，这里就要考虑一个维护的价格问题，因为网络服务没有标准，所以你要看给你制作网站的公司的维护标准是不是自己可以接受。如果不能接受，那就看看第二种方案。

维护网站第二种方案。用户聘请一个网站运营专家自己维护。为什么要聘请网站运营专家而不是网页设计师，主要考虑网站运营专家要比网页设计师的技术全面，网站运营专家包括网站建设、网站推广，网络营销策划都是比较全面的，而网页设计师追求的只是一个网站的美工漂亮而已。有了自己的维护人员，用户可以根据自己的要求修改页面的结构，网站有什么活动可以随时美化自己的网站，而且有了网站运营人员就代表了网站有了在线客服。这样的网站才有活力。

8.2　网　站　评　价

北京某著名大型零售企业是一个月销售额上亿的百货公司。早在 2002 年，其就上线了自己的网上商城，从事网上销售。8 年过去了，它们的网站一直惨淡经营，每月仅有七八千元的销售额。公司管理层和网站运营者都非常困惑：我们的网站为什么没有访问量？问题出在哪里？网站还要继续维持下去吗？

电子商务网站评价是指根据一定的评价方法和评价内容与指标对电子商务网站运行状况和工作质量进行评估。作为电子商务市场发展和完善的重要推动力量，电子商务网站评价不仅使自身得到快速发展，并且通过评价活动促进电子商务网站的整体水平和质量的提高，监督和促进电子商务网站经营规范和完善，从而推动电子商务的健康发展。

通过网站评价，网站经营者可以更加客观、全面地了解网站实际运行的效果以及客户的满意程度，认识自己的网站的地位、优势和不足，作为网站维护、更新及进一步开发、完善的依据。而参加网站评比对扩大网站知名度具有无法替代的特殊价值，主要表现在如下几个方面：

① 扩大知名度。客观、公正的评价结果往往会得到多种媒体的转载，产生良好的新闻效应，对扩大网站知名度比常规推广手段具有更为明显的效果。

② 吸引新用户。互联网新用户几乎是每半年增加一倍，对于许多新用户来说，可能并不十分了解现有网站的状况，因此，网站的综合评价结果具有重要的指导意义，新上网者可能首先成为知名网站的用户。

③ 增加保持力和忠诚度。优秀的网站大都有相似的特征：良好的顾客服务、有价值的网站内容、生机勃勃的商业模式。在同等条件下，顾客显然对榜上有名的网站拥有更高的忠诚度。优秀的网站同时也意味着更多的承诺和顾客的信任。

④ 了解行业竞争状况。尤其对于比较购物模式的网站评比，通过网站评比和排名，可以很清楚地了解本行业竞争对手的整体状况和各项指标的排名，从而认识自己的优势和不足，便于改进。

⑤ 促使网站更加重视客户的满意度。由于电子商务重视客户关系，以"顾客为中心"，电子商务网站的评价指标体现出客户服务的重要性。因而评比网站根据多种因素、按"服务质量"的差别对网站进行排名，这样有利于促进商家从总体顾客满意入手改进经营模式，而不仅仅是价格竞争。网站评比对扩大网站知名度的效果早已为各大网站所认可，而且逐渐成为一种常用的网站推广手段之一。

8.2.1　网站评价的主体

根据目前电子商务网站评价的实践来看，电子商务网站评价有多种类型。根据不同的分类标准，划分为不同的类型。由于参与电子商务网站评价的主体一般包括顾客（消费者）、相关的专家、网站管理和技术人员，因而根据网站评价的主体不同，可分为消费者评价、专家评价、网站自身评价。根据被评价网站的性质不同，可划分为商业性网站评价和非商业性网站评价。根据网站评价的方法不同，可划分为网站流量指标评价、专家评价、问卷调查评价和综合评价。根据被评价网站的行业范围不同，可划分为综合性网站评价和专业性网站评价。其中专业性网站评价按行业又可划分为各个不同行业网站的评价。

① 行业性组织的测评机构。行业性组织的测评机构，在我国又称为官方的测评机构。如中国互联网络信息中心（CNNIC）。该中心是成立于 1997 年 6 月 3 日的非赢利管理与服务机构。从 1997 年开始，CNNIC 每年组织二次"中国互联网络发展状况统计调查"，并分别发布了有关的调查报告。CNNIC 主要采用网上调查问卷的方式，并在调查报告的末尾有一个基于用户调查推荐形成的分门别类的"十佳优秀站点"。

② 商业性的专业评比网站。比较著名的商业性评比网站有美国的 Gomez 和 Bizrate。BizRate1com 公司成立于 1996 年，号称是第一网上购物门户网站。它采用"在线调查法"收集对电子商务网站进行评比的资料，即 BizRate 所有资料全部来自对真实顾客的在线调查。通过向数以百万计的网上购物者收集直接的反馈信息，对近 4 000 家网上商店进行评分。由此得出的评比结果可以被认为是顾客满意度的标准。

Gomez 是一个为电子商务用户以及电子商务企业提供基于因特网服务质量评测的机构。即 Gomez 通过综合业界专家意见，通过全面、广泛客观的因特网评价法，高质量的社区评比，以及在线企业的评论，为网络用户和电子商务企业提供用户经验评测、电子商务基准测试和用户导购等服务，以帮助企业建立成功的电子商务和指导网络用户进行在线交易。Gomez 的企业目标是成为业界第一的提供电子商务决策支持和在线用户经验评测的企业。

③ 各类咨询调查公司以及有关的媒体。著名的研究咨询公司 ForresterResearch（www.forrester.com）电子商务的大潮中也曾进入了电子商务网站评比领域，并通过自己的努力为电子商务网站评价做出了突出的贡献。Forrester 是用在线消费者调查、站点表现的统计数据以及公正的专家分析相结合的"强力评比法"（ForresterPowerRankings）对某个站点进行评价，为消费者提供全面、客观的评价结果，帮助消费者更好地做出在线消费的决策，同时也能给电子商务企业的经营努力做一个公正的评价。

④ 民间的"品网"。所谓"民间品网"是指国内非官方的、非赢利性质的评比网站。与 CNNIC 互联网调查报告是为国家和有关部门提供政策性咨询的目标不同，品网网站的服务对象是广大的网友，其目的是向网友们推荐可看、耐看、好看的站点。考虑到一些"重量级"的站点在网友当中是人尽皆知的。因此，其品评的对象也主要是一些个人站点，尤其是一些比较优秀但同时又不太为众人所知的个人站点。国内比较有名的"品网"有：梦想热讯品网（http://pick2net，yesite.com），网星品网（http://picknet1.rg 等。国内的"品网"，严格来说还只是比较电子商务的雏形。原因有二：一是它们的评比对象主要是一些优秀的个人站点而较少涉及电子商务网站；二是它们的评比标准侧重于网站技术方面的因素，没有充分考虑到顾客。

8.2.2 网站评价的方法

电子商务网站评价所采用的方法很多，从评价所需数据资料的获取方法来看，目前通用的有以下种：

① 网站流量指标统计。网站流量指标统计是通过特定的软件统计、分析网站的浏览量。国际上著名的咨询调查机构如 MediaMetrix（www.mediametrix.com）采用独立用访问量指标来确定网站流量，并据此定期发布网排名。国内有一定影响的网站访问量统计机构，中国互联网络信息中心（CNNIC）的第三方网流量认证系统（http://www.cnnic.net.cn）、网易中文网站排行榜（http://best.netease.com）也是用网站流量指标排名方法。网站的排名一般有周排名、每月排名，也有昨天最新排名。国际对独立用户通用的定义是：在一定统计周期内一个月或一

个星期），对于一个用户来说，访问某个网站一次或多次都按一个用户数计算。

② 专家评价。专家评价法是一种采用规定程序对专家进行调查，依靠专家的知识和经验，专家通过综合分析研究对问题做出判断、评估的种方法。专家评价法有集思广益的优点，可以对各被选站进行综合评价，但其局限性也十分明显，例如，专家团人数有限，代表性不够全面；难以避免部分专家的倾向性；个别权威人物或言辞影响力较大的专家可能左右讨论结果；有些专家出于情面因素，即使不同意他人观点，也不便于当面提出，从而影响整个评价结果的公正性。

③ 问卷调查。问卷调查是一种常用的调查方式，通常有抽样调查和在线调查等形式。中国互联网络信息中心历次中国十大网站的评比结果都基于在线问卷调查的方式。这种形式的主要弊端在于有人为作弊的可能，为剔除无效问卷要花费多人力。但是，由于问卷调查结果的可信水平与问卷的设计、抽样方法、样本数量、样本分布、系统误差、查费用等多种因素有关，问卷调查的结果也只能一定程度上反映出网站在人们心目中的"形象"。

对于任何一家评比网站来说，建立科学的评价指标，并保持自身的公正形象至关重要。但是无论是在线调查还是专家评价，都摆脱不了主观因素的影响，因为各人的经历、偏好有所不同，对每种标的判断就会有差异。所以，无论定量分析还是定性描述，各种评比方法都存在一定的缺陷。

④ 综合评价方法。鉴于以上各种网站评价法都有一定的局限性，电子商务网站评价需要一种综合性的评价方法，即动态监测、市场调查、专家评估为一体的综合评价模式，这需要有科学的分析评价方法，全面、公平、客观的评价体系，权威、公正的专家团体，也需要有科学、合理并有足够样量的固定样本作为基础。在这种评价方法中，首先是建立加权的综合评价指标体系；然后通过技术测量、专家调查、用户调查等方法收集数据，并建立监测数据库、调查数据库等；再采用定性与定量方法、比较分析法、模型分析方法等对数据库存及其相关资源行挖掘和分析。

8.2.3 国内外网站评价研究概况

1. 国内学者对网站评价指标的研究

国内学者对网站评价指标的研究多集中在网站信息资源、网站设计和网站操作性三个方面。

2. 国外学者对网站评价指标的研究

国外学者对网站评价指标的研究也主要集中在信息内容、网站设计和信息的获取方式三个方面。这与国内学者对网站评价指标体系的研究情况相似。

如 Joan Ormondroyd 等人认为，对网站信息资源的评价指标可以借鉴印刷型资料的评价标准，并由此提出两类评价指标：基本评价指标和内容评价指标。

又如，Jim Kapoun 则对网站信息资源提出五项评价指标：准确性、客观性、权威性、时效性以及覆盖面，这和 Joan Ormondroyd 等人的研究中所提出的内容评价体系相似。

再如，Judith Edwards 提出网站评价的三项指标：一是可获取性，主要是指为获取信息提供的网站内部环境建设状况，如网站打开时间和下载速度等；二是质量，主要指网站资源来源的性质、准确性和客观性等方面；三是易用性，是指在获取信息过程中具体操作的简易程度，如网站的易浏览性与可检索性，以及网页设计的特色等方面。

美国南加州大学教授 Robert Harris 则提出了八项指标来评价信息资源：① 有无质量控制

的证据（即信息的权威性）；② 读者对象和目的；③ 时间性、合理性；④ 有无令人怀疑的迹象（如不实之辞、观点矛盾等）；⑤ 客观性；⑥ 作者的观点是受到控制还是得到自由表达；⑦ 世界观；⑧ 引证或书目等。其中主要涉及对网站信息内容的评价。

DavidStoker 和 Alison Cooke 也提出 8 项网络信息资源评价指标：① 权威性；② 信息来源；③ 范围和论述（包括目的、学科范围、读者对象、修订方法、时效性及准确性等）；④ 文本格式；⑤ 信息组织方式；⑥ 技术因素；⑦ 价格和获取性；⑧ 用户支持系统。这 8 项评价指标比 Robert Harris 教授提出的评价指标涉及面更广，不但包括了信息内容的评价、信息获取方式的评价，而且还包括网站技术性的评价。

综上所述，目前国内外学者提出的网站评价指标主要包括信息内容、网站设计和信息获取方式（可操作性）三个方面。笔者认为，其中的信息获取方式（可操作性）说到底属网站设计问题。实际上，这里所说的网站评价指标，主要包括信息内容、网站设计两大指标。

8.3　网站数据分析

引导案例

客户价值的体现

徐先生是一家电子产品销售公司的老总，经过徐先生及其团队的共同努力，公司的业务蓬勃发展。随着公司的发展，老客户越来越多，公司名气也越来越大，甚至经常有新客户慕名打电话来咨询业务。一时间，公司上上下下忙得不亦乐乎，但是有些重要客户却抱怨公司的响应太慢，服务不及时，并将订单转向了其他厂商。为此，徐先生决定加大投入，招聘了更多的销售及服务人员，来应付忙碌的业务。

一年辛苦下来，徐先生满以为利润不错。可公司财务经理给出的年终核算报告，利润居然比去年还少！经过仔细分析，徐先生终于发现了其中的症结所在：原来虽然不断有新的客户出现，但是销售额却不大，而这些客户带给销售和服务部门的工作量却不小，甚至部分新客户还严重拖欠款项。与此同时，一些对利润率贡献比较大的老客户，因在忙乱中无暇顾及，已经悄悄流失。

为此，徐先生改进了公司的工作方法：首先梳理客户资料，根据销售额、销售量、欠款额、采购周期等多角度权衡，从中选出 20% 的优质客户，针对这 20% 的客户制定特殊的服务政策，进行重点跟踪和培育，确保他们的满意度。同时，针对已经流失的重点客户，采用为其提供个性化的采购方案和服务保障方案等手段，尽量争取客户回归，针对多数的普通客户，采用标准化的服务流程，降低服务成本。

经过半年的时间，在财务经理再次给出的半年核算报告中，利润额已经令徐先生笑逐颜开了！

我们经常提网站数据分析，那么"网站数据"的含义是什么，它包含一些什么样的数据呢？跟传统企业一样，电子商务公司要分析的数据，本质上也是企业与顾客的交往记录。并且相对于传统企业，电子商务公司的各类网站，如果要想记录企业与顾客之间的交往记录，与以往大部分的传统商务活动方便得多。

服务器或网站代表着电子商务公司，而顾客就是一个个访问者，网站与访问者两者之间的互动行为，都能够被比较完整地记录下来。网站与访问者之间的互动行为，基本上也分为两大类，一种是最简单的互动，基本上就是访问者通过鼠标或键盘传来"我要访问某个页面"的需求，然后网站服务器收到请求后，将一个动态或静态的页面返回到访问者的浏览器。目前各企业都是用 LOG 文件来记录这些互动行为；另一种是比较复杂的互动，即为访问者一次跟网站之间要进行多个内容的互动，主要表现为访问者以提交表单的形式去网站之间进行互动，例如会员注册，购买一件商品等，由于内容过多，用 LOG 来记录这些互动内容基本上是不可行的，所以一般也就选用数据库来记录这些互动内容。

简而言之，我们一般所说的数据分析，就是要将 LOG 文件与数据库记录内容两大类数据综合起来分析。

8.3.1　为什么要分析数据

网站的数据分析基本上是围绕着顾客进行的。首先，管理层面不一样，需要的数据也不一样，公司高层想知道的是一些偏宏观的顾客数据，以便制定公司的战略计划，中层就可能想知道一些微观的顾客数据，以便进行一些日常工作，项目的控制以及短期的战术计划。其次，部门不一样，需要的数据也不一样，采购部门是想知道顾客经常购买哪些商品；内容编辑部比较关心哪些文章最能吸引顾客的眼球；市场部门则侧重哪些广告能带来有价值的顾客。

客户关系管理的核心是客户价值管理。它将客户价值分为既成价值、潜在价值及模型价值。通过满足客户个性化需求，提高客户忠诚度和保有率，实现缩短销售周期、降低销售成本、增加收入、扩展市场，从而全面提升企业的赢利能力和竞争力。同时企业的业务决策是基于客户价值变化开展的，根据客户价值的变化，制定客户获取、客户保有、客户价值提升的相关业务计划或行动。

并不是每个客户都具有同样的价值，从抽象和通用的意义上讲，多数企业的客户价值分布是适合"二八法则"的，即一个企业 80% 的利润往往是由 20% 最有价值的客户创造，其余 80% 的客户是微利、无利，甚至是负利润的。企业要保持的是有价值的客户，因此，有价值客户的识别是客户关系管理必须首先完成的一项基本任务。

但对每个企业而言，要识别"究竟哪些客户才是最有价值的客户？这些客户在哪些方面的价值最大？他们有什么共同的特征？"却不是一件很容易的事。目前，多数企业的管理方式还停留在根据某一项或两项单一指标（如销售额或利润）来做的客户重要性的排行，无法进行全方位、多角度的综合客户价值分析、管理。而要实现"以客户为中心"的 CRM 理念，就必须建立一套全面的客户价值评估管理系统，并利用系统强大的数据分析、挖掘功能，快速地进行客户群价值细分管理，建立起客户价值金字塔。

通过网站数据分析，可以区分不同的客户群。

8.3.2　客户数据的收集、分析与应用

在企业信息化进程中，越来越多的企业将客户数据的管理作为重点内容。然而，就像银行业在 20 世纪 90 年代的发展一样，很多企业在进行客户数据的管理方面还仅仅是收集和管理一些与企业业务直接相关的简单信息。这些数据仅仅能保证对客户情况的粗浅反映，还不足以为企业带来附加价值、形成市场引导的作用，客户数据的价值特征还不明显。以客户服务中心的兴起和 CRM 实用化为基础，企业对客户数据的管理要求迅速提高。全面收集客户数据、分析客户数据，将客户数据应用于产品设计、市场规划、销售过程成为企业发展的重要手段。那么，

企业需要关注的客户数据是什么？如何获得与企业发展息息相关的客户数据？怎样让这些客户数据为企业带来利润呢？

1．企业关注的客户数据

企业从事的生产、经营行为，其目的是实现其市场价值。而市场价值的实现却在极大程度上依赖于客户的需要和认同。作为市场的第一要素，客户是指具有购买行为或需求的群体，随着市场特征的不同，客户也具有不同的范围和行为特征。我们这里重点研究的客户，根据行为特征应该分为客户与顾客。作为零售企业在市场中是以顾客为主要销售对象的。而我们所指的客户则是与企业具有稳定的买卖关系的个人或机构。顾客具有群体性强、范围广泛、个体不确定等特点；与之相比，客户则具有针对性强、具有稳定的购买关系等特点。

对顾客的数据，企业更加关注顾客行为的统计规律，通过购买意向、购买力、销售量、市场占有率、市场地域分布等统计特征实现企业的价值导向。因此，企业重点关注的是整个市场的统计分析，一般要素为：市场占有率、月销售额、单笔平均购买量、市场需求量、消费群体数量预期等。这些数据更加适合零售企业、大众消费企业、生产厂商等。

对客户的数据，企业由于与客户具有稳定的购买关系，企业与客户具有直接的联系。因而，企业对客户数据的关注程度要更加详尽。通常，企业不但要关注客户的静态数据，而且要关注客户的动态数据。静态数据一般包括：客户名称、地址、电话、行业性质等基础信息。动态数据则需要包括：每次购买行为的记录、为客户提供产品和服务而带来的成本、客户在公开媒体上的信息、从服务渠道反馈的客户要求、对具有竞争性的产品的态度等信息。

2．客户数据的收集

直接接触渠道是客户数据收集的有效手段。客户通常会最先与销售渠道打交道，而后形成购买意向，到完成购买过程进入售后阶段。在这些阶段中，客户数据的收集具有直接、明确的特征。很多企业都采取订单、客户登记表、客户联系卡、会员卡等形式，对客户基本静态信息进行收集。以航空公司为例，订单直接登记了客户姓名、证件号码等信息，而常客则采用会员卡的形式详细收集了姓名、性别、证件号码、通信地址、电话、电子邮件、日常喜好、座位偏好、餐食习惯等，并通过会员卡详细登记了客户的每一次行程记录，甚至一些航空公司还通过会员卡实现了对客户的宾馆酒店入住信息和会员商场消费记录的全面收集。这些直接接触渠道与以电话、互联网等构成的非接触式渠道共同形成了客户数据收集的主要来源。

客户数据资源的整合成为企业客户数据的另一个重要信息来源。客户数据资源的整合是指不同企业在一定条件下将各自的客户数据与其他企业进行共享以扩大相互的客户资源并提高客户数据利用率的行为。随着直复营销、整合营销的发展，市场上还形成了专注于客户信息收集整理，集合各个企业资源进行整合营销的渠道厂商。其通过诸如电话黄页、网站注册、展会收集、企业提供等方式收集了大量丰富的客户信息，并利用这些信息，整合其他企业的产品或服务，有针对性地对客户进行跨企业的整合销售。

服务过程是客户数据收集的最佳时机。如果说直接接触渠道提供了客户数据的收集的机会，那么服务过程则提供了深入了解客户，建立互动联系的最佳时机。服务的过程中，客户通常能够直接而毫无避讳地讲述对产品的看法和期望、对服务的要求和评价、对竞争对手的认识和挑剔以及周边客户群体的意愿和销售机会。其信息容量之大、准确性之高是在其他条件下难以实现的。一次好的服务过程本身就是一次全面的客户数据收集过程。

市场调查所进行的数据收集能够准确完成客户发现和客户导向的发掘。现代企业已经越来越多地利用市场调查来实现对产品、市场、服务进行考察、分析、预计的工作。通常情况下，委托第三方进行相关的调查都能够对调查对象的客户数据进行详尽的记录，而这些记录不但能够反馈这些被调查人中潜在的客户，而且能够通过对产品、服务所反馈的意见和建议反映出客户需求的导向，更重要的是还能够通过被调查人的倾向性，发现潜在客户的分布规律，为企业开发新产品、开拓更大的市场提供依据。

展会已经成为客户数据收集的重要形式。由于展会的针对性强、潜在客户群体集中，因此展会已经成为能够迅速收集客户数据、发现客户群体、达成购买意向的场所。也正是由于这个特点，国内展会经济呈现出蓬勃发展的态势。但是展会上的名片收集还远远不能满足客户数据收集的要求，对客户的意见、产品倾向、竞争产品评价的收集是展会客户数据收集的重点。

网站和呼叫中心是客户数据收集的低成本"吸收器"。随着电子商务的开展，网站、呼叫中心在企业客户发展战略中起的作用已经越来越受到企业领导者的重视。与此同时，客户也越来越多地转向网站和呼叫中心去了解企业情况、产品和服务，以及即时完成订单等操作。不难看到，很多企业已经将客户在网站、呼叫中心的访问作为收集客户数据的重要机会，为进一步开展营销、服务打下基础。也正是这些客户数据为个性化服务的开展提供了可能。

3．客户数据的目标性分析和非目标性分析

目标性分析为市场策略和产品策略提供了有利的支持。客户数据的收集过程中，大多数都是具有一定的针对性或相关性，而这些具有针对性和相关性的客户数据更便于进行预先设定目标的分析。比如，家电企业在数据的收集中通常会关注客户某种家电的拥有数量、品牌、购买时间，而这些在配合家庭人口、职业、年龄等数据进行分析后，往往能够直接得出该客户是否具有购买需求、预计购买时间和数量、消费档次等结论。这些都是具有目标性的数据分析。具有目标性的客户数据分析，能够对企业当前市场和产品的设计、生产、销售产生指导，对营销和市场细分提供依据。

非目标性分析帮助企业从客户数据中发现新的商业机会。客户数据由于人群的地域、文化、历史的相似性，客户数据中往往还能够反映出一些超出数据收集目标的结论。这些结论通常还能够引导一个新的市场或产品。

4．目前数据分析的存在的问题

（1）要"以网站为中心的数据分析"，则不是"以顾客为中心的数据分析"

大家一般常说的数据分析，大部分还是局限在对 LOG 文件的分析。由于 LOG 文件里面只是记载了一些网站与顾客之间的基本互动信息，也就意味着 LOG 数据存在相当大的局限性。

当然，我们光靠 Webtrends 或其他一些 LOG 分析软件也能对决策起到作用，但是这类的数据分析起到的作用还是远远不能达到我们的需求。数据分析，如果只做一个 LOG 文件分析，则往往陷入了"以网站为中心的数据分析"，则不是"以顾客为中心的数据分析"。

"以顾客为中心的数据分析"的实施难度远远比"以网站为中心的数据分析"难度大，LOG 分析基本上只要买个分析软件安装到服务器，或者购买一些用 Javascript 嵌入代码的在线即时 LOG 分析服务。但要想做到"以顾客为中心的数据分析"的数据，就没有那么简单，必须要将其作为一个战略来实行，因为它需要整合所有与顾客相关的数据，动用的技术不仅仅有 LOG 分析技术，而且更依赖于数据仓库与数据挖掘技术。

（2）不要太过于依赖数据分析

由于目前数据分析方面的人员有相当一部分是从技术方面转过来的，所以比较容易过度依

赖数据来做决策。从原始数据到分析结果，中间还是经历了众多的过程，只要其中出现一点差错，都会造成结果有较大的出入。

（3）多方面验证你的数据

对于一些分析主题，可以采用多个方式来辅证你数据分析的结果是否真实。比如上门拜访，在线调查等，往往这些数据的获取比通过数据挖掘来得简单与方便，在某些时候，甚至可以替代那些复杂的数据分析，用来作为决策的依据。

电子商务公司收集网站与顾客的互动行为，比传统企业像超市，银行都方便得多，但是也很容易陷入了数据的海洋，希望这些电子商务公司能够在数据分析过程中，紧紧围绕着顾客来进行，特别是那些为企业贡献最大的那 20%的顾客。

8.3.3 网站数据分析的内容

网站数据分析的内容主要如表 8-5 所示。

表 8-5 网站数据分析的内容

项　　目	内　　容
日志收集存放	日志文件是数据分析的基础，长期的日志收集服务可使您完整地记录访问者的信息
营销渠道跟踪	检查哪些营销渠道有用，调整营销策略
网站常规检查	全面了解网站存在的问题，提出优化策略
网站日志分析	网站 KPI 评估
网站流量统计	是通过统计网站访问者的访问来源、访问时间、访问内容等访问信息，加以系统分析，进而总结出访问者访问来源、爱好趋向、访问习惯等一些共性数据，为网站进一步调整做出指引的一门新型用户行为分析技术
PV 分析	页面流量分析

1. PV 数据分析

PV 即 PageView，即页面浏览量，或点击量；通常是衡量一个网络新闻频道或站点甚至一条网络新闻"好坏"的主要指标；当然，有时，还会同时考察另外一个指标，即 UV，或 Unique Visitors，指访问某个站点或点击某条新闻的不同 IP 地址的人数。

PV 之于网站，就像收视率之于电视，从某种程度上已成为投资者衡量商业网站表现的最重要尺度。从长远看，很多网站也意识到，PV 的追求需要和品牌的打造结合起来；但现代商业行为在投资者急功近利的评判压力下，往往无奈为了使 PV 数据良好而不择手段。

一条新闻发布以后，其 PV 数据便可以加以跟踪，通常是每 5 分钟统计一次。不同品牌的网站的不同频道，对其所发布的新闻的 PV 表现有一个大致的评判尺度。新闻发布后，一般 PV 值总有一个上升的过程。可以从不同时段的 PV 表现，来计算 PV 的单位时间变化幅度，有经验的网络编辑，经过几个 5 分钟的数据积累，便能大致预料到这条新闻的 PV 峰值水平。如果这个水平不能令人满意，则编辑就要采取一些手段，如"优化"标题，或者增加其他吸引眼球的元素，如图片。一般来说，通过这样的"处理"，一条新闻的 PV 表现能有所改善，达到新的高峰。也就是说，网络新闻的编辑手段影响着 PV 值。

还有哪些因素对 PV 有影响呢？至少还有以下因素。

① 新闻发布的时间。不同的时间段，上网的人数不同，访问该站点的人数也不同，因此，有时 PV 值的涨落，其主要贡献，在于不同时段上网人数的自然波动。同样一条新闻，在不同

的时段发布，PV 表现就会有差别。

② 不同时段上网的人，其人口特征（性别、年龄、教育程度、阅读旨趣等）不同，所以，同样是 1 万人上网，甚至同样是对某个网站的 1 万次访问，不同时段，这 1 万次访问在不同频道/内容上的分布是有差别的。所以有时，PV 的变化，和这个因素导致的变化有关。

③ 访问的周期。对于一些经常浏览的网站，我们可能一天之中会访问几次，这中间有一定的时间间隔。这个间隔，很多时候和人们的现实工作节奏有关系。比如，不少人一上班会抽空浏览一下新闻，第二次再来看看又有什么新闻的时候，往往是上午中间休息时，甚至是午饭后的休息时间。因此，即使其他因素不变，由于人们回访网站的周期性，也会对新闻或网站的 PV 带来影响。当然，由于不同的人回访的周期长短不一、时段不一，这个影响因素未必会导致明显的波动，而可能分散在不同时段的 PV 表现中，但可以肯定的是，任何一个 PV 数据，也有这种回访周期的因素所起的作用。

④ 搭便车因素。比如一些突发事件，会导致人们对某一网站的访问增加，但这些访问的初衷，本只是突发事件相关新闻。然而由于人们的新闻消费，往往具有不可预期性，所以常见的现象是，人们在看完想看的新闻后，还会顺带看看其他的。这一因素，也可能对某条新闻（与突发事件无关）的 PV 有所贡献。

最后，当然是一些偶然因素（其实搭便车因素也属于此），比如天气因素等。

由此看来，一个简单的 PV 数据，其实是多种因素综合贡献的结果，所以有时的 PV 涨落，不是完全可以通过编辑手段来加以引导和影响的。知道这一点很重要。因为这告诉我们，盲目的不加具体分析的以 PV 来衡量成败好坏，是不合理的。

在社会科学研究中，这种区分不同因素对某一个现象的贡献，就是所谓的详析模式。很多我们看似不变的东西，其实内部构成比例上发生了很大的变化。而有些看似变化的东西，其相对关系其实没有什么变化，只是一种单纯的数量上的涨落。

2．网站用户行为分析

所谓网站用户行为，就是访客在进入网站后所有的操作。分析网站用户行为，有利于满足网站的用户需求，提升网站信任度。如何进行网站用户行为分析呢？下列这些因素是经常需要考虑的：

用户群：用户者主要所在区域，24 小时之内有多少回访。

访问者：访问主要来源哪个区域，如国家、省（自治区、直辖市）、城市。

访问量：分析网站月访问，日访问，时访问，来确定网站的高峰是在何月何日何时。

浏览量：访客在一定时间内所浏览内容，日最大浏览量多少，日最小浏览量多少。

流量来源：分析网站是从哪方便来的流量。

流量页面：哪些页面主要引来的流量。

访问者分析：在 24 小时的回访次数，访客浏览多少页面，在网站中逗留多长时间。

访客访问分析：用户计算机所采用的系统语言，所使用的浏览器，屏幕尺寸，屏幕颜色位数。

搜索引擎：搜索引擎是提供信息查询的工具，通过分析网站来源关键词，来确定搜索引擎用户主要关注网站哪些方面。

用户行为例子：例如，你主要想把网站什么内容提供给大家，那你就要把网站首页的上半部放上网站的主打信息板块，来抢占用户的第一视觉，如果你是企业网站，你就要考虑联系方式放在容易找到位置，放在网站的中上左角位置，这样有利用访客第一时间找到并方便联系。

网站用户分析主要工作：

① 把握网站整体布局颜色等；

② 分析用户行为数据进行网站调整；

③ 掌握大多数网站用户心理；

④ 网站用户行为策划；

⑤ 思维活跃，随时根据用户与改变。

8.3.4 网站用户数据分析模型

报纸读者是上帝，产品消费者是上帝，同理：网站访问者是上帝。要想从根本上提高站点的访问量、点击率就必须首先了解自己网站的详细情况与自己站点的用户群体的重要数据分析。只有把访问者的地位摆在第一位，网站的人气才会提升。

网站媒体由于其特殊的性质，依托于高速的互联网技术的发展，已日渐成为将来媒体的主流模式。

网络媒体其最特殊的性质就在于它的交互性，即互联网具备及时信息交互的功能。访问者不但可以被动地接受网站的内容信息，也可以主动去寻找自己所需要的信息与上传分享自己的信息。Google、Baidu 等门户搜索引擎的成功，就是充分的利用和把握了交互性的特点。

论坛社区，是网络媒体交互性体现最好的地方，访问者不但可以在论坛被动的接受信息同时更可以在社区中使用发帖的方式来表达自己的想法、情感、意见、建议等等反馈上行信息，从而实现论坛社区的良性互动。

网站到底应该提供什么样的服务？到底应该提供什么样的内容？应该由网站目前的忠实用户们来决定。一般的简单模式如下：

① 网站策划确立网站即将建设提供的几种内容、服务。

② 开始展开全面的用户调查，针对以上内容、服务做出选择性质的投票。

③ 根据用户的反馈调查，加上合理的分析，确立最后要做的内容、服务。

④ 做到有的放矢、对症下药。有效地避免了前期做了较多的工作而建立起的内容和服务却收不到预期的效果。

⑤ 一个形象的比喻：一个饭馆儿里的所提供的服务都是食客所喜欢的、所需要的，那么很自然，即使你的饭馆里的产品与别的饭馆相同或类似，那么这些食客还是会喜欢到你这家饭馆，因为他们在这里可以享受到他们所需要的服务，他们在这里可以按照原来的习惯进行点菜。他们在这里可以有一种被重视的感觉，让他们觉得自己是上帝。经过漫长的经营过程，这家饭馆自然会高堂满坐。在你的饭馆里能对你的服务、菜品、装修等方便提出意见和建议的用户绝对是好用户，只要处理得当，这个用户的回头率会在 80% 以上。同样大多数来用餐的用户，是不会对你饭馆的服务提出任何有建设性的意见和建议，他们多半会是墙头草，那家服务好，就往哪家跑。所以针对能提出意见的好用户，更要给予足够的重视。

一个网站用户群体数据分析的模型包括：网站本身后台记录的访问量数据与用户主动反馈上来的调查数据。如果要用户尽可能多的反馈上来数据就必须把反馈做成选择题的调查形式让用户的操作尽量简单。

1. 用户的来源

① 访问我们网站的用户都是从那些网站过来的？这项数据可以从网站后台技术记录的LOG 中分析得出。

② 访问我们网站的用户都是来自现实中的哪些省（自治区、直辖市）？这项数据可以从网站后台的 IP 地址记录中分析出。

2．网站造访人次

① 网站每月造访总人次。这项数据来源于后台的 LOG 分析。

② 网站每日每个栏目、每篇文章的造访人次。这项数据来源于后台的 LOG 分析。

3．用户年龄

访问我们网站的用户都是在哪些年龄段？具体可以分为 15~18 岁，18~21 岁，21~25 岁，26~30 岁，30~35 岁，35 岁以上。这项数据来源于网站的人工调查分析。

4．用户职业

访问我们网站的用户职业分布。大致可分为：学生、上班族白领、自由职业者、政府机关人员、IT 卖场服务、高科技产业服务等。可具体根据网站的定位来进行细分化调查。这项数据来源于网站的人工调查分析。

5．用户习惯

（1）用户浏览我们网站的习惯

主要包括：新闻栏目内容的排列，服务操作的使用是否方便、整体业面的布局使用是否方便、浏览新闻的时候是觉得哪里不适合您的浏览习惯等。具体可以根据各自网站的特点进行细分化。这项很重要，大部分用户在互联网上已经养成了一定的浏览和访问的习惯。符合他们习惯的设计服务，会粘住这些用户。这项数据来源于网站的人工调查分析，与网站后台技术分析。

（2）用户习惯于每天什么时间浏览我们的网站

也就是大部分访问网站的登录时间。这项数据必须要求精确。模糊、大概、可能这样的词语不可以使用，否则这项数据将失去意义。这项数据来源于网站的人工调查分析，与网站后台技术分析的结合。

（3）用户习惯于在我们的网站上停留多久

也就是大部分用户在我们网站直到关掉我们站点中间停留的时间，这部分数据可以充分地说明，我们网站的内容做得是否对用户的胃口，内容的质量是否对比上周有提高？内容是否具有黏滞力。这是最有说服力，也最客观的分析数据。这项数据来源于网站的人工调查分析，与网站后台技术分析结合的方式来获得。

6．用户所最喜欢的网站服务

用户最喜欢的网站服务是什么？是商城、渠道信息、RSS 服务、论坛社区、硬件信息，还是软件技术信息……这些数据可以充分地揭示我们的服务该朝哪个方向努力，该强加哪些方面。

7．用户最讨厌的网站服务

① 用户最讨厌的网站服务是什么？是商城、渠道信息、RSS 服务、论坛社区、硬件信息、软件技术信息……为什么讨厌？这些数据是我们如何提高和改变自己服务模式的重要依据。

② 每周评选网站做的最差的栏目，或者服务。让网站的用户来评选出，网站每周做的最差的是哪个栏目？为什么差？这个栏目由谁来负责？被用户评为最差的原因在哪里？这样分析讨论找出原因后，再进行评选，如果一个栏目连续几周内都被用户评为最差栏目，那么这个栏目的相关负责人就要受到相应的处罚。必须明确栏目与责任人的关系，否则到时候数据出来了也不好处理。如果处理之后还是最差，那么就是这个栏目本身定位就有问题。再开会讨论确立是

否需要淘汰。

8. 用户最喜欢的网站活动

网站活动是聚集网站人气行之有效的手段，但是至于做什么活动？还是应该由网站的用户来说的算。通过充分的人工调查，了解了用户们最喜欢的活动，那么就可以在今后的工作计划中逐渐安排这些网站活动。以带动人气，提高访问量。

9. 用户的建议和意见整理

在网站的显眼之处，留出一个用户可以直接留言给网站的管理者的留言板，这个留言板可以不对外。但务必每周将网站用户集中反馈上来的意见和建议都整理好，留做会议上讨论去粗取精，使网站的工作有明确的改进方向。

8.3.5 普艾斯网站数据分析系统

1. 网站数据分析

网站数据分析，是通过统计网站访问者的访问来源、访问时间、访问内容等访问信息，加以系统分析，进而总结出访问者访问来源、爱好趋向、访问习惯等一些共性数据，为网站进一步调整做出指引的一门新型用户行为分析技术。

2. 产品介绍

普艾斯（PHPStat）统计分析系统为用户提供全面、完整、实时的网站流量统计分析服务。通过对网页准确的统计和分析，可以让您轻松的了解网站基本的流量数据、访客分析、来源分析、用户行为等十多种分析数据。同时提供广告效果分析、访问目标效果分析以及特殊定制功能，帮助您提高在线营销以及广告策略的整体效果，强化您的营销计划，为网站运营提供更有效的决策依据。

PHPStat 独有的鼠标点击图功能，以更直观的图形方式向您展示访问者在不同页面的点击情况。可以按照每天、每周、每月不同的时间段进行统计和分析，可以调节不同屏幕尺寸大小等细节。在页面上所有的点击都会被记录下来，同一位置的点击次数不同，颜色会有差别，这样不同位置的点击情况通过热图就一目了然了。

PHPStat 在鼠标点击图功能的基础上，重点推出了网页覆盖图功能，进一步强化了图形展示用户行为的分析功能。该功能分析独立页面上的链接，通过以往历史数据的积累，分析出页面上每个链接的点击数据。鼠标点击图侧重分析鼠标点击的落点图，而网页覆盖图则是具体到每一个链接，更加直观生动。使得分析人员对页面上的链接点击情况一目了然。与鼠标点击图无缝集成，效果更加直观。

3. 功能特性

（1）访问来源分析模块

来源网站、搜索引擎、广告分析等子模块，提供站外链接导入、搜索引擎导入以及推介网站的导入数据。

（2）访问深度分析

会员与游客、访问数据、访问行为以及地域位置分析等子模块，提供会员访问数据、新增访问者数据、新旧访问者数据、访问深度、访问时间长度，访问者跳出率以及所在的地域位置等数据。

（3）浏览页面分析

网站目录、网站子域名、热门页面、入口、出口页面数据，并提供特有的鼠标点击图和网页覆盖图。

（4）目标转换分析

目标转换分析模块建立目标的分析路径，提供各个路径的转化率以及流失率。

（5）环境参数分析

环境参数分析模块提供客户端各个参数的分析，包含系统语言、系统时区、Java Flash Cookie 状态、操作系统、浏览器、分辨率、屏幕颜色等。

（6）分时数据分析

分时数据分析模块提供日报告、周报告、月报告、年报告等。

（7）SEO 数据分析

数据分析模块提供 Alexa、Google PR、搜索引擎收录、关键字排名。

（8）历史数据分析

历史数据分析模块提供各个报告的历史数据分析，可以独立导出报告。

8.4　网　站　升　级

引导案例

国家药监局信息中心网站升级案例

国家食品药品监督管理局信息中心（以下简称信息中心）成立于 1978 年，是国家食品药品监督管理局直属事业单位。主要负责食品药品监管信息化建设，开展面向政府决策和科技决策的信息研究，承担国家科研项目，进行国内外药品、医疗器械、保健食品等相关信息的收集、研究分析与服务等工作。

国家食品药品监督管理局信息中心现已成为政府决策信息支持中心、食品药品信息数据分析及发布中心、食品药品监管信息化技术支持中心、食品药品信息的检索和咨询中心。可对外提供信息服务的方式包括：网站、光盘、影视、期刊、资料、图书及咨询等。

1．需求分析

随着信息中心网站服务内容的大量增加以及客户数量的大幅提高，目前的网站功能已经无法满足中心的业务拓展需要，并且功能的不完善也导致日常维护工作繁杂，效率较低。中心提出的网站具体需求大致包含以下几点：

（1）用户系统升级

包括增加密码强度检测、定期修改提醒、会员到期提醒、会员资料修改记录、会员登录提示模块、后台会员管理系统以及会员重复登录检测系统；

（2）网站内容管理系统升级

新增全文检索系统、Flash 图片新闻管理系统、Excel 数据导入模块、PDF 文件导入模块、信息特定字段重复检测系统、数据访问统计系统、简繁体转换系统。

（3）前台显示模块

开发模块利用 AJAX 读取 Domino 数据库，可设置读取条件、排序方式等；文章标题长度自适应系统。

2．项目实施

在对信息中心的系统进行全面分析之后，我们采用先后台再前台，分层、分模块的不停机升级模式，项目实施周期为一个月，通过备份的网站系统，搭建测试环境进行升级，同时进行测试，并不断根据信息中心具体需求进行功能完善。

3．项目总结

在实施过程中，项目组不但完美实现了用户的需求，还从专业的角度为信息中心提供方案改进建议，在用户体验、执行效率、搜索引擎优化等各方面为信息中心提供了更优的解决方案。

8.4.1 网站升级概述

网站运营一段时间后，因为网络技术的发展以及网站服务器环境的改变，企业原有网站可能会出现兼容性、整体视觉、功能实现等方面的缺陷。网站升级服务将迅速弥补以上不足。

网站升级与网站维护是两个不同层次的概念。网站维护是对网站的内容做部分的、局部的、微小的修改和完善，它不改变网站的整体风格和主要功能。而网站升级则是对网站整体的改造，是网站新的生命周期的开始。

网站是否需要升级，取决于现有网站的功能、性能是否还能够满足企业和访问者的需要。这需要网站管理人员在日常运营过程中不断收集各种数据，根据网站运营效果与目标的比较，发现问题。

1．网站访问速度

访问者登录到网站时的登录速度是影响访问者满意度的一个重要因素。根据心理学测定：如果人们在电脑前等待的时间超过 30s，就会出现烦躁的情绪。因此，保证在足够短的时间内让访问者看到他想访问的内容，是留住访问者的一个重要手段。

由于网站的访问量持续增加，原有的网络带宽可能不能满足网站流量的需要，这时就考虑升级了。

2．网站业务功能

随着企业业务范围的扩大或业务内容的转变，原有网站提供的业务功能不能满足新业务的需要，需要对网站的业务功能、处理逻辑、应用程序进行重新设计和开发。

3．网站处理能力，并发访问的处理能力

电子商务网站与一般的信息系统有一个显著的区别：网站的访问量会呈现"爆发"式的访问（见图 8-1）所示。

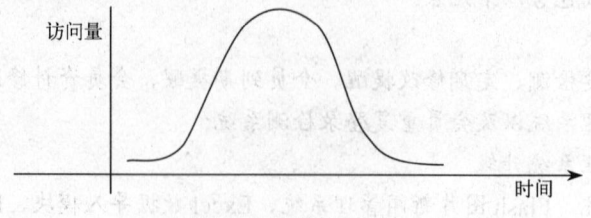

图 8-1　网站访问量

随着网站的推广和应用的成熟，访问量越来越大，"突发"流量也会越来越大，超出了设计的极限，网站就会瘫痪。

4．网站安全性、可靠性

中国有一句老话：树大招风。随着网站知名度的提高，吸引广大客户的同时，也会吸引竞争对手、黑客等的注意力。这时，有意、无意的攻击就会随之而来。

网站管理者应根据网站面临的安全问题和安全隐患，采取新的措施来保证网站的安全。

8.4.2　网站升级的内容

启发案例

近日，宝洁公司"联系+发展"中文网站全面升级，以打造更符合中国创新资产拥有者需求的独特平台。

为了让创新资产拥有者更好地了解宝洁的需要，也让宝洁更便捷地了解他们的需求，"联系+发展"部门对网站的界面进行了优化，网站操作功能将更加便捷，可以让登录用户在第一时间了解宝洁"联系+发展"部门的最新动态。页面新添加了"帮助中心"和"留言板"功能，这两大新增功能会针对用户对网站本身，及与宝洁合作方面的问题，提供最为快捷的帮助。

在考虑网站升级优化的时候，最重要的指导思想就是如何使它让中国用户使用起来更加得心应手，把宝洁"联系+发展"中文网站打造成中国式创新门户，迎接更多的中小企业、科研院校和个人创新专利的所有者，更方便地联系宝洁，共同发展。

宝洁的"联系+发展"就是在开放式创新的模式下，引进外部创新资源，提高宝洁的研发创新效率。而"联系+发展"网站正是实现这一目标的互联网平台，要把它的效率最大化，才能保证创新合作的顺利展开。"联系+发展"中文网站能够切实有效地帮助合作方快速、便捷地达成与宝洁公司的业务交流与合作。

"联系+发展"在全新上线的网站上宝洁列出了其创新需求的清单，将创新合作的邀请延伸到实验室外的社会大众。无论是中小企业还是学校，科研院所研究机构，或者普通个人，无论你是希望向宝洁提交自己拥有专利的创新合作方案，还是正在寻找获得许可使用宝洁的商标、技术等其他创新资产的机会，登录这个中文网站，立刻可以联系上宝洁。

一位登录"联系+发展"中文网站的个体发明者这样说道："我在前天同时给四家公司发去了我的创新方案，没想到宝洁的信息反馈如此之快，今天就回复了，那我就选定宝洁了！" 强大的全球化资源、科学而高效的创新方案处理团队，成熟的市场运作体系，再依托于这个快捷的网站平台，为实现潜在的创新合作创造了可迅捷的可能。

网站升级的内容包括：

1．硬件平台的升级

主要是服务器、带宽、操作系统的升级。

服务器的性能直接决定了网站的访问速度和处理能力。随着网站的运行，业务数据不断积累，访问者人数不断增加，并发访问的数量持续增加，对服务器的存储容量、处理能力、并发访问的要求也不断增加。当服务器的响应时间不能满足访问者需要时，就要考虑服务器升级。

企业 WWW 服务器可以采用自营主机和服务器托管两种策略。

主机托管就是把服务器委托给第三方的 WWW 和电子商务服务商。主机托管是企业电子商务最好的起步方案，它有很多优点：

① 成本低。将网站成本分摊到许多主机托管租用者身上。

② 不间断的技术支持。可以享受网站维护人员高质量的服务。

③ 可靠的服务器。

④ 提供强大的功能。除了提供接入服务外，还可以提供电子商务软件、店铺空间、电子商务经验等。

选择主机托管商时要考虑的因素如下所示。

(1) 可靠性

客户希望网站能够每天 24 小时都运转。当然，没有哪种主机托管服务敢保证永远不出问题，但它们可以依靠技术人员和备用硬件最大程度地解决可靠性问题。

(2) 带宽

主机连接到互联网的带宽必须能够应付交易高峰的负荷。有时服务提供商新增账户的速度比带宽扩展的速度快，结果导致接入瓶颈。在谈判服务合同时，应该要求服务提供商保证带宽和服务响应时间。

(3) 安全性

既然公司的客户、产品、定价和其他信息都交到了服务提供商的手里，那么安全问题就非常重要了。服务提供商应该详细说明所提供的安全类型及实施措施。可以聘请安全顾问来公司监督电子商务运营的安全。

(4) 成本

服务水平不同，定价也不同。了解自己的网站需要哪类服务器硬件和软件，并估计网站可能的交易负荷，是确定价格的重要因素。

如果企业网上业务不断增长，越来越多的交易信息通过网站来完成，并且随着网站的运营，企业也积累了一些网站运营的经验，就可以考虑采用自营主机的形式。大型企业或网上业务量非常大的企业最好采用自营主机的形式，这样既方便网站与企业后台业务数据的集成，保证各种业务数据的及时更新，也保证了企业商务数据的安全保密。

在从主机托管向自营主机的迁移过程中，如何保证业务的不间断服务是企业网站升级必须考虑的问题。

2．WWW 服务器软件升级

WWW 服务器软件功能可以分为：核心功能、网站管理、应用构造、动态内容和电子商务。不同层次的 WWW 服务器软件提供的功能是不同的。

(1) 核心功能

核心功能包括：安全性、FTP、检索、数据分析四项功能。

① 安全性：安全服务包括用户名与口令验证、身份认证、加密、访问控制等手段。同时支持各种安全协议，如 SSL（安全套接层协议）、SHTTP 等。

② 用户可以用 FTP 向服务器传输文件或从服务器获取信息。

③ WWW 服务器可获取访问者的信息，包括谁（访问者的 URL）正在访问网站，访问者浏览网站的时间有多长，每次访问的日期和时间，浏览了哪些页面。这些数据存放在 WWW 运行日志文件里。

④ 通过对日志文件的分析，可以揭示出访问者的很多有用的信息，例如他们喜欢什么不喜欢什么。

（2）应用构造

使用 WWW 编辑软件来生成静态或动态页面。不同的 WWW 服务器软件提供的应用构造功能不同，有些只能提供简单的页面生成工具，有些能够提供强大的开发引擎，创建复杂的动态页面。有些 WWW 开发包软件可创建特殊的页面，这些页面可以识别出正在请求页面的浏览器，并回复一个动态生成的页面，所生成的页面可完全适合此浏览器的独特配置。

（3）网站管理

网站管理工具提供链接检查。链接检查软件可检查网站的所有页面，并报告断开的、似乎断开的或有些不正常的 URL。

（4）动态内容

动态内容是响应 WWW 客户机的请求而构造的非静态的信息。例如，客户在表格中输入订单号查询某订单的执行情况，WWW 服务器就要检索该顾客的信息，并根据找到的信息创建一个动态页面来满足顾客的请求。网站可利用动态网页来吸引顾客，并尽可能长时间留住顾客。动态页面的内容来自企业的后台数据库或网站的内部数据。

WWW 服务器能够访问来自多种数据库的数据，如 Oracle、SQL Server、DB2 等。

（5）电子商务

电子商务软件为用户提供建设企业网站的基本手段，如电子商务模板、商品目录显示、购物车、交易处理机制等。好的电子商务软件可以根据需要生成销售报告，使企业能够随时掌握最新数据，了解哪些商品正在销售、哪些商品非常畅销以及其他销售信息。

电子商务软件还可以自动地重复和更换 WWW 上的广告，可以为广告确定权重，这样可以决定不同广告的播出频率。

3. 数据库升级

随着网站运营，交易数据在数据库中不断累积，对数据库的处理能力（如查询速度、并发访问等）的要求越来越高，需要对数据库管理系统及数据库本身进行升级改造。包括选用功能更强大的数据库管理系统、重新设计数据库、数据库优化等。

8.4.3　网站升级的步骤

网络营销要顺利的开展，网站功能的好坏至关重要。如果你的网站很精美，也推广了，但却没有给企业带来效益，这说明企业的网站只是病态的网站。

根据网站的特点做出系统的诊断，并且制定出适合需要的整体网站优化方案，是企业开展网络营销的根本之道。

1. 网站改版流程

网站改版流程主要包含以下内容：

① 客户所在行业、客户本身深度分析：包括行业特征、客户特征、客户需求、客户企业文化、客户品牌特色、客户宣传战略、客户发展战略、客户管理运营特色。

② 网站目标用户需求调查，通过调查，了解网站目标用户的深度需求、使用趋向、整体偏好。并根据调查结果，制定网站营销报告。

③ 客户原有网站整体诊断、分析，并根据分析结果，简要制订网站诊断分析报告。

④ 就目标用户需求调查与诊断分析报告与客户进行沟通协商，最后确定网站改版的整个方向与进行方式，全面确定网站改版整个流程与有效运行机制。

⑤ 在以上工作的基础上，详细制订网站结构规划、内容定位，并在此基础上编写网站改版方案。

⑥ 就具体实施方案与客户进行有效沟通，确定网站改版的各个具体细节。

⑦ 根据网站改版实施方案，整合组织各部门人员，有效分配和整合资源，对改版项目进行全面的开发建设。

⑧ 对开发整合之后的项目成品，进行功能及运行性能的测试，并通过测试将纠正开发过程可能出现的偏差，修正过后的网站将移植入实际运营环境，继续进行整合测试，直至网站完全开放、发布。

⑨ 针对改版后的网站进行用户满意度调查，及时修改纠正新版网站中不太合理或不足的地方，保证网站最大限度地满足目标用户的所有需求。

2. 网站升级的步骤

（1）定位分析

网站剖析：对网站的自身进行解剖分析，目的是寻找到网站的基础问题所在。

电子商务定位：对企业网站进行电子商务定位，明确网站的位置。

电子商务模式分析：分析网站的电子商务模式，研究与网站相匹配的电子商务模式。

行业竞争分析：行业竞争的情况，行业网站的综合分析。

网站发展计划分析：电子商务网站短期规划与长期发展战略的实施反馈分析等。

（2）网站诊断

网站结构诊断：网站的结构是否合理，是否高效，是否方便，是否符合用户访问的习惯。

网站页面诊断：页面代码是否精简，页面是否清晰，页面容量是否合适，页面色彩是否恰当。

文件与文件名诊断：文件格式，文件名等。

访问系统分析：统计系统安装，来路分析，地区分析，访问者分析、关键词分析等。

推广策略诊断：网站推广策略是否有效，是否落后，是否采用复合式推广策略等。

（3）营销分析

关键词分析：关键词是否恰当，关键词密度是否合理等。

搜索引擎登录分析：采用何种登录方式，登录的信息是否有效。

链接相关性分析：链接的人气是否高，是否属于相关性较大的链接。

目标市场分析：对目标市场进行分析，研究目标市场与营销的关系。

产品分析：分析产品的特性，产品的卖点等。

营销页面分析：营销页面设置的位置，营销页面的内容，营销页面的第一感觉等。

营销渠道分析：所采用的营销之渠道如何，新的营销渠道如何开拓。

后续产品和服务分析：后续产品的开发，服务的情况反馈分析。

价格分析：价格如何，合理性等。

（4）综合优化

网站的架构优化：结构优化，电子商务运行环境优化等。

网站页面优化：页面布局，页面设计优化。

导航设计：导航的方便性，导航的文字优化等。

链接整理：对网站的内外链接进行处理。

标签优化设计：对相关标签进行优化设计。

（5）整合推广

网站流量推广策略：关键还是流量问题，这个过程中会用到许多网络营销方法。

外部链接推广：友情链接策略的使用。

病毒式营销策略：具体的策略需要灵活运用。

其他推广：关注网络变化，开发新的推广手段。

8.4.4　网站升级应注意的问题

绝大多数网站需要 24 小时不间断运营，采取怎样的升级策略，才能尽可能减少网站停运的时间。另外，网站积累了大量的业务数据，保证网站升级后业务数据的充分利用也是要考虑的问题。

1．网站升级的时机

为了尽量使网站的升级不影响网站的正常运营，或者把网站升级的影响降低到最小，下列策略值得借鉴。

（1）选择在访问量最小的时段进行升级工作

一般来说，零点左右是网站访问量较少的时段，可以选择这个时间进行网站的升级。

但是，网站类型不同，网站流量大小的时段也不同，并没有一个严格的时间限制。例如：一些交友网站、游戏网站、聊天网站，可能越是深夜，访问量越多。作为网站管理者来说，平时注意网站数据的收集和利用，发现统计规律，尽量选择自己网站的访问量最低时升级，是不错的选择。

（2）建立备份网站

如果业务非常重要，不允许中断，可以先对原网站做一个镜像网站，把升级阶段的业务转移到镜像网站上去运营，等升级完成后再实现无缝迁移。

但这种方法的成本较高。

2．网站升级的数据保护

在设计新数据库时，要考虑与原有数据库的兼容，尽量使用数据库的功能。

3．网站安全

网站的安全非常重要，如果企业的网站中存在需要授权才能访问的内容，保护好这些内容是网络管理者的责任，使用安全的数据库技术，对关键数据进行加密，过滤用户上传的数据是保证网站安全的重要途径。网站安全性遵从以下规则：

（1）使用安全的数据库技术

目前主流的数据库技术包括 MS SQL Server、Oracle、IBM DB2、MySQL、PostgreSQL，其中 MySQL 和 PostgreSQL 属于开源数据库，其他三种数据库根据不同许可方式有不同的价格。考虑到安全，它们都是非常安全的数据库技术，需要注意的是，我们并不建议采用 Access，首先 Access 是一种桌面数据库，并不适合可能面临海量访问的企业网站，其次，Access 是一种非常不安全性能有待提高的网站数据库，如果您的 Access 数据库文件的路径被获取，人们很容易将这个数据库文件下载下来并看到数据库内的一切内容，包括需要授权才能看到的内容。

（2）用户密码或其他机密数据必须用成熟加密技术加密后再存放到数据库

使用明文在数据库中存储用户密码，信用卡号等数据是非常危险的，即使您使用的是非常安全的数据库技术，仍然要非常谨慎，任何机密数据都应该加密存储，这样即使您的数据库被攻破，那些重要的机密数据仍然是安全的。

（3）密码或其他机密数据必须用成熟加密技术加密后才能通过表单传递

如果您的网站没有使用 HTTPS 加密技术，那您的网站服务器和访问客户之间的所有数据都是以明文传输的，这些数据很容易在交换机和路由器结点的位置被截获，如果您无法部署 HTTPS，将所有机密数据加密后再通过网络传播是非常有效的办法

（4）密码或其他机密数据必须用成熟加密技术加密后才能写入 Cookie

很多网站将用户账户信息写到 Cookie 中，以便用户下次访问时可以直接登录。如果用户账户信息未经加密直接写到 Cookie 中，这些数据很容易通过查看 Cookie 文件获得，尤其当用户和别人共用计算机的时候。

对于访问者提交的任何数据，都要进行恶意代码检查虽然我们要信任用户，但在网络中，我们必须假设所有用户都是危险的，如果您不对他们提交的数据进行检查，就可能出现 SQL Injection，Cross-site scripting 等安全问题。

（5）网站必须有安全备份和恢复机制

任何网站都可能发生硬件或软件灾难，导致网站丢失数据，用户必须根据网站的规模和更新周期，定期对网站进行安全备份，在灾难性事故发生以后，备份恢复机制需要在很短的时间内将整个网站恢复。需要注意的是，一定要对备份恢复机制进行测试，保证备份数据是正确的。

任何网站都可能发生硬件或软件灾难，导致您的网站丢失数据，您必须根据您网站的规模和更新周期，定期对网站进行安全备份，在灾难性事故发生以后，您的备份恢复机制需要在很短的时间内将整个网站恢复。需要注意的是，您一定要对您的备份恢复机制进行测试，保证您的备份数据是正确的。

（6）网站的错误信息必须经过处理后再输出

错误消息常常包含非常可怕的技术细节，帮助黑客攻破您的网站，您应当对网站底层程序的错误消息进行处理，防止那些调试信息，技术细节暴露给普通访问者。

本章小结

本章系统介绍了网站投入运营后，为了保证网站能够实现设计目标所做的维护和管理工作。网站日常维护工作包括网站所有构成要素的维护，重点是内容的维护。网站评价能够让网站建设者发现网站存在的问题，找到网站需要改进和完善的地方，便于网站不断完善。在网站评价中，重点要掌握网站评价的指标。网站运营一段时间后，如果维护不能解决网站的问题，就需要对网站进行全面升级了。

习题

1. 请分析网站维护的内容有哪些？
2. 网站内容维护是非常重要的工作。请结合实例来分析网站内容维护的工作。
3. 网站评价的目的是什么？如何进行网站的评价？请给出一个网站评价方案。
4. 什么时候需要对网站进行升级？

第 9 章 网站建设实例 "我的农场"

🌐 **学习目标**

本章给出了一个具体的网站设计案例,通过学习,要达到:
① 全面掌握一个网站建设的全过程;
② 理解每一个阶段的任务、内容、方法;
③ 掌握设计文档的撰写方法。

9.1 系 统 背 景

本章介绍了"我的农场"网站的开发和推广的全过程。从商务模型分析、系统分析、系统设计、推广方案等方面阐述了整个网站的规划设计与推广过程。网站开发成功后可以实现对"我的农场"进行全方位网络宣传和管理。

旅游电子商务的出现是新世纪旅游业的曙光,不仅可以提高效率、降低成本、寻求新的利润增长点,而且可以增强企业的竞争力,保持持续高速的增长,从容应对国际旅游机构的竞争。旅游电子商务将为旅游企业提供电子商务应用操作平台,在这个平台上轻松完成旅游产品的设计和供应商采购,同时对外进行宣传推广和在线销售报名,还可以进行内部的业务交流与合作,保持旅游业务的高效顺畅的运营。

中国在线旅游和预订市场发展将呈现以下五大趋向:

趋向 1:旅游消费观念不断转变,散客自助游市场迅速扩大。

旅游观念从传统满足观光游览需要的"到达型旅游",转变为对"舒适、自由"有较高要求的"个性化旅游","自助游"迅速成为旅游市场上的主导形式。网络旅游服务商提供的网上在线自主选择和订购服务形式最适合此类消费需求。

趋向 2:同质化竞争困境将有所改善,差异化竞争逐渐形成。

目前在线旅行预订网站的致命问题是同质化竞争。但随着各家旅游预订网站对资源把握力度的差异化,旅游预订市场差异化竞争将逐步形成。

趋向 3:度假产品将成为在线旅行预订市场增长最快的业务。

订房市场收入份额逐步降低,度假产品将成为在线旅行预订市场增长最快的业务。

趋向 4:全网络旅游需求与服务模式将成为未来旅游发展的新方向。

消费者将不仅仅通过网络进行交通、住宿的预订和景点信息查询,全网络旅游需求与服务模式将成为未来旅游的发展方向，以休闲游为主导的旅游群体将逐渐把"吃、住、行、游、购、娱"几大旅游环节需求的服务需求转移到网络上来实现。

趋向 5：旅游搜索引擎将成为衔接终端消费者与旅游供应商的需求的重要途径。

旅游产品的在线分销新模式，以高效率和高品质的优势，为用户提供了更为方便和有价值的服务。已经有越来越多的传统旅游供应商认识到了旅游搜索引擎的商业服务价值，从而开始多方寻求机会合作。用户的品牌注意力和品牌忠诚度的培养也在不断加强。

CSA 是 Community Supported Agriculture 的缩写，通常被称为"社区支持农业"或者"社区支援农业"。其定义是：一种在农场（或农场群）及其所支持的社区之间实现风险共担、利益共享的合作形式。消费者成为农场的用户，并且承诺在农场整个的生长季节给予支持。用户支付预定款（按照季节或者月份支付），而农场提供新鲜安全的当季农产品作为回报，直接运送给订户或分配给销售网点。社区支持型农业的核心是利益和风险共担，即消费者预付定金，享受优质的农产品并且分担农作物种植失败的风险。

CSA 作为一种正在发展的社会运用，推行的是有机食物生产及健康的生活方式，它把社区里的消费者和当地的农场或者农民有机地结合在一起，使本地经济、生态环境和人们之间的关系得到可持续性的发展。

对于首都来说，农村是其可持续发展的战略腹地，是建设"人文北京、科技北京、绿色北京"的资源支撑区。在首都实践和推广 CSA 的理念，对于首都农村发展具有重要的意义。

一是具有较强的示范带动作用。CSA 作为一种新型的社会发展运用，强调的是对于价值观和健康生活的理解，其在首都的成功实践，将有助于其在全国范围内的推广。二是符合首都农业发展的战略。目前，首都正在大力发展都市型农业，在这一点上，CSA 的理念与都市型农业的休闲农业与高科技农业相一致，都致力于健康农业的发展思路。三是对于城乡一体化发展的作用。目前，北京正努力建设和谐社会首善之区，并提出率先在全国实现城乡一体化发展，CSA 发展的理念以及其在城乡人际关系方面的改善对于北京推动和谐社会、城乡一体化发展方面具有重要的意义。四是首都推行 CSA 具有良好的基础。

CSA 作为农业可持续发展的一种理念形式，与我国目前实施的健康农业、有机农业、可持续农业等农业发展理念是相一致的，在农村发展以及城乡统筹发展政策上，这种方式可以看做是目前"城市反哺农村"号召的具体化，因而值得我们期待和尝试。

现代人的生活节奏越来越快，城市化的进程越来越快，人们整日忙碌在车水马龙的大城市里，逐渐地忘记了大自然。但是，近几年，随着人们亲近自然的意识增强，郊区游、自驾游、农家乐等项目逐渐流行，可以看出，人们还是很向往大自然的。基于此，"我的农场"也就应运而生了。从题目可以看出，本网站的中文名为"我的农场"，域名为（www.myfarm.com）。之所以选择此题，是因为我看到了此类网站在国内市场的空白，通过规划设计与推广，我想打造这样一家公司，为顾客在线提供土地（大棚）的租借使用，使顾客可以随意在自己租的土地（大棚）上种植自己想种的农产品（水果、蔬菜、谷物等），实现自给自足（种田 DIY），既是度假放松、休闲娱乐的好选择，又能体验自己种地的乐趣，最主要可以品尝到自己种的农产品，体验满足感、成就感，在亲近大自然的同时，使自己的身心得到放松，争取在将来可以听到这样的话"送你一块地"，"走啊，去我的农场看看！"。

为了更好地占领市场，为客户提供服务，"我的农场"除了要与实体场地交相辉映，提高服务质量以外，还应能及时准确的获取市场的各种信息，扩大"我的农场"的宣传力度，并能为客户提供"一站式"便携服务。

这样，建立"我的农场"电子商务网站，通过计算机实现大棚（菜棚）预订、农家院预订、客户服务便成了"我的农场"的迫切需要。

9.2　商务模型分析

9.2.1　电子商务网站经营战略与目标

"我的农场"网站采用 B to C 模式 ，面向消费者。

规模效应是提高旅游电子商务公司品牌竞争力的重要因素，因此"我的农场"采取连锁的扩张策略。当进入一个城市时，先建立一个农场，等规模扩大之后，再考虑在这个城市扩建另一个农场，直到饱和为止，依此类推。渐渐地，把农场区域扩大到整个国内市场。在建农场时，看重的是为旅客提供方便，邻近交通中心、工业园区、商业中心，或者当地较好的住户娱乐区。

"我的农场"网站的商务目标是做成国内著名的"数字化农场"。用户可以在网站上实现大棚（菜棚）的预订，在线下去种，当用户来到在"我的农场"上预订的大棚时，还可以享受农家乐，享受"你挑水来我浇园"的浪漫。

"我的农场"网站的功能目标是实现种田信息化，实现电子商务，用户可以直接通过 Internet 轻松获取信息，预订大棚。如果自己在预订之后没有时间来打理，还可以在线托管，我们可以帮您照顾农场，免去了您的后顾之忧。

9.2.2　主要商品和服务的项目

"我的农场"经营主要是大棚租赁，而在线预订是这种产品租赁的主要方式。

大棚作为农场的特殊产品和主要产品，它不能移动，也不能存储，必须采用各种方式和手段尽可能地把大棚租赁出去。电子商务是旅游业最好的一种经营手段，它通过网络预订的方式可以在全球范围内进行大棚租赁，实现异地租赁。

"我的农场"的产品主要是大棚，都是服务型的产品，客户必须到农场后才能消费并获得服务。客户与农场之间的交易也就是一种服务交易，农场开展电子商务就是通过网络和电子的手段去实现这种交易。

9.2.3　商务模型

"我的农场"为顾客提供在线租赁大棚（菜棚）的服务，客户在网上预订完之后，就可以在规定的时间内去种，体验种田的乐趣了，实现种田 DIY、种田信息化，同时，"我的农场"还是集吃、住、喝、游为一体的农家休闲场所，是度假、休闲的好选择。

"我的农场"采用集团化统一管理模式。集团化的模式就好比是信息共享，达到客源最大化。首先是能搭建一个稳定、安全、开放的信息化平台，实现多种管理模式下的管理、控制功能，实现连锁经营。

1．核心业务

"我的农场"的核心业务就是大棚的在线租赁，通过大棚的在线租赁，来获得主要收入，同时，当顾客来到实体店之后，还要收取住宿和餐饮的费用。

2．受众群体

"我的农场"的受众群体主要是城市白领、老年人，这种人群的一个显著特点就是久居城市，想去农村呼吸新鲜空气，而且既有钱又有时间。

3．商务模型的收益模式

① "我的农场"最主要的收益就是来自客户预订大棚的收益，客户要想自己种田，就要支付相应的费用，包括租借费，管理费等。

② "我的农场"另外两个主要收益就是农家院和农家美食。一般预订大棚的客户全都是利用周末的空闲时间前往大棚所在地，除了享受自己种田的乐趣之外，可能还要住住农家小院，品尝一下农家美食。这样，农家院和农家美食又可以获得一部分收益。

③ "我的农场"除了可以实现上述功能外，它还是集吃、住、喝、游为一体的综合休闲场所，在这里，客户可以体验农家乐的乐趣，比如"我的农场"就设置了垂钓、采摘、康体活动等，以此来带动客户前来光顾，刺激消费。

④ 不同城市的农场可在不同时间根据本地的实际情况，推出各种各样促销活动，吸引消费者，实现收益。

9.2.4 竞争性分析、竞争策略与技术设想

1．竞争性分析

目前北京有一家公司，是由一名人大博士生组织的，目前正处于开始招募志愿者和农户阶段，可以说是初级阶段。下面就来说说"我的农场"和这个网站的区别。

① 对手的网站做得很简单，白色为主色调，不吸引人，给人的感觉就是单调，不靠谱。

② 他在线采购的只是种子，没有涉及大棚之类的产品，而我的在线预订是大棚。

③ 他没有农家乐的一些内容。

④ 没有实现真正的电子商务。

⑤ 没有形成统一的规模，没有规模化、规范化，也没有合理的售后服务和保障。

"我的农场"的优势：

① 把大棚规模化、规范化、集成化，更方便客户查找适合自己的大棚。

② 把预订功能实现信息化，实现在线预订，更方便客户预订大棚。

③ 利用互联网实现电子商务，更有利于培养忠诚的客户。

④ 完美的售后服务和保障，打消了客户的后顾之忧。

2．制订相应竞争策略

① 采用集团化统一管理模式。集团化的模式就好比是信息共享，达到客源最大化。

② 提供优质的服务。

③ 在选址上，"我的农场"看重的是为旅客提供方便，邻近交通中心、工业园区、商业中心，方便到达。

④ 利用会员卡、800 电话、网上预订等资源，实现信息化便利。

⑤ 网站界面友好温馨，让客户可以感受到亲近大自然的感觉。

⑥ 实现在线支付功能和全站搜索功能。

⑦ 开展网上调查，利用网络进行调研活动是非常方便和有效的。

9.3　网 站 分 析

9.3.1　确定网站访问者及其特点

① 用户：关心大棚、农家院、农家美食信息，企业形象及优势，预订价格，"我的农场"的主要功能。

② 会员：关心大棚、农家院、农家美食信息，会员福利，促销活动，"我的农场"的主要功能。

③ 潜在用户：关心企业形象及价格。

④ 管理中心：关心客房信息，预订信息，各个直营店信息，客户信息，反馈信息等所有与网站相关的信息。

9.3.2　需求分析

需求分析阶段是"我的农场"管理系统开发最重要的阶段。开发者首先要了解和澄清用户的需求，然后严格地定义该系统的需求规格说明书。这里我们将需求分析分为三个方面，即功能需求、性能需求和信息需求。

1. 功能需求

（1）客户功能

① 浏览"我的农场"公布的信息；

② 注册成为会员；

③ 查询"我的农场"最新大棚、农家院、农家美食信息；

④ 了解"我的农场"的主要功能；

（2）会员功能

① 浏览"我的农场"公布的信息；

② 了解会员福利，促销活动；

③ 预订大棚；

④ 查询预订结果；

⑤ 修改或取消订单；

⑥ 修改会员资料；

⑦ 支付费用；

⑧ 查询作物状态；

⑨ 在线托管。

（3）直营店功能：

① 更新大棚资料；

② 发布最新大棚信息；

③ 获取部分预订信息；

④ 查询会员资料；

⑤ 推出促销活动。

(4)"我的农场"管理中心功能：

① 管理直营店信息；

② 发布最新大棚信息；

③ 确认和管理订单；

④ 会员管理；

⑤ 处理客户的预订需求、查询需求、取消需求等；

⑥ 管理"我的农场"网站的运行。

2. 性能需求

为了保证系统能够长期、安全、稳定、可靠、高效的运行，预订系统应该满足以下性能需求：

① 用户界面清新、自然。由于"我的农场"就是要给客户一种轻松、愉快的感觉，让客户仿佛身处大自然之中，享受大自然的清新、自然，享受那种悠然自得的心情，因此网站的主题风格也应该突出清新、自然的感觉。

② 信息和窗口的可访问性。作为一个服务性系统，顾客参与到系统中来就是因为其有预定大棚的需求，而且以旅游人士居多。此类客户往往看重时间和效率。因此，系统信息窗口一定要保证良好的可访问性。否则，将会丢失大部分重要客户。

③ 系统处理的准确性和及时性。系统处理的准确性和及时性是系统的必要性能。在系统设计和开发过程中，要充分考虑系统当前和将来可能承受的工作量，使系统的处理能力和响应时间能够满足用户需求。

④ 系统的易用性和易维护性。中央预订系统是直接面对客户的，而使用人员往往对计算机并不时非常熟悉。这就要求系统能够提供良好的用户接口，易用的人机交互界面。针对用户可能出现的使用问题，要提供足够的在线帮助。

⑤ 系统应安全可靠。

3. 信息需求

(1) 用户信息需求

① 网站功能说明；

② 大棚、农家院、农家美食目录、预订情况、订单状况、作物状态；

③ 促销信息；

④ 会员管理信息。

(2) 管理员信息需求

① 用户个人信息；

② 用户反馈信息；

③ 预订信息；

④ 各个直营店信息。

9.3.3　系统分析

需求分析完成后，接下来的工作是对系统进行分析，即对系统建模。因为UML很适合于对逻辑数据库模式和物理数据库模式建模，所以我们对系统进行 UML 建模。下面是"我的农场"预订系统的 UML 建模过程。

1．用例识别

（1）客户：浏览网站信息、查询大棚信息、注册会员、登录/退出。

（2）会员：浏览网站信息、了解会员活动、预订大棚、查询预订结果、修改或取消订单、修改会员资料、支付费用、查询作物状态、在线托管、登录/退出。

（3）直营店：更新大棚资料、获取预订信息、查询会员资料、推出促销活动、登录/退出。

（4）管理中心：管理直营店信息、发布最新大棚信息、确认和管理订单、会员管理、处理客户的预订需求、网站运营管理、登录/退出。

2．角色识别

（1）系统的主要操作者是谁

客户、会员、直营店、管理员。

（2）系统主要为谁服务

客户、会员、直营店。

（3）系统的日常工作由谁维护

管理员、直营店。

（4）系统要和哪些其他的系统交互

支付系统。

（5）谁最关心系统的输出结果

客户、会员、直营店、管理中心。

3．用例图

系统的用例分析是 UML 建模的第一步。在上一节需求分析中，我们已经确定了"我的农场"预订系统的各功能模块（用例），涉及客户功能、直营店功能、管理中心功能等。用例识别和角色识别中也以及明确了系统涉及的用例与角色。其用例图如图 9-1 所示。

上述用例图标记了"我的农场"预订系统的所有用例，并且形象地描述了各用例与用户角色之间的关系。用例图所表示的各用例的作用以及各用户角色的权限因篇幅所限不再赘述，请读者参看上一节的需求分析部分。

4．用例描述

用例描述了系统做什么，但它只是显示了参与者与用例之间的关系，没有规定怎么做，这些信息用例描述可以说明。用例描述可以采用文字方式对预订系统用例进行描述：

预订系统"查询预订结果"用例描述

（1）前置条件

由于在线查询或修改订单仅限会员所拥有，因此，在用例"查询预订结果"和"修改/取消订单"开始之前，用例"大棚预订"和"会员登录"必须完成。

（2）后置条件

如果这个用例成功，会员的订单信息被查看、修改、删除或打印。否则，系统的状态没有发生变化。

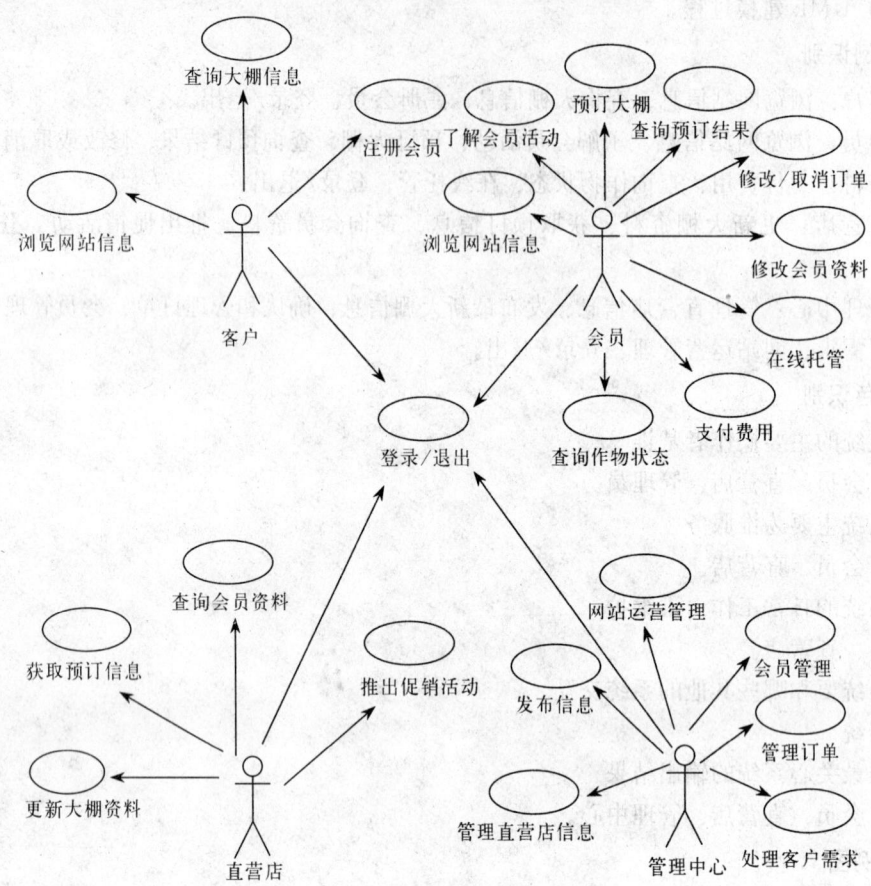

图 9-1　用例图

9.4　系统设计

9.4.1　网站软硬件平台设计

1. 网站硬件总体结构设计

硬件配置主要是客户端硬件的选择。"我的农场"网站的硬件配置要根据用户对系统的稳定性要求、系统的容量、系统的吞吐量以及用户的维护水平来确定。

（1）客户端硬件选择

可以根据稳定性要求选择不同的客户端硬件。一般情况下，对客户端硬件的要求不高。如表 9-1 所示。

表 9-1　"我的农场"网站客户端硬件的选择

用　户	稳定性要求	备选客户端
农场系统管理员客户端	中	Pentium 4/256MB/20GB
直营店客户端	中	Pentium 4/256MB/20GB

（2）Web 服务器

选用 WWW 服务器，也称为 Web 服务器（Web Server）或 HTTP 服务器（HTTP Server），它是 Internet 上最常见也是使用最频繁的 服务器之一，WWW 服务器能够为用户提供网页浏览、论坛访问等服务。

（3）应用服务器

由于网站是上百家直营店的预订中心，预期大量用户访问与网上预订。因此选用 IBM 的 WebSphere 应用服务器，此服务器负载平衡和集群支持的功能相对强大。

（4）数据库管理系统

选用 Microsoft SQL Sever。Microsoft SQL Sever 具有下列特点：

① 有很好的数据库管理系统成熟程度，文件系统和关系数据库管理系统都比较成熟。

② 价格适中。

③ 适于开发人员开发

④ 选用 Microsoft Windows 2000 操作系统，所以它与操作系统关系兼容。

2．网站运行环境

服务器 CPU：3.0GHz 以上；内存：1GB 以上。

服务器操作系统：Windows 2000 Advance Server。

服务器数据库系统：Microsoft SQL Server 2000。

3．网站开发环境及工具

CPU：1.7GHz 以上；内存：256MB 以上。

开发操作系统：Windows XP。

前台——Dreamweaver。

后台——JSP 技术。

JSP 服务端测试：Tomcat+J2sdk1.5。

数据库管理系统——SQL Server 2000。

9.4.2　网站信息组织

本网站将严格按照各种信息的逻辑关系，将信息组织并分类，既方便用户的在线浏览与查找，又方便用户对各类信息进行性价比。

网站的信息分为以下几大方面：

① 预订单元信息包括：直营店分布、大棚目录、预订情况、订单、订单状态。

② 会员、直营店管理单元信息包括：会员资料、直营店资料。

③ 网络营销单元信息包括："我的农场"Logo、关于"我的农场"、促销信息、帮助信息、广告。

而"我的农场"网站的信息组织主要是指大棚信息的组织形式，大棚信息即农场分布信息和大棚目录信息，这些信息采用混合分类法：其中包括面分类法，线分类法.组织逻辑设计如下：

1. 线分类法

按选定的若干属性（或特征）将分类对象逐次地分为若干层级，每个层级又分为若干类目的分类方法。同一分支的同层级类目之间构成并列关系，不同层级类目之间构成隶属关系。

这里将农场分布按线分类法分类：省→市→县区→地理位置

例如：

① 按省（自治区、直辖市）分：北京、上海、天津、江苏、浙江、陕西、山东、四川、安徽……

② 省（自治区、直辖市）内按市（区）分：

例如，北京：密云、平谷、怀柔、顺义、大兴、房山、门头沟、昌平、延庆……

③ 市（区）内按地理位置分：由于农场的建设跟地理位置有很大关系，所以基本上每个郊区县只有一个就够了。但就北京而言，有可能按在北京城区的位置建设一个农场，例如：北京东北部就设密云一个农场，西南部就建设一个房山农场。

2. 面分类法

面分类法是根据概念的分析和综合原理编制的分类法，又称分面分类法、组配分类法。

按选定的若干属性（或特征）将分类对象按每一属性（或特征）划分成一组独立的类目，每一组类目构成一个"面"，再按一定顺序将各个"面"平行排列，使用时根据需要将有关"面"中的相应类目按"面"的指定排列顺序组配在一起，形成一个新的复合类目。

农场的大棚目录按面分类法：

例如：

大棚可以分为：2 垄（畦）单独棚、4 垄（畦）单独棚、6 垄（畦）单独棚、8 垄（畦）单独棚，或者可以在一个大棚中分为若干个垄（畦）。

9.4.3 网站信息显示形式或获取形式设计

网络营销单元中关于"我的农场"、企业动态、行业新闻、促销信息、广告等动态信息主要是由管理员后台添加为主，由系统管理员进行总体维护，各直营店也可添加部分信息。依照更新的时间从近到远以滚动条的形式展示给用户。

会员、直营店管理单元信息在会员、直营店初次注册时生成，存在后台数据库中，由系统管理员维护，会员可以通过前台视图方式查询个人信息，并进行修改。直营店可以修改本店资料，也可查询会员信息，但没有修改权限。

预订单元：大棚信息目录由后台管理员和各直营店添加，由管理员维护。这些信息属于网站核心信息，在网站首页显示信息模块。预订情况、订单、订单状态等信息的采集主要以在用户数据库的处理为主，保存在后台数据库中，由后台管理员和各直营店处理和维护。

9.4.4 网站内容设计

1. 网站栏目版块

头板块：包括 Logo、导航栏、搜索引擎、登陆注册等。

用户板块：会员中心，包括用户的所有信息，并且有更改、注销的功能。

新闻板块：包括关于"我的农场"、企业动态、行业新闻、促销信息等。

预订板块：包括农场分布、大棚目录、预订通道等。

邮件板块：在收到订单之后自动向用户发送电子邮件进行确认。

帮助板块：包括客服、线路中心、休闲娱乐。

底板块：包括联系我们、预订电话、帮助信息、友情链接、招贤纳才等信息。

后台板块：管理网页中的所有信息。

2．网站静态内容

本网站的核心功能为大棚的预订，同时实现企业的网络宣传和网上营销功能。其中静态内容包括：Logo、在线预订大棚（菜棚）、农家小院、美食天地、会员注册、关于我的农场、休闲娱乐、状态查询、论坛、客服中心、线路中心。

3．网站动态内容

因为本网站的核心功能为大棚预订，因此网站大部分的内容都是动态内容。动态内容主要包括大棚信息，直营店信息，会员资料，订单信息等。

9.4.5 对象模型设计

1．设计顺序图（见图 9-2~图 9-4）

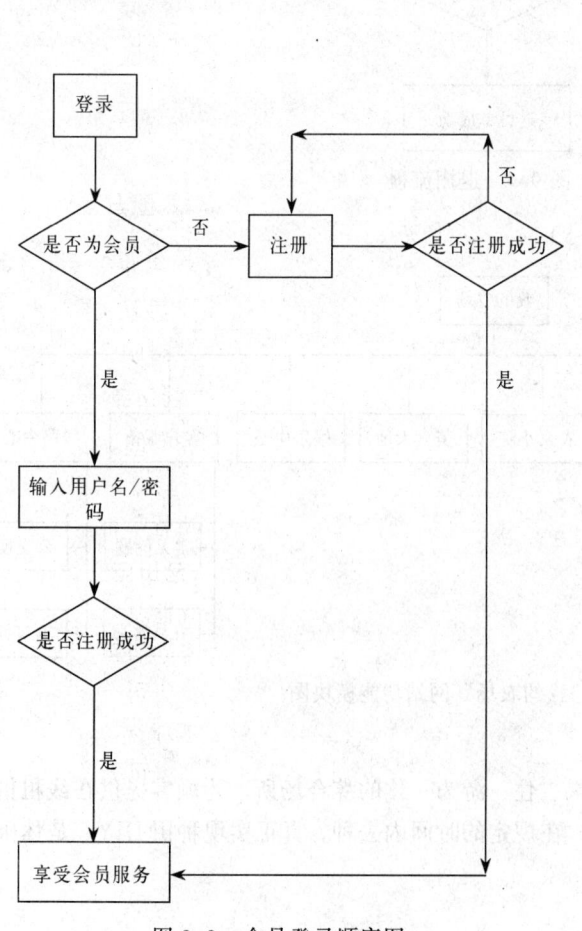

图 9-2 会员登录顺序图

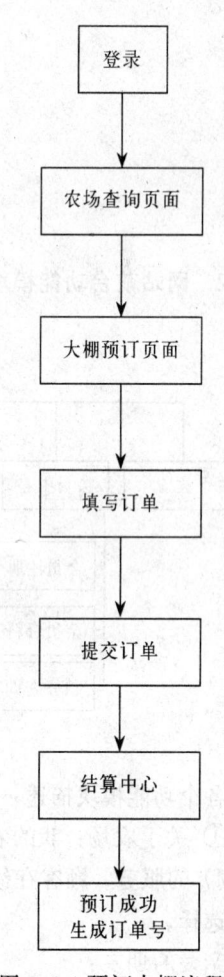

图 9-3 预订大棚流程图

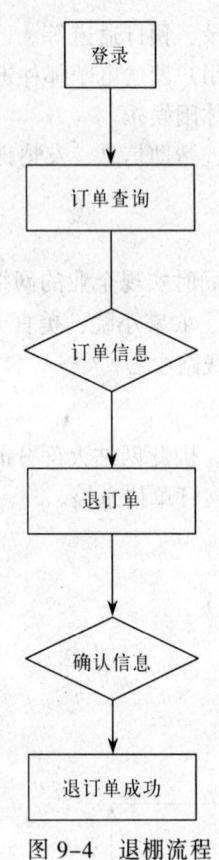

图 9-4　退棚流程

2．网站前台功能模块图（见图 9-5）

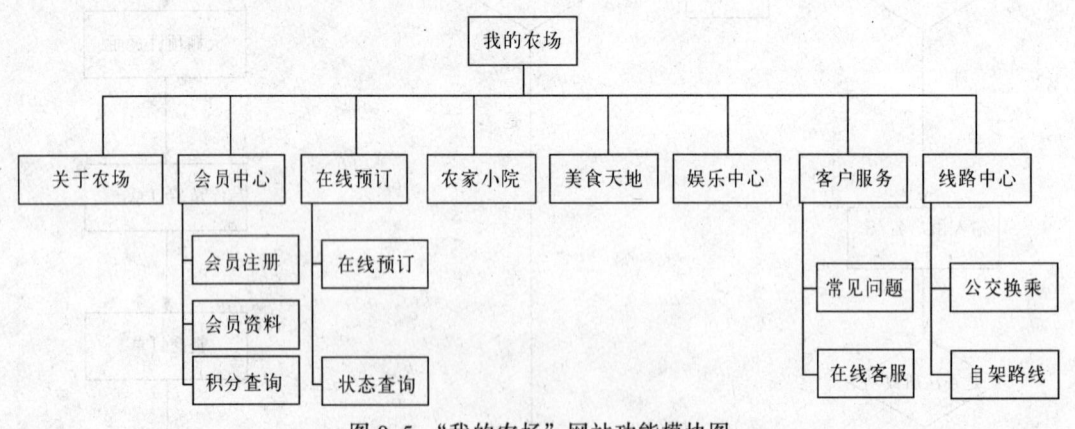

图 9-5　"我的农场"网站功能模块图

各个功能模块描述：

① 关于农场：我的农场是集吃、喝、住、游为一体的综合场所，为顾客提供在线租借大棚（菜棚）的服务，顾客在线预订完之后，在规定的时间内去种，真正实现种田 DIY。是休闲娱乐的好选择。

亲爱的朋友：

您是否因为紧张的工作而倍感疲乏，想放松身心缓解压力却苦于无地可去，无法可施？

您是否想与亲密恋人一起享受"你挑水来我浇园"的浪漫？

您是否想在周末带上妻子儿女一起去郊游，却已游遍附近的山山水水？

您是否想带上退休的父母一起过个快乐的周末，让父母感受到你的孝心，享受儿孙承欢膝下的天伦之乐？

那么请来加入"我的农场"吧。

现在的都市白领由于生活和工作的压力大，常常会找各种方法放松自己，而过一过健康轻松的田园生活，是很多都市白领的梦想。可是到哪里去找一块属于自己的地呢？那么就到"我的农场"来吧！"我的农场"在全国各地均有地，愿意与大家一起分享。

如果你是单身贵族，平时感觉很无聊，想试一试这种"另类玩法"，那么就可以到我们的"单身家园"里来认领一块地。到周末的时候在这块地里种上一些自己喜欢的蔬菜瓜果，既锻炼了身体更缓解了工作压力，使身心都得到了调整。"采菊东篱下，幽然见南山"。何乐而不为呢？

如果你有男（女）朋友或爱人，想找一个新鲜的约会场所，想一起到乡间田园享受一下新的浪漫，那么请到我们的"二人世界"里认领一块地，做一对人人羡慕的"情侣农民"。到周末的时候两人牵手在田间，一起将菜种埋进土里，就像将爱情的种子也埋进了土里，再一起照管它，看着他发芽、开花、结果，这种浪漫一定会让你铭记终身的！而其中的甜蜜不是亲身经历的人是感受不到的！

如果你有一个三口之家或是三代同堂，也可以到我们的"全家乐"里认领一块地。可以教教孩子一些农业知识，让孩子体验一下乡村的乐趣，还能锻炼孩子吃苦的精神。父母辛苦一辈子，现在退休了，平常做儿女的也没有时间陪陪他们，现在可以趁此机会承欢膝下，也让父母舒活舒活筋，增加退休生活的乐趣。一家人其乐融融，一起播种、施肥、拔草、采摘，多么和谐的一幅"全家乐"呀！

我们已将一大块地分割成了很多一小块一小块的，每块 $10\sim66\text{m}^2$，你可以根据自己的需求选择地块的大小，还可以给自己的地块取一个好听的名字，比如："孤星园"、"男耕女织"、"袁家菜园"、"东北棚"等。你还可在朋友、爱人或父母生日快到的时候，"认养"一块小田地当做"宠物"一样送给他们，然后种植他们喜欢吃的西瓜、番茄、草莓等，这些普通的瓜果加入浪漫和亲情的因素后，立刻变得意义非凡了。

如果你想成为我们"我的农场"的"周末农夫"，那就赶快加入我们吧！

② 会员中心：这一模块主要包括会员注册、会员资料、积分查询、促销活动等。

③ 在线预订：这一模块是整个网站的核心模块，主要包括在线预订、状态查询、在线托管等功能；这里设置在线托管就是考虑到顾客在预订完之后，可能会没时间来种，所以我们就设置此功能，帮助没时间来种的朋友。

④ 农家小院：这一模块主要描述农家小院的种类和提供在线预订功能。比如：有标准间、商务间、豪华间等。

⑤ 美食天地：这一模块主要描述农家美食的种类和提供在线预订美食的服务。比如：可以按菜数的多少进行分类；我们为您准备的都是纯天然、无污染的绿色食品、正宗的农家粗粮、山野菜和地道的柴鸡等农家特色菜肴。

⑥ 娱乐中心：主要包括垂钓、采摘、康体活动等。

⑦ 客户服务：主要是提供预定前的咨询和帮助预订工作，预订后的售后服务、客户投诉等。

⑧ 线路中心：主要包括自驾游和公交换乘。设置这一模块，主要考虑到由于"我的农场"都是设置到郊区，可能离市区比较远，所以就提供路线，方便顾客找到"我的农场"。

9.4.6 导航系统设计

1. 描述每一功能模块典型访问者的导航需求

无论哪个模块，都要有到达网站首页目录的导航。

大棚预订模块：访问者需要对本网站提供的服务进行详细的了解和选择。在选择服务的过程中他们需要查看"我的农场"分布，了解促销信息，查询大棚，登录，填写订单，修改订单，进行在线提交。

会员中心模块除了应该有会员随时登录，查询"我的农场"、预订大棚的导航外还应该有帮助中心的链接。

2. 阐述每一功能模块中的导航策略

在每个模块的页面上方固定位置采用全局导航，引导用户对整个网站内容做横纵向浏览，使用户很方便地在不同主要模块之间跳转。

在在线预订、会员中心模块的所有页面左边统一设置登录信息，快速预订通道两个功能链接，便于客户随时预订。

因为大棚预订是本网站的核心功能模块，所牵扯到的功能比较复杂，因此在此模块的各个页面中还应设置必要的模块内部导航和通向一些功能的快速通道，例如推荐大棚查询，促销活动查询等功能。

具体例子有如下几种：

1. 主页（见图 9-6）

图 9-6　主页

2．**在每个页面上方都有全局导航条**（见图 9-7）

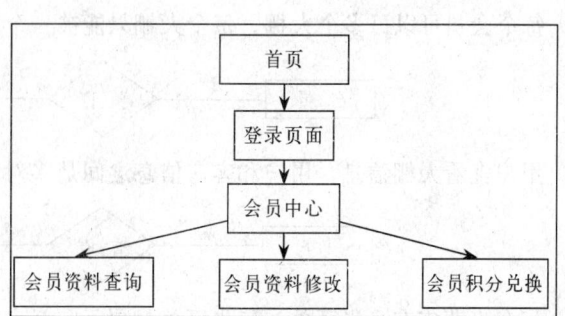

| 关于农场 | 会员中心 | 在线预订 | 农家小院 | 美食天地 | 娱乐中心 | 客户服务 | 线路中心 |

图 9-7　导航条

3．**主页登录/注册页面**（见图 9-8）

图 9-8　登录/注册页面

9.4.7　页面流程设计

1．**大棚预定模块**（见图 9-9）

2．**会员中心模块**（见图 9-10）

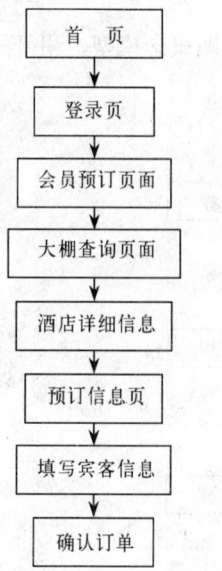

图 9-9　预订功能主要页面流程图　　　　　图 9-10　会员中心主要页面流程图

9.4.8 数据库设计

1．数据库的选择

选取 SQL Sever 2000 数据库，一是它能满足应用功能的需求；二是具有良好的数据库性能。所谓满足应用功能需求，主要是指用户当前和可预见的将来应用所需要的数据及其联系应全部、准确地在数据库中，能够满足用户应用中所需要的对数据的存、取、删、改等操作。并且 SQL Sever 2000 有良好的数据库性能，对数据的高效存取和空间的节省，并具有良好的书据共享性、完整性、一致性和安全保密性。

2．数据库的需求分析

网站的数据库涉及会员管理、直营店、大棚预订三个主要功能模块。

① 会员管理：会员信息在新店正式开业后登记数据库，由网站（预订中心）系统管理员完成，系统管理员可以对会员信息进行修改和删除。系统管理员和各直营店管理员可以查看会员信息。会员可以对个人的部分信息进行修改。

会员信息包括：会员账号、密码、身份证号、姓名、性别、信用卡号、联系方式、积分。

② 直营店管理：直营店信息在新店正式开业后登记数据库，由网站系统管理员完成，系统管理员可以对直营店信息进行修改和删除。各直营店管理员可以查看本店信息，并可对部分信息进行修改。

③ 大棚信息包括：大棚编号、类型、价格、状态。由各个直营店发布客房信息，系统管理员负责维护大棚信息。用户可以查看大棚信息。

大棚类型信息包括：类型编号、类型名称、价格。

④ 预订信息：预订信息在用户完成网上大棚预订后生成订单信息。由系统管理员负责维护，由各个直营店进行处理。会员有修改和取消订单的权利。

① 会员预订：会员账号、预住大棚号、人数、价格、预订日期、总金额等。

② 非会员预订：（暂不提供此功能，只支持会员预订）。

3．数据库的概念设计

概念设计是按照特定的方法设计满足应用需求的用户信息结构即概念模型，用 E-R 图表示。首先分析实体集、联系及联系方式。

① 每个大棚属于一个直营店，一个直营店有多个大棚：

② 每个会员可以订多个大棚，每个大棚只能被一个用户预订：

③ 用户查看大棚信息，用户和客房信息之间是多对多的关系：

④ 每个直营店有多张订单，每张订单只属于一个直营店：

综合以上分析，得到整体 E-R 图，如图 9-11 所示。

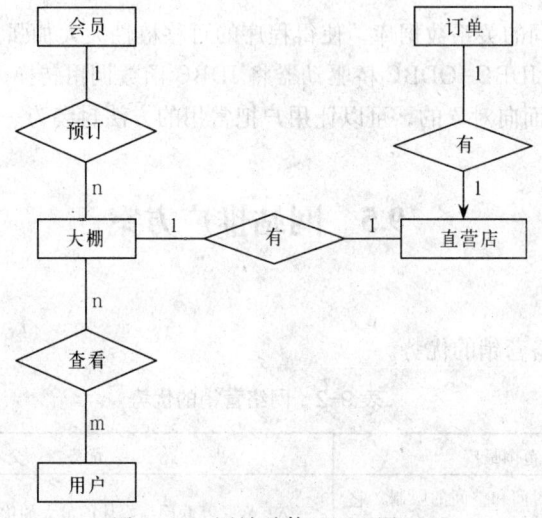

图 9-11　网站总体 E-R 图

5. 本网站采用基于 JDBC 的连接数据库技术

JDBC 是用于执行 SQL 语句的 Java 应用程序接口 API，由 Java 语言编写的类和接口组成。Java 是一种面向对象、多线程与平台无关的编程语言，具有极强的可移植性、安全性和强健性。

JDBC 是一种规范，能为开发者提供标准的数据库访问类和接口，能够方便地向任何关系数据库发送 SQL 语句，同时 JDBC 是一个支持基本 SQL 功能的低层应用程序接口，但实际上也支持高层的数据库访问工具及 API。所有这些工作都建立在 X/Open SQL CLI 基础上。JDBC 的主要任务是定义一个自然的 Java 接口来与 X/Open CLI 中定义的抽象层和概念连接。JDBC 的两种主要接口分别面向应用程序的开发人员的 JDBC API 和面向驱动程序低层的 JDBC Driver API。

JDBC 完成的工作是：建立与数据库的连接；发送 SQL 语句；返回数据结果给 Web 浏览器。JDBC 连接 MS SQL Server 数据库的原理图如图 9-12 所示。

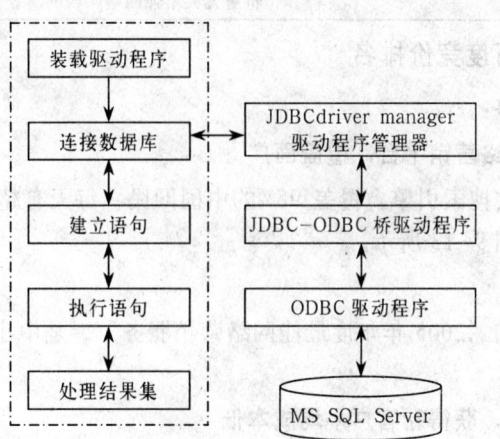

图 9-12　JDBC 连接 MS SQL Server 数据库的原理图

使用 JDBC 的优点如下：

① JDBC API 与 ODBC 十分相似，有利于用户理解。

② JDBC 使得编程人员从复杂的驱动器调用命令和函数中解脱出来，可以致力于应用程序中的关键地方。

③ JDBC 支持不同的关系数据库，使得程序的可移植性大大加强。

④ 用户可以使用 JDBC-ODBC 桥驱动器将 JDBC 函数调用转换为 ODBC。

⑤ JDBC API 是面向对象的，可以让用户把常用的方法封装为一个类，备后用。

9.5　网站推广方案

9.5.1　网络营销优势

表 9-2 总结了网络营销的优势。

表 9-2　网络营销的优势

优势一：传播范围最广	优势二：交互性强
网络广告的传播它不受时间和空间的限制，它通过互联网把广告信息 24 小时不间断地传播到世界各地。只要具备上网条件，任何人，在任何地点都可以阅读。传统媒体无法达到	交互性是互联网络媒体的最大的优势，它不同于传统媒体的信息单向传播，而是信息互动传播，用户可以获取他们认为有用得信息，厂商也可以随时得到宝贵的用户反馈信息
优势三：针对性强	优势四：受众数量可准确统计
根据分析结果显示，网络广告的受众是最年轻、最具活力、受教育程度最高、购买力最强的群体，网络广告可以帮您直接命中最有可能的潜在用户	利用传统媒体做广告，很难准确地知道有多少人接收到广告信息，而在 Internet 上可通过权威公正的访客流量统计系统精确统计出每个客的广告被多少个用户看过，以及这些用户查阅的时间分布和地域分布，从而有助于客商正确评估广告效果，审定广告投放策略
优势五：实时、灵活、成本低	优势六：强烈的感官性
在传统媒体上做广告发版后很难更改即使可改动往往也须付出很大的经济代价。而在 Internet 上做广告能按照需要及时变更广告内容。这样，经营决策的变化也能及时实施和推广	网络广告的载体基本上是多媒体、超文本格式文件，受众可以对某感兴趣的产品了解更为详细的信息，使消费者能亲身。体验产品、服务与品牌。这种以图、文、声、像的形式，传送多感官的信息，让顾客如身临其境般感受商品或服务，并能在网上预订、交易与结算，将更大大增强网络广告的实效

9.5.2　网络营销——百度竞价排名

百度竞价排名的优势：

1．全球最大中文网络营销平台，覆盖面广

百度是全球最大中文搜索引擎，覆盖 95%的中国网民，每天有超过 2 亿次搜索。是最具价值的企业推广平台，如图 9-13 所示。

2．良好的品牌效应

百度竞价排名被评为"2005 年年度最佳网络营销服务"。是中小企业值得信赖的网络营销服务平台。

3．真正按效果付费，获得新客户平均成本低

按照给企业带来的潜在客户访问数量计费，没有客户访问不计费。为企业提供详尽、真实

的关键词访问报告，企业可随时登录查看关键词在任何一天的计费情况，企业可根据自身需求，灵活控制推广力度和资金投入，充分利用每一分钱。

4．针对性极强

对企业产品真正感兴趣的潜在客户能通过有针对性的"产品关键词"直接访问到企业的相关页面，更容易达成交易。帮助企业获得大量业务咨询电话、传真、邮件，让客户主动找到你。

5．推广关键词不限

企业可以同时免费注册多个关键词，数量不限。让企业的每一种产品和服务都有机会被潜在客户发现，获得最好的推广效果。

6．显著的展示位置

企业的广告被投放在百度搜索结果页显著的位置，潜在客户第一眼就能看到您的广告信息。

7．全程贴心服务，全程技术保障

企业免费注册的关键词审核、网站发布时间不超过两天。

8．支持各种服务功能

企业可根据限定区域或省市作推广计划，只有指定地区的用户在百度搜索引擎平台上搜索企业注册的关键词时，才能看到企业的推广信息，为企业节省每一分推广资金。

为了帮助用户控制推广费用，百度为用户开设了每日最高消费限定的功能。设置该功能后，您在百度的消费额当天达到您设定的每日最高消费限额时，您所有的关键词将暂时搁置。但当天晚上零点过后这些被搁置的关键词会重新生效。

百度竞价排名不仅可以随时为每个注册的关键词手工设定竞价价格，还设有自动竞价功能，根据此功能将根据您设定的最高价自动地将关键字挑选一个最合适的位置，关键字的实际点击价仅比下一名的竞价价格高 1 分钱（见图 9-14）。

为企业提供完善的关键字后台管理。可以自行管理您账户的情况；也可委托百度竞价排名专业服务团队管理您的账户。

百度搜索过程如图 9-15 所示；"我的农场"关键词搜索结构如图 9-16 所示。

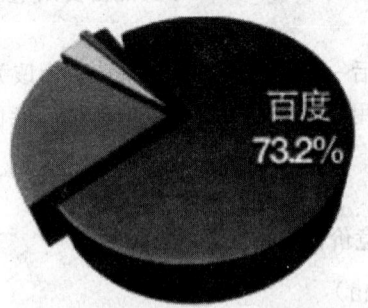

百度
73.2%

- Google 20.7%   腾讯 SOSO 3.3%
- 中国雅虎 1.0%   其他 1.8%

图 9-13　百度与其他几家搜索引擎的对比

日期	消费	平均价格	点击数
2008-12-1	44.71	0.67	67
2008-12-2	17.61	0.68	26
2008-12-3	55.93	0.66	85
2008-12-4	44.18	0.67	66

图 9-14　按效果付费每日统计

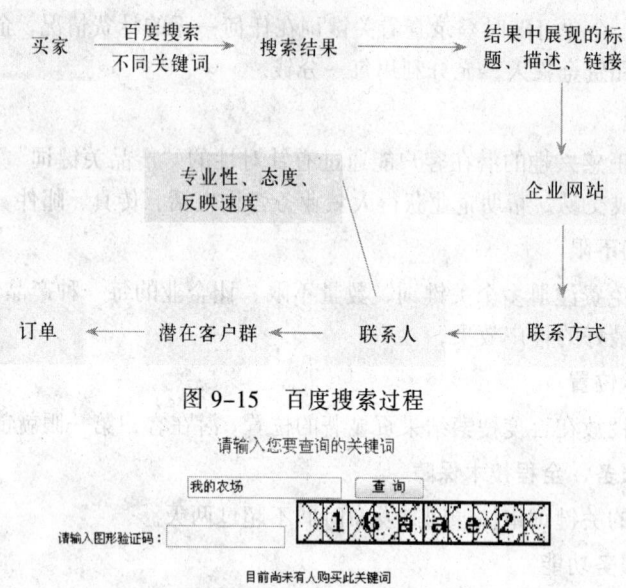

图 9-15　百度搜索过程

图 9-16　我的农场关键词搜索结果

百度竞价排相关名费用：

① 开户费用：推广费预付款 5 000 元（视各地区实际情况而定）+专业服务费 600 元/年。

- 竞价排名推广费最低预付金为 5 000 元，多付不限，存入企业所注册的竞价排名账号中，当有潜在客户通过企业竞价排名广告点击访问您的网站后，百度会从您的账号中扣除相应费用。

- 专业服务费 600 元/年，百度将为企业提供咨询、开户、管理、关键字访问报告 4 项专业完善的服务。帮助企业在百度平台上更有效地展示推广信息。

② 每次点击是计费方式：

- 如果您选择的是自动竞价：

如果您的推广信息不是排在最后一名，那么每次点击费用取决于关键词的质量度和下一名的竞价价格。

- 如果您的推广信息排在最后一名，那么每次点击计费为该关键词智能起价。

可见，质量度越高，点击费用就越低。因此，您应当尽可能优化您的关键词的标题描述以提高关键词的质量度，以降低推广费用。

- 您选择的是手动竞价：

每次点击计费等于您设定的竞价价格。

9.5.3　网络营销——新浪（sina）

新浪的优势如下：

网民优势：网民的渗透率指标排名中，新浪以 76% 的比例居门户首位，优势明显（见图 9-17）。

营销优势：新浪网络广告占主要门户（新浪、搜狐、腾讯、网易）网站总收入的 40%以上，广告市场份额领先。

综合门户网站在网民中的渗透率%（前四名）

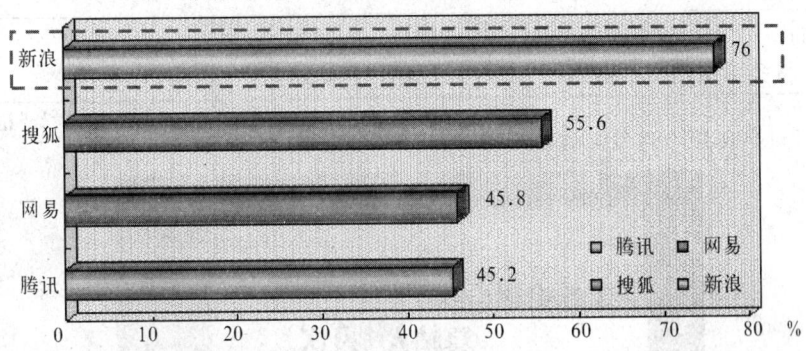

数据来源：CMMS2008 春（2007 年 1 月－2007 年 12 月）

图 9-17　4 大门户网民渗透率对比情况

新浪网络广告 2009 年第二季度－2009 年第三季度报价单（单位：元）如下所示。

按钮广告（包括 Button、翻牌，见图 9-18）

图 9-18　按钮广告

频道：新浪首页

价格：

左侧三轮播：12 万元/（条·天）（1/3 轮播）

左侧三轮播：15 万元/cpm

体育新闻左侧两轮播：3 万元/（条·天）

科技新闻右侧：2.4 万元/天

三轮播翻牌：5.5 万元/（条·天）

频道：短信/读书/军事/育儿

频道：汽车首页

价格：

要闻区右侧两轮播：8.5 万元/（条·天）

要闻区左侧两轮播：8.5 万元/（条·天）

价格：

育儿 妈妈区/宝宝区：0.6 万元/天

热点话题/通栏 01 下：0.8 万元/天

三轮播翻牌：0.5 万元/（条·天）

文字链接（Text Link）

频道：新浪首页

新浪首页要闻区（20~23 个字）：　价格：8.5 万元/天　三条轮换 2.9 万元/（条·天）。

新浪首页要闻区标题栏文字链（≤14 个字，套黄或套白）价格：10 万元/天。

另注：新浪首页要闻区商讯文字位须<20 个字（因位置前有"商讯"两字）。

频道：汽车

首页商讯	价格：5.5 万元/天
商讯栏目条中滚动文字链	价格：1.9 万元/（条·天）

背投广告（Super Pop Under，见图 9-19）

图 9-19　背投广告

频道：首页	价格：两轮播 15 万元/（条·天）
频道：汽车首页	价格：两轮播 12 万元/（条·天）
频道：财经首页	价格：20 万元/天
频道：体育首页	价格：18 万元/天
频道：新闻首页	价格：15 万元/天

全屏（Interstitial，见图 9-20）

图 9-20　全屏

尺寸：950×450px　　Max File Size：<50KB，gif/jpg <5s，必须是静态图。

首页/新闻/汽车首页的报备时间为当日 14：00～次日 8：59

频道：新浪首页	价格：50 万元/小时
频道：新闻中心首页	价格：38 万元/小时
频道：汽车首页	价格：22 万元/小时

新浪视窗（见图 9-21）

规范要求媒体报价单如下所示。

图 9-21　新浪视窗

频道：新浪首页	价格：40 万元/cpm
频道：新闻首页	价格：两轮播 12 万元/（条·天）、25 万元/cpm（1/2 轮播）
频道：汽车首页	价格：两轮播 7 万元/（条·天）、40 万元/cpm（1/2 轮播）
频道：科技/财经/游戏/体育/娱乐/女性	价格：游戏首页 7.5 万元/天；科技 9 万元/天，财经首页两轮播 7.5 万元/天、30 元/cpm（1/2 轮播）娱乐首页两轮播 5 万元/（条·天）、40 万元/cpm（1/2 轮播）
频道：育儿首页	价格：2.5 万元/天

免费邮箱：

直邮（EDM）　　　　价格：0.20 元/封

（5 万封起，Html 格式，<200KB），每增加一个定向要求加收 20%，提供阅读率监测；如果对于某个定向条件，客户根据其中不同的选项，规定单独的发送数量，将每一个选项加收 20%

邮件广告页两轮播全登录邮件　价格：15 万元/天（发给新浪免费邮箱当天 150 万以内登录用户）

邮件导航页背投　　　　价格：4.5 万元/天

邮件导航页画中画　　　价格：两轮播 3 万元/（条·天）、35 元/cpm（1/2 轮播）

邮箱发送成功最终页画中画　价格：4 万元/天

邮箱内页小通栏　　　　价格：两轮播 3.5 万元/（条·天）

嘉宾聊天室（VIP Chat Room）价格：10 万/次

视频直播（Video Conference）价格：15 万/次

9.5.4　网络营销——论坛

选择论坛作为一项营销手段，首先就是论坛的影响力很大、覆盖面很广，其次是论坛还是免费的。所以这项营销方式是长期的、持续的。

9.5.5　网络营销——博客

1．博客营销的优势

① 细分程度高，定向准确；

② 互动传播性强，信任程度高，口碑效应好；

③ 影响力大，引导网络舆论潮流；

④ 与搜索引擎营销无缝对接，整合效果好；

⑤ 有利于长远利益和培育忠实用户。

2．博客营销的价值

① 博客可以直接带来潜在用户；

② 博客营销的价值体现在降低网站推广费用方面；

③ 博客文章内容为用户通过搜索引擎获取信息提供了机会；

④ 博客文章可以方便地增加企业网站的链接数量；

⑤ 可以实现更低的成本对读者行为进行研究；

⑥ 博客是建立权威网站品牌效应的理想途径之一；

⑦ 博客减小了被竞争者超越的潜在损失；

⑧ 博客让营销人员从被动的媒体依赖转向自主发布信息。

9.5.6　网络营销——相关性推广

与同行业、同领域的企业挂钩，做相关性链接。可以找到跟旅游相关的网站做相关性推广，比如携程、芒果、艺龙这种行业中的佼佼者做链接，或者是个地方的官方旅游局等。

9.5.7　网络营销——阿里妈妈

阿里妈妈是阿里巴巴旗下的一个全新的互联网广告交易平台。主要针对网站广告的发布和购买平台。

阿里妈妈是一个全新的交易平台，它首次引入"广告是商品"的概念，让广告第一次作为商品呈现在交易市场里，让买家和卖家都能清清楚楚地看到。广告不再是一部分人的专利，阿里妈妈让买家（广告主）和卖家（发布商）轻松找到对方！

阿里妈妈主要的广告形式包括按时长计费广告、推介广告、按成交计费广告和按点击计费广告。主推按时长计费广告。

按时长计费广告与当前流行的网络广告（例如 Google、Adsense）有所不同。简单地说，Google、Adsense 是销售广告，而阿里妈妈是销售广告位。

在 Adsense 中，广告主与发布公告的网站站长并没有直接的接触，双方都只与 Google 打交道。用户可以把广告市场作为一个屏蔽了技术细节的整体，只需从效果出发考虑问题，投入资源、获得效果。广告的匹配和金钱的流转全部由 Google 的算法来决定。Google 通过对中间过程和算法的保密，避免作弊，同时简化了用户的操作流程。这与搜索的过程非常相似。

阿里妈妈则和阿里巴巴 B2B 系统类似，是个广告位供需双方的沟通平台。网站们把自己的广告位列出来，广告商来挑挑拣拣，看到合适的就买下来。这里是把广告位作为一种商品来销售了，明码标价，各取所需。

如果你拥有一个网站或者博客，并且有管理的权限，你就可以注册阿里妈妈出卖的广告位。如果你是一个广告主，你也可以在阿里妈妈挑选适合您的广告位，来投放广告。

目前，很多网站已经加入了阿里妈妈，通过出售广告位来获取收益。

阿里妈妈作为一个广告交易平台，继续延续了淘宝的 C2C 路线，淘宝交易的是各种商品，而阿里妈妈交易的是广告，因此，可以定位为一个"C2C 式广告"平台。这样的平台在网络广告界还是相当有市场的，成功的案例有如先锋链之类的流量交换平台。同时这样的广告平台的出现，也势必给传统的"B2C 式广告平台"带来不小的冲击，包括淘宝闯天下时的合作伙伴弈天、知名广告联盟如 Google Adsense、杭州易特、一起发等。同时，专门针对行业网站进行的广告交易平台如生意包下的联盟，联告等都会受到影响，这一点，是无可否认的。阿里妈妈挑选广告类别界面如图 9-22 所示；阿里妈妈费用界面如图 9-23 所示。

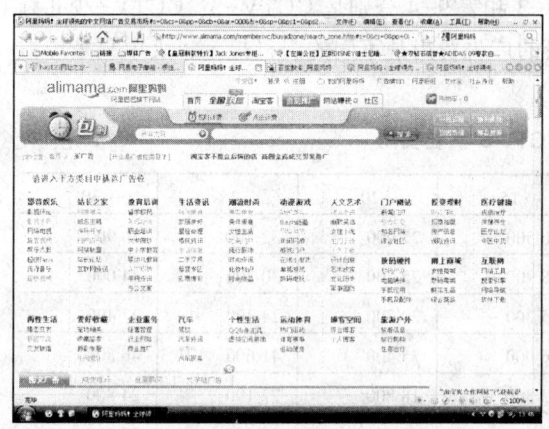

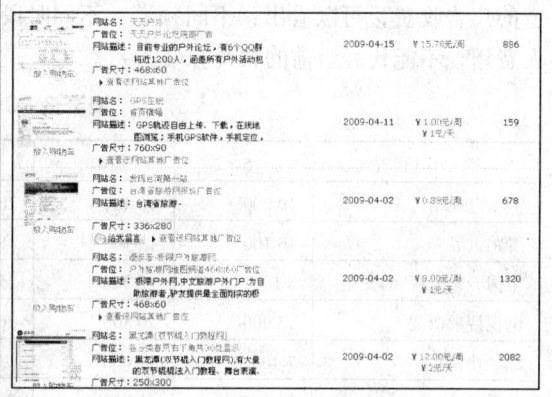

图 9-22　阿里妈妈挑选广告类别界面　　　　图 9-23　阿里妈妈费用界面

9.5.8　网络营销——开心农场+办公室小游戏

之所以采取这种营销方式，是因为"我的农场"和开心农场这款小游戏非常像，更能吸引潜在客户注意力。而办公室小游戏，更是当下白领一族的最爱，这样就更能吸引到白领一族了。

以上是几种常见的网络营销方式，大家也可以看出它的优势所在。同时也可以看出，像新浪这种著名的门户网站，尽管优势很大，但相应的广告费用也是非常昂贵的，相比之下百度、博客和阿里妈妈的费用不是很大，但是效果也不差，再结合论坛、相关性推广等免费的模式，是一种比较不错的选择。但是考虑到"我的农场"的客户和潜在客户中，会有一部分老年人或者城市的中年人，还有一部分是不经常上网或者不喜欢上网的，所以，"我的农场"的推广方案中就是线上（网络营销）和线下（传统营销）相结合的方式。

网络营销与传统营销相比的优势：

① 有利于降低成本；

② 能帮助企业增加销售商机，促进销售；

③ 有极强的互动性，有助于实现全程营销目标；

④ 可以有效地服务于顾客，满足顾客的需要；

⑤ 具有高效性。

网络营销与传统营销相比的缺点：

① 适合网络营销的产品有限；

② 网络营销渠道需要完善；

③ 进行网络营销的支付问题；

④ 网络营销意识不强，知识不足；

⑤ 网络营销存在安全问题。

以上就是网络营销与传统营销的区别，可以看出，尽管网络营销很多优势，但也存在劣势，所以，网络营销是传统的补充而不是替代品。也正式基于此，"我的农场"的推广方式就要采用两者相结合的方式。

9.5.9 传统营销

1. 传统营销——电视

以 CCTV-3 和 CCTV-少儿频道为例：表 9-3 和表 9-4 分别是 CCTV-3、CCTV-少儿频道的广告收费，可以看出：不同频道、不同时段的广告费用是不同的。（提示：表中只是虚拟人费用，不能代表当前的收费标准。）

表 9-3　CCTV-3 广告费用　　　　　　　　　　单元：元

播　出　位　置	5s	10s	15s	20s	25s	30s
上午电视剧	10 900	16 400	20 500	27 900	32 800	36 900
舞蹈世界	10 100	15 100	18 900	25 700	30 200	34 000
中国音乐电视 MTV 版	8 100	12 200	15 200	20 700	24 300	27 400
电视诗歌散文	13 900	20 800	26 000	35 400	41 600	46 800
综艺快报	7 400	11 000	13 800	18 800	22 100	24 800
幕后	11 200	16 800	21 000	28 600	33 600	37 800
下午电视剧	10 900	16 400	20 500	27 900	32 800	36 900
快乐驿站 60 分	14 500	21 800	27 200	37 000	43 500	49 000
快乐驿站 30 分	11 300	17 000	21 200	28 800	33 900	38 200
联合对抗	13 600	20 400	25 500	34 700	40 800	45 900
动物世界	20 300	30 400	38 000	51 700	60 800	68 400
世界各地	20 500	30 700	38 400	52 200	61 400	69 100
国际艺苑	31 800	47 700	59 600	81 100	95 400	107 300
神州大舞台	31 800	47 700	59 600	81 100	95 400	107 300
新视听	35 500	53 200	66 500	90 400	106 400	119 700
同一首歌	50 900	76 400	95 500	129 900	152 800	171 900
周末喜相逢	33 100	49 600	62 000	84 300	99 200	111 600
欢乐中国行	44 300	66 400	83 000	112 900	132 800	149 400
艺术人生	28 100	42 100	52 600	71 500	84 200	94 700
正大综艺	32 500	48 800	61 000	83 000	97 600	109 800
演艺竞技场	32 800	49 200	61 500	83 600	98 400	110 700
想挑战吗	32 000	48 000	60 000	81 600	96 000	108 000

续表

播 出 位 置	5s	10s	15s	20s	25s	30s
曲苑杂坛	24 300	36 500	45 600	62 000	73 000	82 100
激情广场	25 600	38 400	48 000	65 300	76 800	86 400
与您相约	24 500	36 800	46 000	62 600	73 600	82 800
文化访谈录	22 900	34 400	43 000	58 500	68 800	77 400
星光大道	27 200	40 800	51 000	69 400	81 600	91 800
梦想剧场	28 400	42 600	53 200	72 400	85 100	95 800
中国音乐电视现场版	31 900	47 800	59 800	81 300	95 700	107 600
挑战主持人	18 700	28 000	35 000	47 600	56 000	63 000
流金岁月	19 200	28 800	36 000	49 000	57 600	64 800
深夜电视剧	6 800	10 200	12 800	17 400	20 500	23 000

表 9-4　CCTV-少儿频道广告价目表　　　　　　　单位：元

播 出 位 置	5s	10s	15s	20s	25s	30s
动画城	7 300	10 900	13 600	18 500	21 800	24 500
大风车	9 700	14 500	18 100	24 600	29 000	32 600
七巧板	12 900	19 400	24 200	32 900	98 700	43 600
宝贝一家亲	12 900	19 400	24 200	32 900	98 700	43 600
音乐快递	13 000	19 500	24 400	33 200	39 000	43 900
文学宝库	9 700	14 500	18 100	24 600	29 000	32 600
童心回放	9 100	13 600	17 000	23 100	27 200	30 600
小小智慧树	15 400	23 100	28 900	39 300	46 200	52 000
成长在线	16 100	24 200	30 200	41 100	48 300	54 400
快乐体验	19 100	28 600	35 800	48 700	57 300	64 400
芝麻开门	18 500	27 700	34 600	47 100	55 400	62 300
动画乐翻天	25 600	38 400	48 000	65 300	76 800	86 400
英雄出少年	24 500	36 800	46 000	62 600	73 600	82 800
新闻袋袋裤	25 600	38 400	48 000	65 300	76 800	86 400
动画梦工场	34 700	52 000	65 000	88 400	104 000	117 000
智慧树	32 000	48 000	60 000	81 600	96 000	108 000
银河剧场	32 000	48 000	60 000	81 600	96 000	108 000
动漫世界	33 100	49 600	62 000	84 300	99 200	111 600
快乐大巴	16 300	24 400	30 500	41 500	48 800	54 900
异想天开	16 300	24 400	30 500	41 500	48 800	54 900
动感特区	16 300	24 400	30 500	41 500	48 800	54 900

　　选择 CCTV-3 频道是因为这个节目有很多流行而且受欢迎的节目。选择 CCTV-少儿是因为这个是儿童非常喜欢的节目，同时，由于部分家长要跟孩子一起看动画片，所以，通过做广告也可以使它们对 "我的农场" 感兴趣，可以激起它们带着孩子一起体验生活的欲望；但是，也可以看出，在我国影响力最大的电视台——央视做广告，可是要付出很大的金钱的代价的，

所以如果推广成本不大的话，不推荐此类推广方式。

2．传统营销——报纸

报纸，作为传统营销中长久不衰的一种营销方式，能够一直到现在还在继续发展，可见它的影响力。表 9-5 所示为《人民日报》的广告报价（表中数据为虚拟数据）。

表 9-5 《人民日报》的广告报价　　　　　　　　　单位：元

规格（高×宽）cm×cm	黑白	两地套彩 三地套红	四地套彩 全国套红	全国套彩	设计费
48×34.8（整版）	280 000	308 000	364 000	392 000	2 000
24×34.8（1/2 版）	140 000	154 000	182 000	196 000	1 000
16×34.8（1/3 版）	90 000	99 000	117 000	126 000	700
12×34.8（横 1/4 版）	70 000	77 000	91 000	98 000	500
24×17.3（竖 1/4 版）	70 000	77 000	91 000	98 000	500
12×17.3（1/8 版）	35 000	38 500	45 500	49 000	300
6×17（周刊报眼）	33 000	35 000	42 000		
6×4（1 版报花）	10 000			14 000	
3×4（其他版报花）	4 000				
异形广告版面					
48×11.6（竖 1/3 版）	110 000	121 000	143 000	154 000	1 000
24×73（跨页半版）	308 000	336 000	392 000	420 000	2 000
48×73（跨页整版）	560 000	616 000	728 000	784 000	4 000
34.8×24（小全版）	154 000	169 400	196 000	210 000	1 500

可以看出，尽管跟国家有关的媒体的影响力都很大，但是广告费用都不菲啊！所以，可以考虑一些地方性而且影响力较大的报纸媒体做推广。

3．传统营销——电台

表 9-6 是"中国国际广播电台轻松调频 FM91.5"广告报价（表中数据为虚拟数据）。

表 9-6 "中国国际广播电台轻松调频 FM91.5"广告报价　　　　单位：元

	常 规 广 告				
段位	播出时间		7s	15s	30s
AT	07:25、07:55、08:04、08:25、08:55、09:04、09:25、18:25、18:55、19:04、19:25		1 550	2 800	4 200
A	09:55、10:04、11:55、12:04、12:25、17:25、17:55、19:55、20:04、20:25、20:55、21:04		1 200	2 450	3 500
B	06:25、06:55、10:25、10:55、12:55、13:04、13:25、16:55、21:25、21:55、22:04、22:25		950	1 750	3 000
C	13:55、14:04、14:25、14:55、15:04、15:25、15:55、16:04、16:25、22:55、23:25、23:55		650	1 450	2 350
D	00:25、01:25、02:25、03:25、04:25、05:25		220	400	650

	特殊广告					
广告类别	播出方式	播出时间	基本合作期	时　长	播出次数	价格
报时广告	每逢整点播出（台标前）	06:00-23:00	月	企业提示语共 7s	18	250 000/月

续表

特殊广告						
广告类别	播出方式	播出时间	基本合作期	时长	播出次数	价格
报时广告	每逢整点播出（台标后第一条）	06:00-23:00	月	企业提示语共 7s	18	210 000/月
报时广告	每逢整点播出（台标后第二条）	06:00-23:00	月	企业提示语共 7s	18	180 000/月
节目收听提示	3A/3B/3C		周	**欢迎您收听轻松调频，精彩节目+7 秒企业信息，共 15s	9	60 000/周

节目赞助广告			
广告类别	播出时间	基本合作期	价格
I	07:00-10:00/17:00-20:00	半年	2 080 000/年
II	06:00-07:00/12:00-14:00/20:00-22:00	半年	1 850 000/年
III	11:00-12:00/14:00-15:00/16:00-17:00/22:00-23:00	半年	1 620 000/年
IV	15:00-16:00/23:00-24:00	半年	1 380 000/年

可以看出，传统广告的费用也是相当昂贵的，所以，"我的农场"的推广还是以网络营销为主，传统营销为辅，即线上、线下相结合的方式，争取资源最大化。考虑到资金问题，将"我的农场"的推广方案分为短期和长期。

1．短期

① 免费邮箱；

② 开心农场和办公室网页小游戏；

③ 电视；

④ 报纸；

⑤ 电台；

⑥ 阿里妈妈。

2．长期

① 百度竞价排名；

② 博客营销；

③ 相关性推广；

④ 论坛。

本章小结

本章以"我的农场"为例，系统描述了一个商业网站的开发过程。网站建设从网站规划开始，经过需求分析、系统设计、系统实施，到上线运行以及日常维护和管理。关键是网站的定位和需求分析、网站功能的设计。

参 考 文 献

[1] 班孝林.基于信息构建 IA 的网站评价与实证研究[C].吉林大学硕士研究生论文,2007.

[2] NIELSEN J.网站优化:通过提高 Web 可用性构建用户满意的网站[M].张亮,译.北京:电子工业出版社,2007.

[3] KING A B.Web 站点优化[M].杨敏,李明,等,译.北京:机械工业出版社,2009.

[4] 徐天宇.电子商务系统规划与设计[M].北京:清华大学出版社,2010.

[5] 祁明.电子商务实用教程[M].北京:高等教育出版社,2000.

[6] 杨千里,王育民,等.电子商务技术与应用[M].北京:电子工业出版社,1999.

[7] 姜旭平.网络商务处理系统[M].北京:人民邮电出版社,1999.

[8] 曾满平,枫之秋.网站创建实例精解[M].北京:北京希望电子出版社,2000.